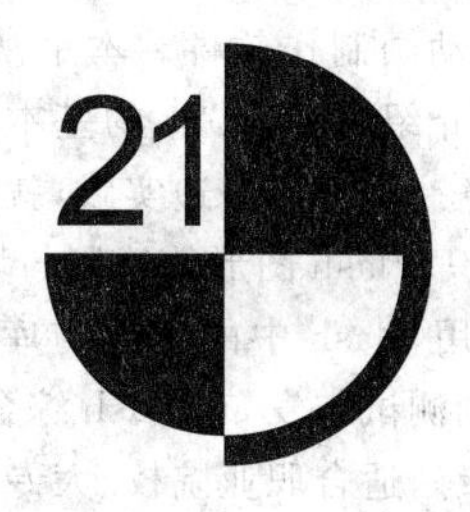

21世纪高职高专规划教材

计算机应用系列

Flash CS6 动画设计技术

章　翮　徐利华　主　编

孔　欣　詹建新　副主编

清华大学出版社

北京

内 容 简 介

Flash CS6 是 Adobe 公司推出的动画制作软件。本书从实用角度出发，通过 31 个简单的任务和两个综合实训，由浅入深、循序渐进地介绍 Flash CS6 的基本操作方法和技巧，将知识点讲解和动手操作结合在一起，读者只要跟随操作任务一边学习一边实践，就能够轻松掌握操作要点。

本书内容包括 Flash CS6 基础知识、Flash 图形的绘制与填充、创建和编辑 Flash 文本、编辑 Flash 图形对象、使用 Flash 中的帧与图层、使用 Flash 中的元件与库、制作常见 Flash 动画、导入声音和视频、ActionScript 基础与应用、Flash 动画的测试与发布、Flash 综合实训等。

本书内容丰富、结构清晰、语言简练，适合职业院校、大专院校及各种 Flash 培训班作为教学或实践指导用书，也适合作为广大动画爱好者学习网页设计、动画设计及网络动画或多媒体动画的自学用书。

图书在版编目(CIP)数据

Flash CS6 动画设计技术/章翮，徐利华主编. —北京：清华大学出版社，2017
(21 世纪高职高专规划教材. 计算机应用系列)
ISBN 978-7-302-47423-4

Ⅰ. ①F…　Ⅱ. ①章…　②徐…　Ⅲ. ①动画制作软件－高等职业教育－教材　Ⅳ. ①TP391.414

中国版本图书馆 CIP 数据核字(2017)第 129398 号

责任编辑：孟毅新
封面设计：傅瑞学
责任校对：李　梅
责任印制：李红英

出版发行：清华大学出版社
网　　址：http://www.tup.com.cn，http://www.wqbook.com
地　　址：北京清华大学学研大厦 A 座　　**邮　　编**：100084
社 总 机：010-62770175　　**邮　　购**：010-62786544
投稿与读者服务：010-62776969，c-service@tup.tsinghua.edu.cn
质量反馈：010-62772015，zhiliang@tup.tsinghua.edu.cn
课件下载：http://www.tup.com.cn,010-62770175-4278
印 装 者：三河市金元印装有限公司
经　　销：全国新华书店
开　　本：185mm×260mm　　**印　　张**：19　　**字　　数**：432 千字
版　　次：2017 年 8 月第 1 版　　**印　　次**：2017 年 8 月第 1 次印刷
印　　数：1～2500
定　　价：49.00 元

产品编号：071121-01

前　言

Flash 是目前最流行的二维动画制作软件之一。Flash 软件具有矢量绘图与动画编辑功能，性能稳定，使用方便，是多媒体课件、手机游戏、网站、动漫等制作领域不可或缺的工具。

当前许多高职院校的计算机专业都开设了“Flash 动画设计”课程作为一门专业必修课。针对 Flash 软件的学习和应用，本书使用的版本为 Flash CS6 中文版，并根据高职院校的教学需求而编写。全书共分为 9 个单元、31 个任务，一节课完成一个任务，最后两个单元为综合实训，内容较丰富。

本书的编写贯彻了“以学生为根本，以就业为导向，以够用为尺度，以技能为核心”的理念，精心选用实例，合理安排知识结构，从零开始、由浅入深、循序渐进，以任务驱动的方式讲解了 Flash CS6 的使用方法。

全书共分为 9 个单元，主要内容如下。

第 1 单元：介绍 Flash 动画的相关知识及应用范围，Flash CS6 工作界面和 Flash 文档的基本操作。

第 2 单元：介绍 Flash 中各种绘图工具的使用，以及图形对象的编辑方法。

第 3 单元：介绍帧的相关知识和操作方法，元件的基础知识和操作方法，“库”面板的使用方法和技巧，以及图层的相关知识，创建与编辑图层的方法和技巧。

第 4 单元：介绍逐帧动画、动画补间和形状补间的制作方法，以及引导动画、遮罩动画与其他常用动画的制作方法。

第 5 单元：介绍动画编辑器、动画预设及 3D 工具的应用。

第 6 单元：介绍声音和视频的相关知识与使用基础，以及在 Flash 中添加声音和视频的方法与技巧。

第 7 单元：介绍 ActionScript 语言基础知识，以及 ActionScript 语言中常用动作的使用方法和技巧。

第 8、9 单元：通过两个综合实训的制作，介绍综合类型的 Flash 课件的制作方法和技巧，以及动画短片的设计方法和制作技巧，通过运用前面所学的各个知识点，举一反三地学习实际项目的设计。

本书由浙江育英职业技术学院教师章翮、徐利华担任主编，孔欣、詹建新担任副主编。其中，第 1、8、9 单元由孔欣编写，第 2、3 单元由徐利华编写，第 4、5 单元由章翮编写，第 6、7 单元由詹建新编写。参加本书编写的人员均为高职院校的教学骨干，他们将多年积累的具有实用价值的经验、知识点和操作技巧都毫无保留地奉献给了广大读者。为方便教师教学，本书配有动画源文件、素材资料和教学演示文稿供下载使用。

由于编者水平有限，书中难免有不足之处，欢迎广大读者批评指正，联系信箱是pippenzh@163.com。

编　者

2017年6月

目　录

第 1 单元

Flash 动画基础知识

1.1 初识 Flash

1.1.1 Flash 基本概念

Flash 是一款交互式矢量图二维动画软件，用于设计和编辑 Flash 文档；Flash Player 用于播放 Flash 文档。本书用的是 Adobe Flash CS6 版本。用 Flash 还可创建演示文稿、应用程序和其他允许用户交互的内容。在 Flash 中，可以通过绘制图形、运用图片、添加声音、导入视频等手段，构建包含丰富媒体的各种二维动画。

1.1.2 Flash 基本功能

(1) 绘图功能。Flash 可以完成图形绘制和编辑、特殊字形处理等方面的工作。

(2) 动画功能。Flash 主要包括逐帧动画、形状补间动画、动作补间动画、遮罩动画、引导线动画等，运用这些动画功能可以制作出漂亮的动画效果。

(3) 编程功能。制作 Flash 交互式动画。Flash 提供了几百个关键词，可完成复杂的行为制作。

1.1.3 Flash 动画主要特点

1. 使用矢量图形

计算机图形显示方式有矢量图和位图两种。在 Flash 软件上绘制的图形是矢量图，矢量图的优点是任意放大或缩小都不会影响图形质量。同时，产生出来的影片占用存储空间较小。

2. 支持导入音频、视频

在 Flash 中可以使用 MP3 等多种格式的音频素材，还具有功能强大的视频导入功能，支持从外部调用视频文件。

3. 采用流式播放技术

Flash 影片文件采用流式下载，即它的影片文件可以一边下载一边播放，从而可以节省浏览时间。

4. 交互性强

Flash CS6 提供了功能非常强大的语言开发环境，它提供了 ActionScript 3.0、ActionScript 2.0 两个开发平台，运用 Flash 内置的动作脚本，不仅可以制作动画效果，还可以让动画浏览者参与互动。

1.1.4 Flash 应用范围

Flash 技术发展到今天，已经真正成为网络多媒体的既定标准，在互联网中得到广泛的应用与推广。现在网络上随处可见 Flash 技术制作的网站动画、网站广告、Banner 条和大量的交互动画、MTV 以及游戏，并且 Flash 已经逐步进入了手机应用市场，人们可以使用手机设置 Flash 屏保、观看 Flash 动画、玩 Flash 游戏甚至使用 Flash 进行视频交流。Flash 已经成为跨平台多媒体应用开发的一个重要分支。

1. 网站动画

请观看动画素材 Flash Banner，这是一个网站首页中的广告条，如图 1-1 所示。

图 1-1 Flash Banner

在早期的网站中只有一些静态的图像和文字，页面有些呆板。使用 Flash 不仅可以加载音乐，而且 Flash 动画的效果非常好。在现在的网页中越来越多地使用 Flash 动画来装饰页面，如 Flash 制作网站 Logo、Flash Banner 条等。

2. 片头动画

动画素材 index.swf 是一个关于印度文化网站的片头动画，如图 1-2 所示。

图 1-2 网站片头动画

片头动画通常用于网站的引导页面，具有很强的视觉冲击力。好的 Flash 片头，往往会给用户留下很深的印象，这样可以更好地吸引浏览者注意，增强网页的感染力。

3. Flash 广告

请欣赏广告片“爱心赈灾”，这是一部呼吁大家关心灾区孩子的公益广告作品，曾被用于各大网站，如图 1-3 所示。

图 1-3　公益广告片

Flash 广告动画中一般会采用很多电视媒体制作的表现手法，而且短小、精悍，适合于网络传输，广告形式非常好。

4. Flash 动漫与 MTV

请欣赏音乐作品“大鱼海棠”，这个短片的画面色彩、意境及音乐都非常优美，如图 1-4 所示。

图 1-4　音乐作品“大鱼海棠”

Flash 非常适合制作动漫，再配上合适的音乐，吸引力很强。使用 Flash 制作 MTV 已经逐步商业化，唱片公司开始推出使用 Flash 技术制作 MTV，开启了商业公司探索网络的又一途径。

5. 交互游戏

Flash 是一款优秀的多媒体编辑工具，用户可以实现鼠标、键盘、动画、声音的交互，可以制作寓教于乐的 Flash 小游戏。例如“完美的平衡”小游戏就是一款用 ActionScript 脚本开发的游戏，如图 1-5 所示。

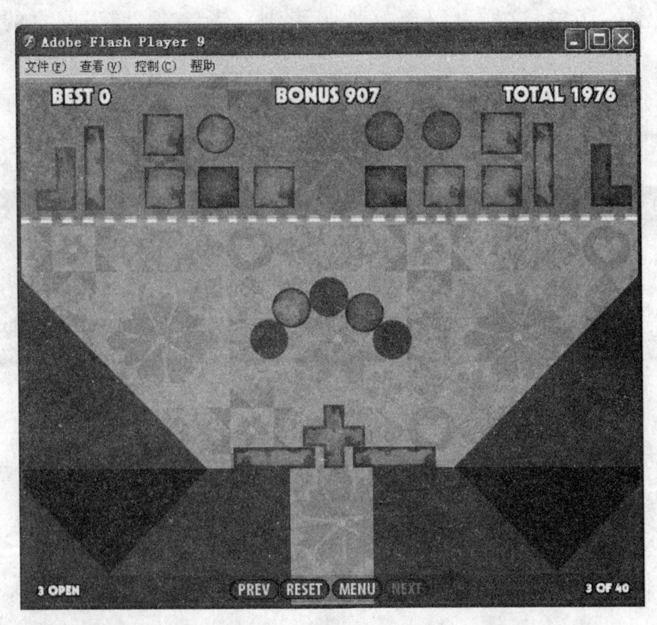

图 1-5 交互游戏

6. Flash 网站

Flash 具有良好的动画表现力和强大的后台技术，并支持 HTML 与网页编程语言的使用，Flash 制作网页的优势很强。

登录网址 http://nokia-music-almighty.archive.firstborn.com/，这是一个诺基亚音乐手机网站，首页非常新颖有特色，互动性很强。首页如图 1-6 所示。

图 1-6 诺基亚音乐手机网站

7. 教学课件

使用 Flash 制作教学课件可以很好地表达教学内容，增强学生的学习兴趣，现在已经越来越多地应用到学校的教学工作中，如图 1-7 所示。

8. 手机应用

通过 Flash 可以制作出很多的手机应用动画，有 Flash 手机屏保、Flash 手机主题、Flash 手机游戏、Flash 手机应用工具等，Flash 在这方面的应用越来越广。如图 1-8 所示是一款手机时钟屏保动画。

图 1-7　教学课件

图 1-8　手机时钟屏保动画

Flash 的应用远远不止这些，它在电子商务与其他的媒体领域也得到了广泛的应用。相信随着 Flash 技术的发展，Flash 的应用范围将会越来越广。

1.1.5　动画色彩构成

1. 色彩构成

一般情况下，动画的传播媒介是网络，而播放的平台是计算机，也就是说动画的色彩是由光线原色组成的。光线原色有红、绿、蓝 3 种，使用这 3 种颜色的组合，可以形成几乎所有的颜色。

2. 配色原理

有些色彩给人以冷暖感、轻重感、膨胀收缩感，色彩感觉大都与联想有关。有的颜色使人联想到天空、河流、冬天等，这种色彩称为冷色，如灰色、蓝色、绿色、白色等；而有的颜色则使人联想到太阳、火焰、夏天等，这种色彩称为暖色，如红色、橙色、黄色等。

1）色彩的大小感

在动画中，同一背景、面积相同的物体，由于其色彩不同而给人以向前突出或向后退的感觉。两种同形同面积的不同色彩在相同无彩系的背景衬托下，给予人的感觉也是不同的，如黑与白，通常感到白色大、黑色小；又如红与蓝，则是感到红色大、蓝色小。

2）色彩的膨胀收缩感

从纯度上讲，高纯度大，低纯度小。大的称为前进色、膨胀色，小的称为后退色、收缩色。给人的感觉是暖色的对象将前进、膨胀，冷色的对象将后退、收缩。

从明度上讲，明度高的色彩给人前进、膨胀的感觉，明度低的色彩给人后退、收缩的感觉。

3）色彩的兴奋、沉静感

动画中不同的色彩刺激人们产生不同的情绪反射。能使观众感觉到鼓舞的色彩称为积极兴奋的色彩，如红色、橙色；反之，能使观众感觉到消沉或感伤的色彩称为消极的沉静色，如蓝色、蓝绿色。影响感情的因素首先是色相，其次是纯度，最后是明度。

4）色彩的华丽、朴素感

色彩也有华丽与朴素的区别。在制作华丽贵气的动画时，可以使用纯度很高而且鲜艳的色彩；在制作朴实淡雅的动画时，可以使用纯度和明度都较低的色彩。

5）色彩的轻重感

在动画中的色彩也有轻重感。一般情况下，明度越高感觉越轻，明度越低感觉越重。暖色系的色彩感觉较重，冷色系的色彩感觉较轻。

6）色彩的味觉感

色彩具有味觉感，这种味觉感大多是根据人们生活中所接触过的事物联想而来的。

(1) 酸：使人联想到未成熟的果实，因此酸色即以绿色为主，黄、橙黄、蓝等色彩都具有酸味的感觉。

(2) 甜：暖色系的黄色、橙色最能体现甜的味道感，明度、纯度较高的颜色亦有此感觉，如粉红色的糖果具有甜的感觉。

(3) 苦：以低明度、低纯度带灰色的浊色为主，如灰、黑、黑褐等色，如咖啡、中药和茶等具有苦味的感觉。

(4) 辣：由辣椒及其他刺激性的食品联想到辣味，因此，以红、黄为主，其他如绿色、黄色的芥末色、生姜色也是具有辣味感的色调。

(5) 涩：从未成熟的果子得到涩味的联想，所以带浊色的灰绿、蓝绿、橙黄等都能表现涩味感。

1.2 任务1 制作简单动画“奔马”

1.2.1 任务综述与实施

任务介绍

制作“奔马”动画。

(1) 导入素材到库。

(2) 在Flash每帧上添加图片，制作逐帧动画。

(3) 分场景制作动画。

任务分析

马奔跑的动作可分解成8个，如图1-9所示。将一个动作图片插入一个空白关键帧中，对齐后就可形成8个不同动作的关键帧，播放时就可看到马奔跑的完整动作。

相关技能

(1) 学习Flash文档的基本操作。

图 1-9　奔马的动作分解

(2) 掌握逐帧动画的制作方法。

(3) 掌握场景的建立。

相关知识

(1) 动画原理。

(2) 动画的构成规则。

(3) 动画的制作步骤。

任务实施

(1) 启动 Flash CS6，进入 Flash CS6 的开始页，如图 1-10 所示。

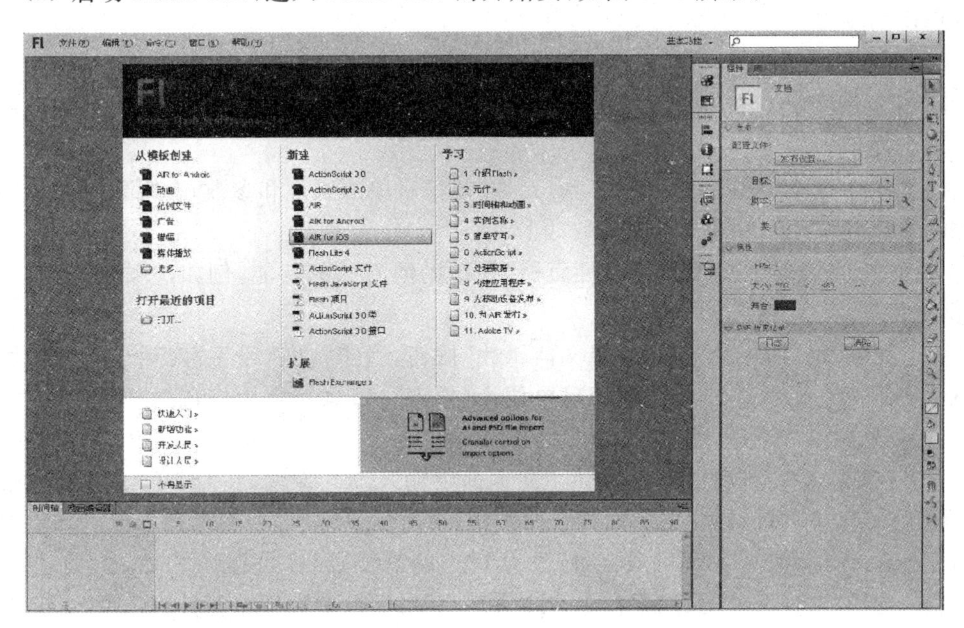

图 1-10　Flash CS6 开始页

(2) 选择“新建”栏中的 ActionScript 3.0 选项，创建一个新文档。Flash CS6 有 13 种可以创建的文件类型，7 个类别的常用模板类型。

(3) 熟悉 Flash CS6 操作界面。

创建新文档后，进入 Flash CS6 操作界面，这个界面包括菜单栏、工具箱、“时间轴”面板、工作区、舞台、“属性”面板和面板组等部分，如图 1-11 所示。

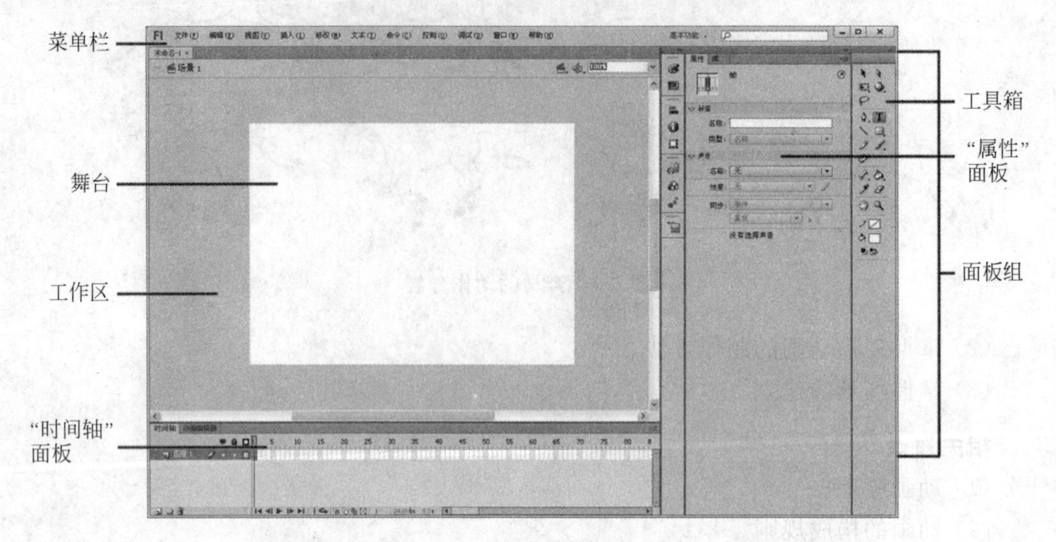

图 1-11　Flash CS6 操作界面

① 菜单栏中一共有 11 个菜单，它们包含了 Flash 操作过程中的所有命令。

② “时间轴”面板是控制和描述 Flash 影片播放速度与播放时长的工具。例如，设置帧和图层的顺序。

③ 工具箱中的工具用于绘制、选择和修改工作区的对象。

④ 工作区是角色进入舞台时的场所。播放影片时，处在工作区的角色不会显示出来。舞台提供当前角色表演的场所。

⑤ “属性”面板可以显示当前工具、元件、帧等对象的属性和参数，在“属性”面板中可对当前对象的一些属性和参数进行修改。

⑥ 面板组：Flash CS6 包括多种面板，分别提供不同的功能，例如，“颜色”面板提供色彩选择等。

(4) 在“属性”面板上单击“编辑文档属性”按钮，弹出“文档设置”对话框。文档属性默认大小为 550 像素×400 像素，标尺单位为“像素”，背景颜色为白色，帧频为 24.00fps(帧/秒)，选中“自动保存”复选框，如图 1-12 所示。

(5) 在“文档设置”对话框的“宽度”文本框中输入 300 像素，在“高度”文本框中输入 150 像素。单击“背景颜色”右边的拾色器按钮，弹出颜色样本，在颜色样本里选择蓝色作为背景色。单击“帧频”后面的数字，修改为 12。设置如图 1-13 所示。

(6) 选择“文件”→“另存为”命令，在“另存为”对话框中选择路径并输入文件名，单击“保存”按钮；或者按 Ctrl+S 组合键，保存文件名为“奔马”，如图 1-14 所示。

(7) 打开文档。选择“文件”→“打开”命令，在“打开”对话框中，定位到文件的路径，单击“打开”按钮，如图 1-15 所示。

(8) 导入素材。选择“文件”→“导入”→“导入到库”命令，在弹出的对话框中选择“马 1”～“马 8”图片文件(可以同时多选)，单击“打开”按钮，如图 1-16 所示。

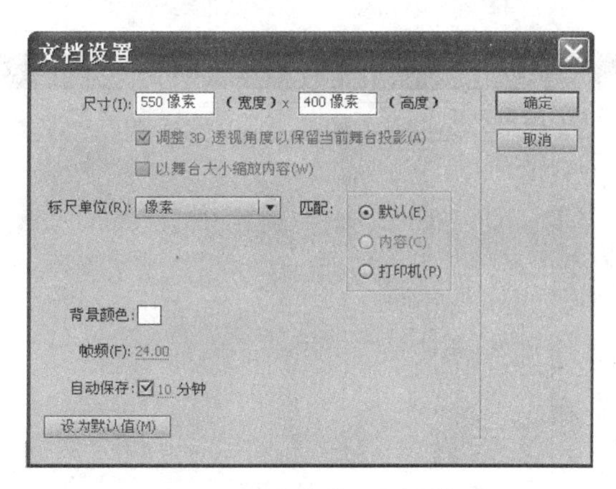

图 1-12　“文档设置”对话框

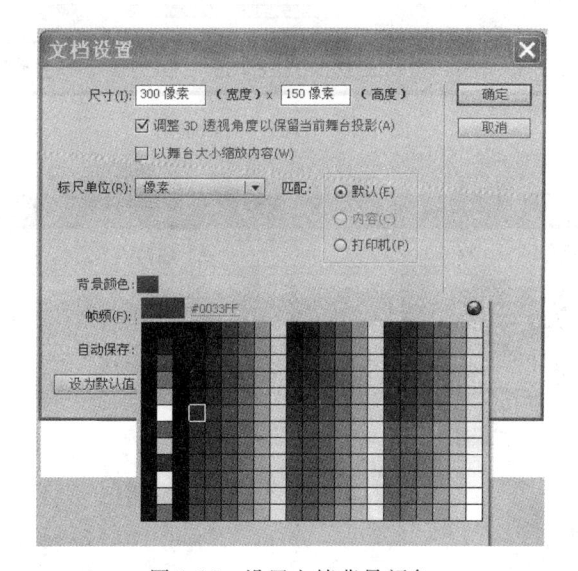

图 1-13　设置文档背景颜色

图 1-14　“另存为”对话框

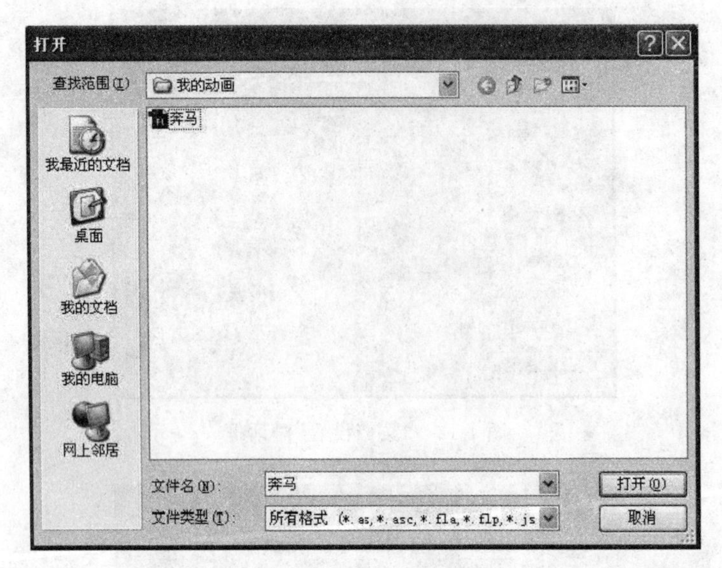

图 1-15　“打开”对话框

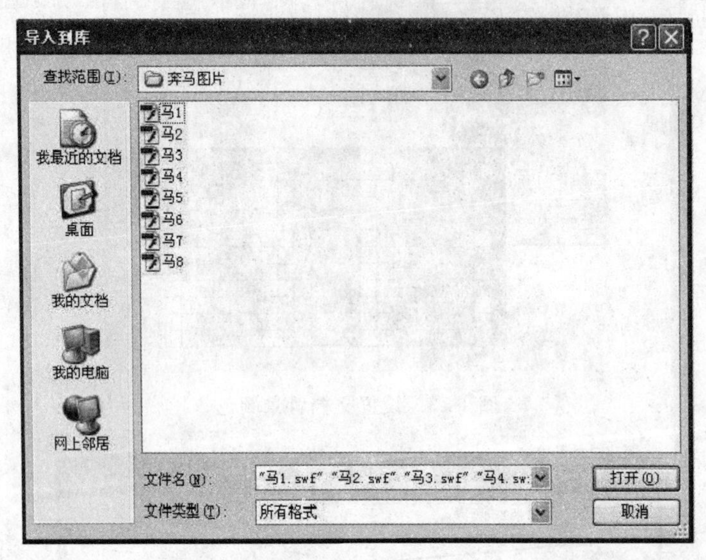

图 1-16　选择要导入的文件

图片系列就添加到该文档的库中，如图 1-17 所示。

(9) 创建逐帧动画。具体步骤如下。

① 选择图层 1 的第 1 帧，单击鼠标选择库中的“马 1”图片，拖动放置到舞台中，激活“对齐”面板，选中“与舞台对齐”复选框，依次单击“垂直居中分布”按钮和“水平居中分布”按钮，使图片处于工作区中央，完成对象的居中操作，如图 1-18 所示。

② 选择“插入”→“时间轴”→“空白关键帧”命令，或者右击选择“插入空白关键帧”命令，使第 2 帧成为一个空白关键帧，将库中的“马 2”放置到舞台中。

③ 依次单击“垂直居中分布”按钮和“水平居中分布”按钮，使图片处于工作区中央，

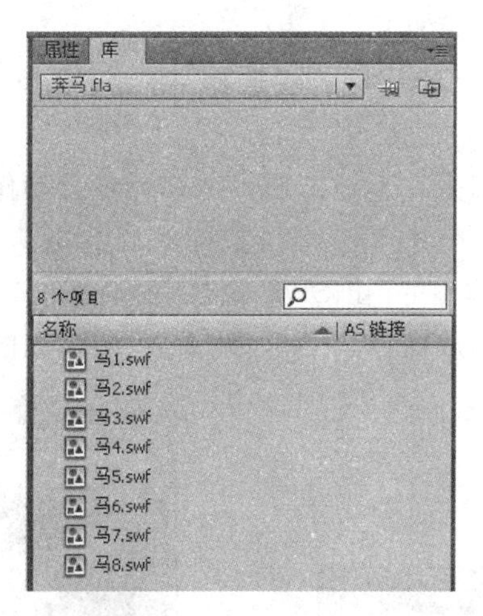

图 1-17 导入素材的“库”面板

图 1-18 第 1 帧效果图

完成对象的居中操作。

④ 重复步骤②、③，依次将“马 3”～“马 8”放置到第 3 帧至第 8 帧，即创建了 8 个关键帧的动作，如图 1-19 所示。

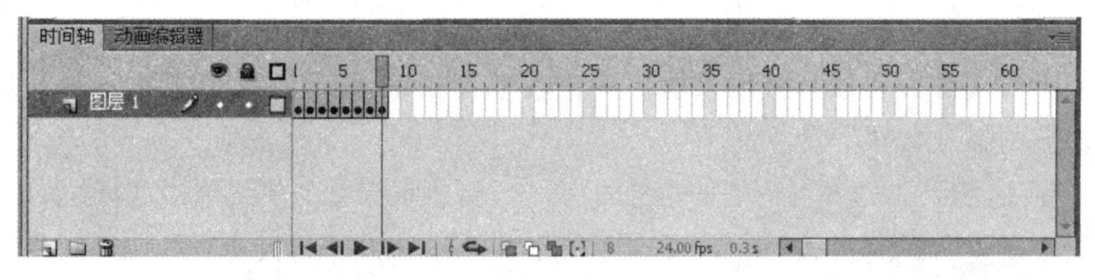

图 1-19 创建 8 个关键帧

(10) 测试影片。具体步骤如下。

① 影片的简单测试。按 Enter 键或者选择"控制"→"播放"命令，在舞台中观看动画效果。再次按 Enter 键则停止播放。

这种测试是不完全的，因为它不能把影片剪辑元件及动作脚本的效果反映出来。

② 完全测试。在菜单栏上选择"控制"→"测试影片"→"测试"命令(或按 Ctrl+Enter 组合键)，这时首先会弹出"导出 SWF 影片"对话框，如图 1-20 所示。

当导出完毕，即显现于播放窗口，并全面地播放影片，如图 1-21 所示。

图 1-20 正在导出 SWF 影片

图 1-21 全面地播放影片

播放影片的同时在源文件相同路径处导出一个格式为 SWF 的影片文件"奔马"，如图 1-22 所示。

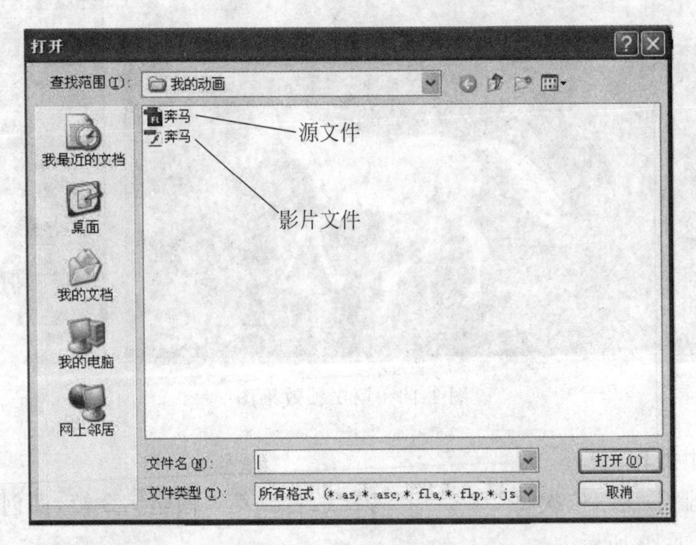

图 1-22 在源文件下方生成一个影片文件

这个影片文件是可以直接用来播放的。在如图 1-22 所示的影片文件名称上双击，就可以观看它的播放效果。

(11) 新建场景。选择"插入"→"场景"命令，新建场景 2。在菜单栏选择"窗口"→"其他面板"→"场景"命令(或按 Shift+F2 组合键)，打开"场景"面板，如图 1-23 所示。

(12) 重命名场景。默认的场景名"场景 1""场景 2"难以区分场景中的实际内容，在"场景"面板上双击场景名称"场景 1"，在原名称位置修改为"奔马"，按 Enter 键；双击场景名称“场景 2”,在原名称位置修改为“文字”,按 Enter 键,如图 1-24 所示。

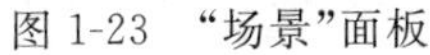
图 1-23　“场景”面板

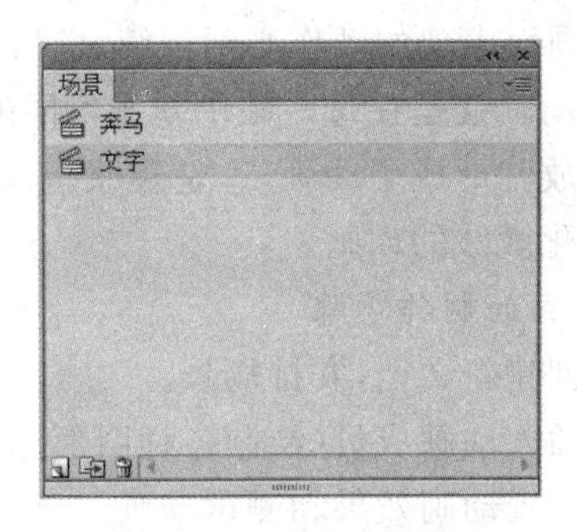

图 1-24　重命名场景

(13) 场景排序。影片是根据“场景”面板中的场景上下顺序进行播放的,先播放最上面的场景,接着播放下一个场景,如果有多个场景,就会一直播放到最下面一个场景为止。

如果想让影片先播放开头字幕,再播放奔马动画,就要对场景顺序做一个调整。选中“文字”场景,按住鼠标左键往上边拖动,将“文字”场景拖至“奔马”场景上面后松开鼠标左键,如图 1-25 所示。

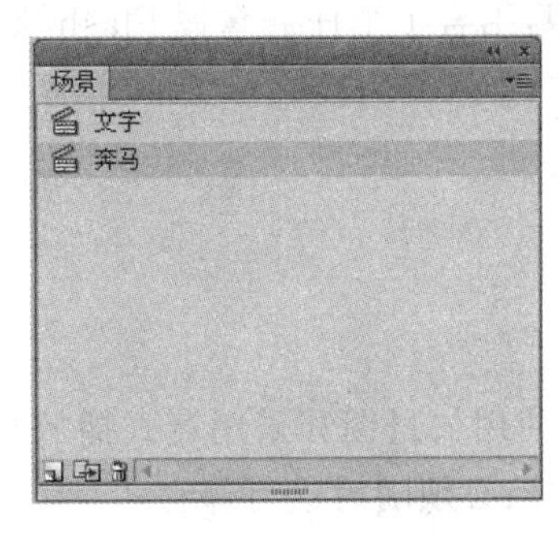

图 1-25　场景排序

在“场景”面板左下方,还有“添加场景”“重置场景”“删除场景”按钮,单击即可实现所对应的功能。在“场景”面板右上方有下拉“帮助”按钮,单击该按钮出现“帮助”提示,再单击“帮助”提示可打开“帮助”对话框。操作完成后关闭“场景”面板。

1.2.2　动画制作概述

1. 动画原理

动画是通过连续播放一系列画面,给视觉带来连续变化的画面。它的基本原理与电影、电视一样,都是利用了一种视觉原理。医学已证明,人的眼睛具有“视觉暂留”的特性,就是说当人的眼睛看到一幅画或一个物体后,它的影像就会投射到我们的视网膜上,如果这件物体突然移开,它的影像仍会在我们的眼睛里停留一段极短的时间,在 1/24 秒内不会消失,这时如果有另一个物体在这段极短的时间内出现,我们将感觉不到中间有断续,这便是“视觉暂留”的原理。

2. 动画的构成规则

(1) 动画由多画面组成,并且画面必须连续。

(2) 画面之间的内容必须存在差异。

(3) 画面表现的动作必须连续,即后一幅画面是前一幅画面的继续。

逐帧动画就是在每一帧中安排不同的画面,因此每一个画面均由关键帧组成,然后进行连续播放就形成了动画,这是最原始、最基本的动画制作方式。逐帧动画常用来制作一些细节变化微妙的动画。

3. 动画的制作步骤

(1) 创建新文档,安排场景。

(2) 插入动画成员(绘制各种图形、导入图形文件、制作元件等)。

(3) 设置动画效果和测试动画效果。

(4) 保存文件。

(5) 输出动画。

1.3 单元小结

本单元介绍了 Flash CS6 的一些基本功能、主要特点、应用范围。通过本单元的学习,了解 Flash CS6 的基础知识,结合 1 个任务掌握 Flash 文档的基本操作,学习制作出简单的逐帧动画效果。

1.4 习题与思考

一、判断题

1. Flash 的主要特点就是使用矢量图和采用流式播放技术。 ( )

2. 对正在编辑的 Flash 文档必须随时进行保存。 ( )

二、思考题

1. 简述 Flash 的主要特点。

2. 简述 Flash 的主操作界面由哪几个主要部分组成,以及各部分的作用。

3. Flash 文档的属性设置主要是对哪些项的设置?

4. 简述测试场景和测试影片有什么不同。

三、上机操作题

1. 制作一个小球上下弹跳的动画。

2. 利用逐帧动画的原理,制作一个变脸的动画,要求有 5 个面部表情的变化。

第 2 单元

Flash 图形的创建与编辑

2.1 任务 2 制作卡通“米奇”动画

2.1.1 任务综述与实施

任务介绍

制作卡通动画“米奇”。

(1) 在 Flash 中绘制米奇图案。

(2) 应用时间轴设置逐帧动画效果。

任务分析

绘制卡通图案的时候，从外形轮廓开始，然后一步步地深入下去。首先要绘制线条，然后调整颜色进行填充。必要的情况下尽可能分层绘制，这样便于观察和日后修改。绘制线条经常用到的工具为钢笔工具和线条工具，铅笔工具不好控制一般很少用到。

相关技能

(1) 了解 Flash 绘图工具栏。

(2) 掌握 Flash 绘图工具的使用方法。

相关知识

(1) 常用的绘图工具及其属性的设置。

(2) 常用的修图工具及其属性的设置。

(3) 逐帧动画的显示速度的调整。

任务实施

(1) 启动 Flash 程序，选择“文件”→“新建”命令，在弹出的对话框的“常规”选项卡的“类型”栏中选择 ActionScript 3.0 选项，单击“确定”按钮，并将文件保存为“卡通米奇动画.fla”文件。

(2) 设置文档属性。按 Ctrl+J 组合键，弹出“文档设置”对话框，将文档大小设置为 400 像素×600 像素，背景颜色为白色，如图 2-1 所示。

(3) 选择椭圆工具，设置笔触大小为 1 像素，并且单击按钮禁用填充色，在画布中绘制如图 2-2 所示的 3 个椭圆。

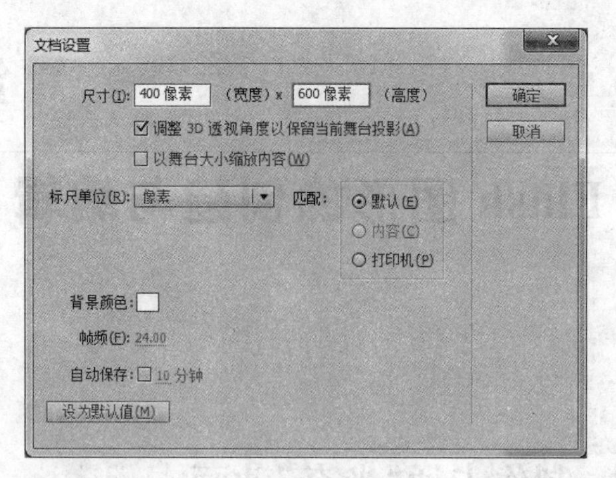

图 2-1 文档属性设置

(4) 选择任意变形工具，对两个小椭圆进行变形并调整到如图 2-3 所示位置。

图 2-2 米奇脑袋外轮廓

图 2-3 小椭圆调整后的轮廓

(5) 用椭圆工具和直线工具绘制如图 2-4 所示椭圆和直线。为了方便调整，绘制时选择对象绘制工具。

(6) 用选择工具将两条直线调整成弧线，选中整个图像，按 Ctrl+B 组合键将对象分离，删除多余线条，效果如图 2-5 所示。

图 2-4 绘制脸部轮廓

图 2-5 调整后的脸部轮廓

(7) 用直线工具和椭圆工具绘制眼睛、眉毛和鼻子的基本轮廓，如图 2-6 所示。

(8) 用选择工具调整五官的基本轮廓,如图 2-7 所示。

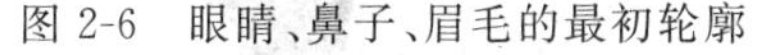

图 2-6　眼睛、鼻子、眉毛的最初轮廓

图 2-7　调整后的眼睛、鼻子、眉毛轮廓

(9) 用钢笔工具绘制嘴巴和下巴的基本轮廓,调整后如图 2-8 所示。

(10) 用颜料桶工具为米奇的脑袋上色,脸部用白色,鼻子、眼睛、耳朵都用黑色,舌头用红色填充,效果如图 2-9 所示。

图 2-8　下巴和嘴巴的绘制

图 2-9　给图像填充颜色

(11) 为了使图像更逼真些,在眼睛和鼻子的部位用刷子工具刷上几个白色的小圆点,以示高光点,效果如图 2-10 所示。至此,米奇脑袋部分绘制完成。

(12) 将图层 1 命名为“脑袋”,并新建图层,命名为“身体”,如图 2-11 所示。

图 2-10　米奇脑袋图案效果

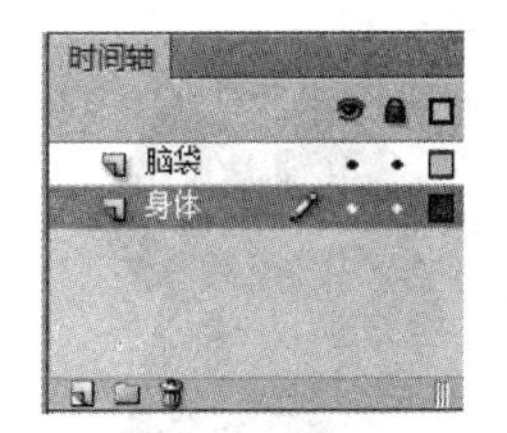

图 2-11　新建并命名图层

(13) 用矩形工具绘制 3 个形状各异的矩形,并用任意变形工具进行变形,然后用直线工具绘制出一个三角形,效果如图 2-12 所示。

(14) 选中本图层上的所有形状，按 Ctrl＋B 组合键进行分离，删除相交线条，如图 2-13 所示。

(15) 将“身体”图层移到“脑袋”图层下方，并用黑色填充，得到如图 2-14 所示效果。

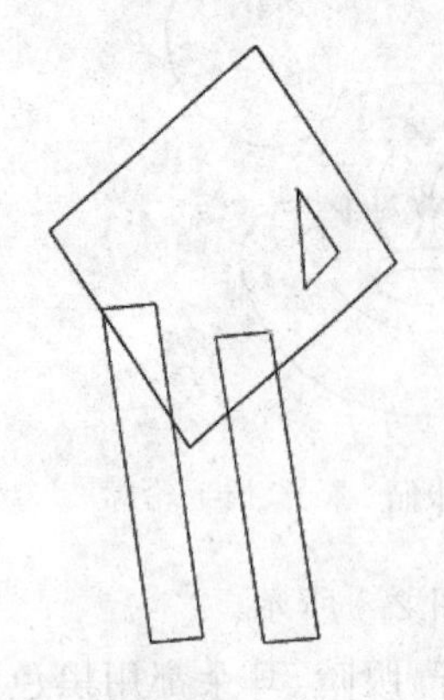

图 2-12 绘制身体部分外轮廓

图 2-13 身体部分轮廓线调整

图 2-14 身体部分填充颜色后的效果

(16) 新建图层“裤子”，用钢笔工具绘制并调整成如图 2-15 所示形状。

(17) 用红色填充该图层。选中该图层的所有线条，将线条转换为黑色。裤子里面部分，填充暗红色，效果如图 2-16 所示。

图 2-15 绘制裤子外轮廓

图 2-16 裤子填充颜色后的效果

(18) 新建图层，在裤子上方绘制两个黄色椭圆形图案，并从肩部绘制一条白色直线与裤子相连，效果如图 2-17 所示。

(19) 用选择工具调整手部和肩部、脚部曲线，得到如图 2-18 所示效果。

图 2-17 绘制裤子吊带及图案

图 2-18 调整身体部分曲线后的效果

(20) 新建图层“鞋子”,用椭圆工具和钢笔工具绘制如图 2-19 所示形状。

(21) 将图层“鞋子”移到图层“身体”的下方,并用颜料桶工具给鞋子填充颜色,效果如图 2-20 所示。

图 2-19　绘制的鞋子轮廓

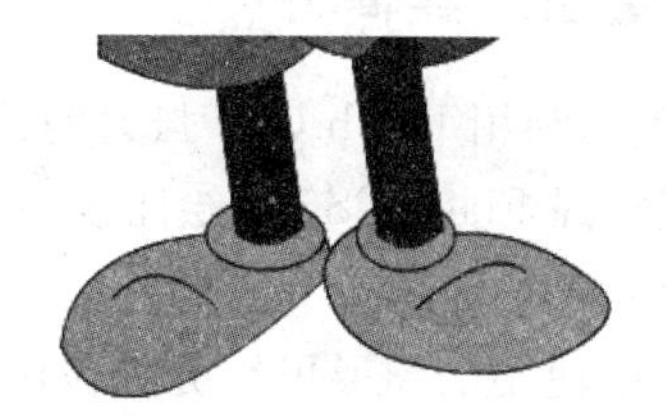

图 2-20　鞋子填充颜色后的效果

(22) 米奇图案整体效果如图 2-21 所示。

(23) 在各图层的第 2 帧,按 F7 键,插入空白关键帧,用同样的方法,绘制另一个米奇图案,如图 2-22 所示。

图 2-21　第 1 帧米奇图案

图 2-22　第 2 帧米奇图案

(24) 按 Ctrl＋Enter 组合键测试动画,会发现两个米奇在快速闪烁。时间轴如图 2-23 所示。

(25) 为了适应人体眼睛的要求,我们让两张动画的切换速度慢一些,可以将第 2 关键帧往后移移,比如移到第 6 帧,并在第 10 帧的位置插入帧,这样两个关键帧各有 5 帧的显示时间,我们就可以比较清楚地看到两张图片的交替切换了。调整后的时间轴如图 2-24 所示。

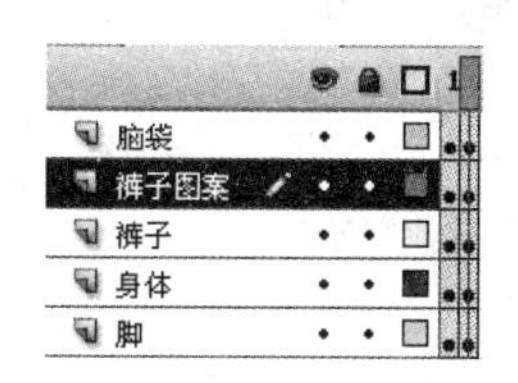

图 2-23　未调整的逐帧动画

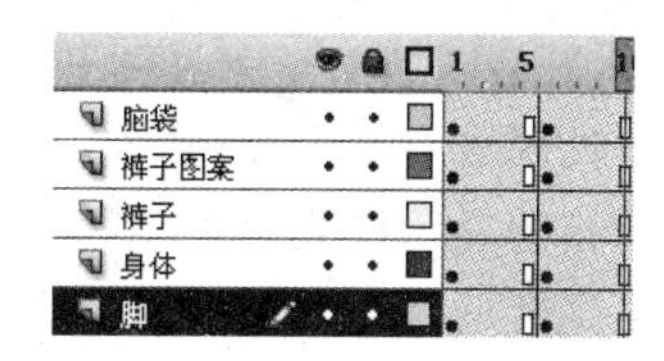

图 2-24　调整后的时间轴

任务总结

在 Flash 动画中绘制的是矢量图,常用的绘制、调整工具有线条工具、选择工具、钢笔工具、椭圆工具、多角星形工具、部分选取工具等，在绘图时要结合这些工具灵活运用。另外在绘制某些具体对象前，应收集足够的相关资料，进行特点分析后再开始绘制。

2.1.2 绘图工具简介

我们可以利用 Flash CS6 强大的绘图工具绘制几何图形，对图形进行上色和擦除等操作，熟练掌握 Flash CS6 的绘图技巧将为 Flash 动画制作奠定坚实的基础。

1. 位图与矢量图

Flash 中使用的图形可以分为位图和矢量图两种类型。

(1) 位图(又称点阵图)是由像素组成的，每个像素都有自己的颜色信息。修改图像时，通过改变像素的色相、饱和度、透明度可以改变图像的显示效果。位图的大小与质量取决于单位面积内像素点的多少，单位面积内所含的像素点越多，图片就越清晰，相应的文件也会越大。

简单地说，位图就是由无数的色彩点组成的图案，适合于表现细致、层次和色彩丰富、包括大量细节的图像。但是当位图图像进行缩放时，会影响图片的显示质量。

(2) 矢量图是用数学方式描述的曲线及曲线围成的色块组成的图形，图形文件一般较小。在编辑矢量图时，可以修改描述图形形状的线条和曲线的属性。矢量图与分辨率无关，可以对矢量图进行移动、调整大小、改变形状以及更改颜色的操作而不更改其外观品质。矢量图最大的缺点是难以表现色彩层次丰富的逼真图像效果，但因为其文件小，占用内存也较小，Flash CS6 的运行速度也快很多，再配合先进的“流”技术，即使带宽非常窄时也可以实现令人满意的动画效果。

2. 工具箱

在 Adobe Flash CS6 中，绘制基本图形最重要的工具都存放在工具箱中。熟悉 Adobe Photoshop 的用户会发现 Adobe Flash CS6 中的工具箱和 Adobe Photoshop 的工具箱很相似，如图 2-25 所示，位于工作界面最右边。

为了方便用户学习 Flash CS6 工具箱的功能和用途，本书把 Flash CS6 的工具箱按从上到下的排列顺序，分为选择工具区域、绘图工具区域、填色工具区域、查看工具区域、颜色区域和选项区域 6 部分来讲解。

1) 选择工具区域

选择工具区域有 5 个按钮，如图 2-26 所示。为了便于标示，截图时更改了工具箱的显示样式。

图 2-25 工具箱

选择工具区域各工具的功能如表 2-1 所示。

对于任意变形工具，按住该按钮不放，在出现的下拉列表中可以选择任意变形工具或渐变变形工具对图形进行变形操作；同样，按住 3D 旋转工具按钮不放，在出现的下拉列表中可以选择 3D 旋转工具或 3D 平移工具对影片剪辑进行变形操作，如图 2-27 所示。

表 2-1 选择工具区域各工具的功能

工 具 名 称	功 能
选择工具	选择和移动舞台中各种对象,也可以改变对象的大小和形状
部分选取工具	对舞台中的对象进行移动或者变形操作
任意变形工具	对舞台中的对象进行上下或左右变形操作
3D 旋转工具	对舞台中的影片剪辑进行 3D 旋转变形操作
套索工具	选择舞台中的不规则对象区域

2) 绘图工具区域

绘图工具区域有 7 个按钮,如图 2-28 所示。

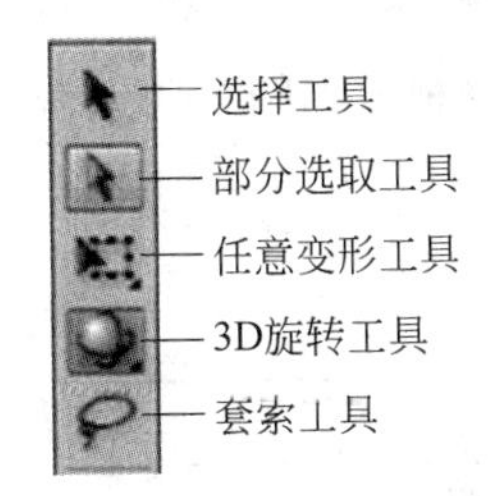

图 2-26 选择工具区域

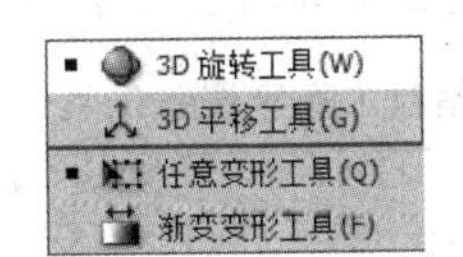

图 2-27 任意变形工具及 3D 旋转工具下拉列表

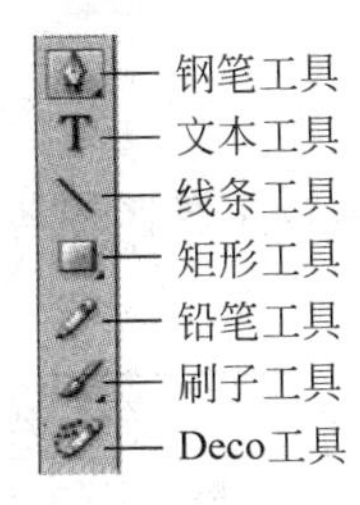

图 2-28 绘图工具区域

绘图工具区域各工具的功能如表 2-2 所示。

表 2-2 绘图工具区域各工具的功能

工具名称	功 能
钢笔工具	绘制直线和曲线,也可以调整曲线的曲率
文本工具	输入和修改文本
线条工具	绘制任意粗细的线条
矩形工具	绘制任意大小的矩形或正方形以及多角星形
铅笔工具	绘制任意形状的线条
刷子工具	绘制任意形状的矢量色块
Deco 工具	绘制复杂几何图案

按住钢笔工具按钮不放直到出现下拉列表,就可以选择钢笔工具的各种相关操作了,如图 2-29 所示。

按住矩形工具按钮不放直到出现下拉列表,从中可以选择绘制矩形、椭圆及各种多角星形的工具,如图 2-30 所示。

3) 填色工具区域

填色工具区域有 4 个按钮,如图 2-31 所示。

对于骨骼工具,按住该按钮不放,在出现的下拉列表中可以选择骨骼工具或绑定工具对图形进行变形操作;同样,按住颜料桶工具按钮不放,在出现的下拉列表中可以选择颜料桶工具或墨水瓶工具分别对对象的填充或边框颜色进行设置，如图 2-32 所示。

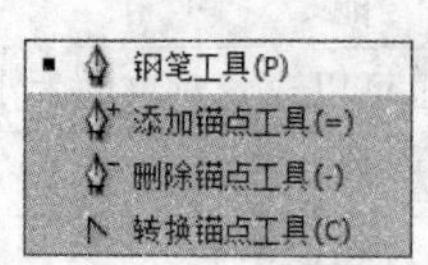

图 2-29 钢笔工具下拉列表

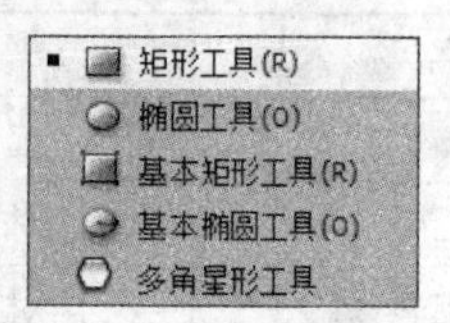

图 2-30 矩形工具下拉列表

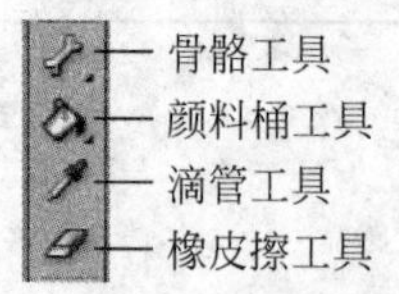

图 2-31 填色工具区域

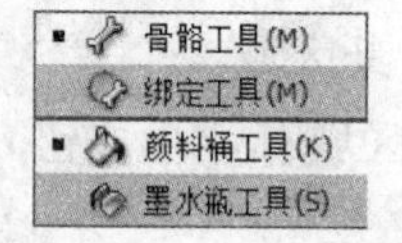

图 2-32 骨骼工具及颜料桶工具下拉列表

填色工具区域各工具的功能如表 2-3 所示。

表 2-3 颜色工具区域各工具的功能

工具名称	功　能
骨骼工具	实现多个符号或物体的动力学连动状态
颜料桶工具	填充或改变舞台中矢量色块及边框颜色
滴管工具	吸取已有对象的色彩，并将其应用于当前对象
橡皮擦工具	擦除舞台中的对象

4) 查看工具区域

查看工具区域包含手形工具和缩放工具，如图 2-33 所示。

查看工具区域各工具的功能如表 2-4 所示。

表 2-4 查看工具区域各工具的功能

工具名称	功　能
手形工具	按住鼠标左键拖动可以移动舞台，方便观察较大的对象
缩放工具	单击可以改变舞台的显示比例

5) 颜色工具区域

颜色工具区域包含用于填充笔触颜色和内部色块的工具，如图 2-34 所示。

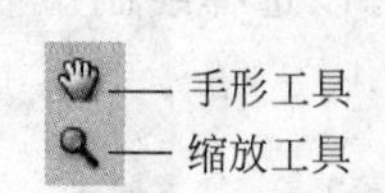

图 2-33 查看工具区域

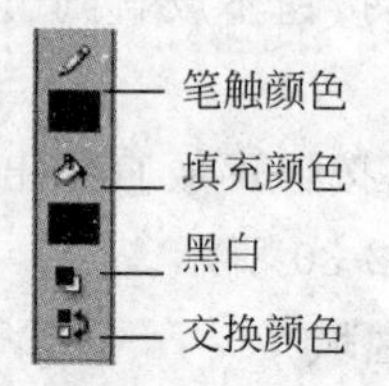

图 2-34 颜色工具区域

颜色工具区域各工具的功能如表 2-5 所示。

表 2-5　颜色工具区域各工具的功能

工具名称	功　　能
笔触颜色	设置所选对象的线条和边框颜色
填充颜色	设置所选对象中要填充的颜色
黑白	使选择的对象只以白色或黑色显示
交换颜色	单击它可以交换矢量图形的边框颜色和填充颜色

6）选项区域

选项区域包含显示与选定工具相关的设置按钮，其内容随着所选工具的变化而变化，当选择了某种工具后，在选项区域中将出现相应的设置按钮，以供用户设置所选工具的属性。如选定任意变形工具后，在选项区域会出现如图 2-35 所示的选项供用户选择。

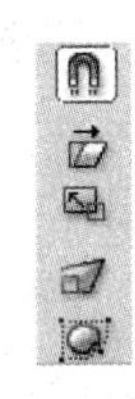

图 2-35　任意变形工具选项区

2.1.3　绘制线条图形

在 Flash CS6 中，要更加灵活地创意和绘制图形，就要熟练应用线条、铅笔、钢笔工具。利用这些工具，可以在网络动画设计制作中绘制各种造型可爱的动画模型。

1. 线条工具

在 Flash 中，线条工具是最简单的绘图工具，可以直接绘制所需要的直线。单击工具箱中的线条工具，将鼠标指针移动到舞台中要绘制直线的位置，此时指针变为十字形状，按住鼠标左键向任意方向拖动，当线条的位置及长度符合要求后松开鼠标左键即可绘制出一条直线。选中需要设置的线条，此时“属性”面板会显示当前直线的属性，如图 2-36 所示。

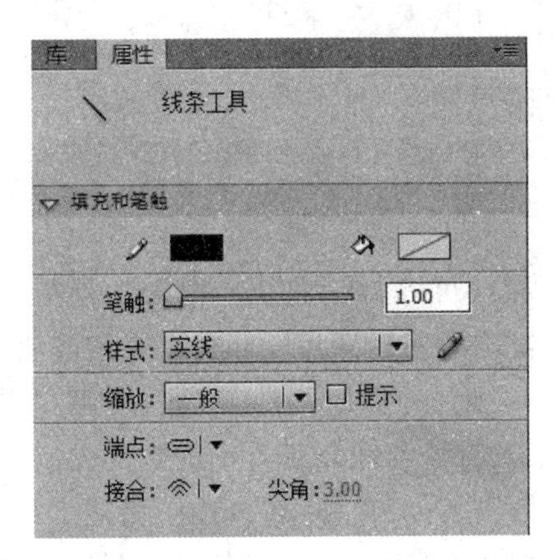

图 2-36　线条“属性”面板

在“属性”面板中可以设置线条的边框颜色、边框宽度、边框样式，还可以自定义笔触样式。线条端点的样式共有 3 种，分别是无、圆角、方形。设置不同的端点样式，绘制 3 条同样粗细与长度的线，得到效果如图 2-37 所示。

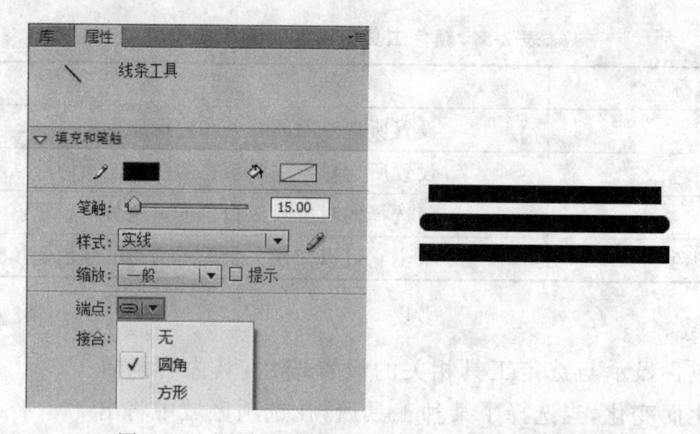

图 2-37　同样的线设置不同端点样式后的效果

接合点是指两条线段的相接处，也就是拐角的端点。线条与线条接合样式也有 3 种，分别是尖角、圆角、斜角。绘制同样一组线条，设置不同的接合样式后，显示的不同效果如图 2-38 所示。

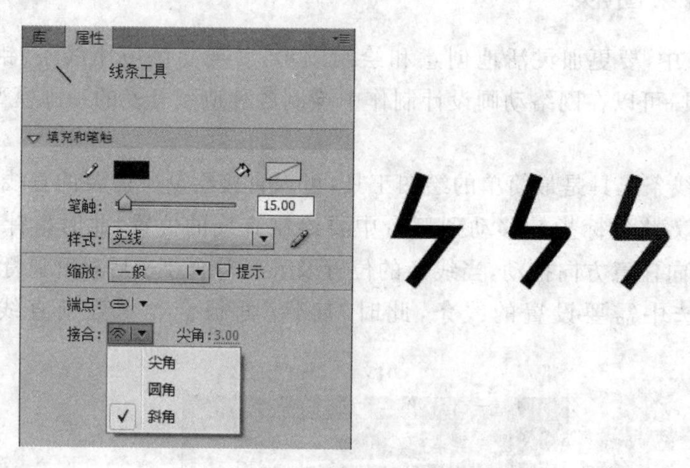

图 2-38　线条设置不同接合样式后的效果

2. 铅笔工具

铅笔工具可以绘制直线，还可以绘制曲线。单击工具箱中的铅笔工具，将鼠标指针移到舞台中，按住鼠标左键随意拖动即可绘制任意直线或曲线。

利用铅笔工具绘制线条或形状时，绘画的方式与使用真实铅笔大致相同，其边框颜色、边框宽度、边框样式的设置方法与线条工具中的直线类似。

铅笔工具有“伸直”“平滑”“墨水”3 种模式，选中铅笔工具后，在选项区域中单击“铅笔模式”按钮，将打开“铅笔模式”下拉列表。铅笔“属性”设置面板及其工具选项区，如图 2-39 所示。

若要绘制直线，或将接近三角形、椭圆、圆形、矩形和正方形的形状转换为这些常见的几何形状，应将铅笔模式设置为“伸直”模式。

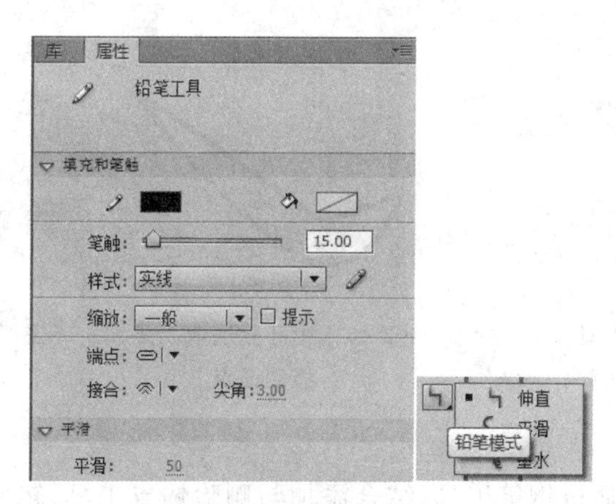

图 2-39 铅笔“属性”设置面板及工具选项区

若要绘制平滑曲线，则应设置为“平滑”模式。

若要保留手画线条原始效果，则将铅笔模式设置为“墨水”模式即可。

按住 Shift 键即可绘制水平、垂直线条和形状。

3. 钢笔工具

钢笔工具可以绘制直线和曲线，还可以调节曲线的曲率，使绘制的线条按照预想的方式弯曲。要绘制精确的路径，可以使用钢笔工具创建直线段和曲线段，然后调整直线段的角度和长度以及曲线段的斜率，实现绘制各种图案的目的。

选择工具箱中的钢笔工具，鼠标指针变为形状，将光标移到舞台中的任意位置并单击确定直线起点，此时起点位置出现一个小的正方形，将光标移到另一点单击，在起点位置和终点位置会出现一条直线，继续在其他位置单击，可以绘制连续的直线。如果要结束路径的绘制，可以按住 Ctrl 键在路径外单击。如果要闭合路径，可以将鼠标指针移到第一个路径点上并单击。如图 2-40 所示，绘制一闭合三角形路径。

用转换锚点工具可将直线点与曲线点进行转换。如图 2-41 所示将三角形下方的锚点转换成曲线点。

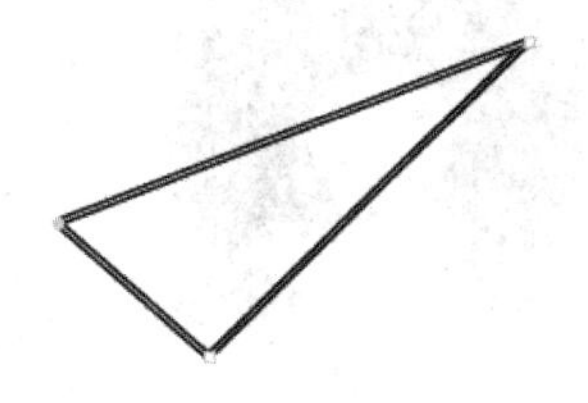

图 2-40 闭合三角形路径

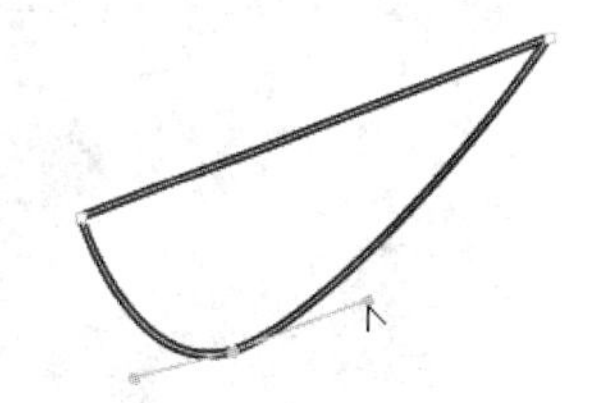

图 2-41 用转换锚点工具调整

用添加锚点工具、删除锚点工具可对锚点进行添加、删除操作。如图 2-42 所示，在三角形的上边直线上增加一个锚点。

用部分选取工具选中某个锚点可以移动该锚点的位置。如图 2-43 所示，用部分选取工具将图 2-42 中增加的锚点往下方移动。

结合用转换锚点工具和部分选取工具将图2-43所示路径调整成如图2-44所示

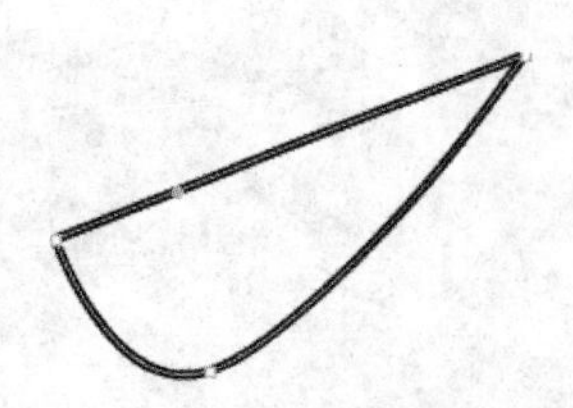

图 2-42 用添加锚点工具增加锚点

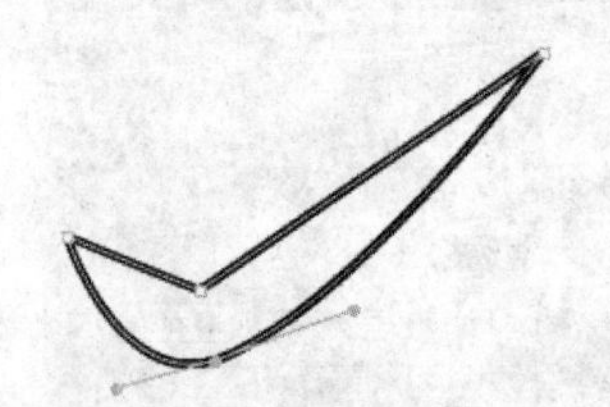

图 2-43 用部分选取工具移动锚点

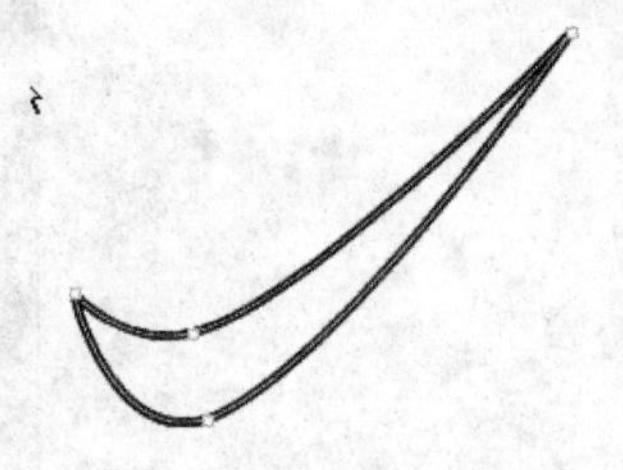

图 2-44 调整后的目标形状

形状。

在 Flash CS6 中，通过钢笔工具，结合添加与删除锚点工具、转换锚点工具以及部分选取工具，拖曳曲线的切线手柄可绘制出任意想要的图形。初学者对钢笔工具的使用可能会因掌握得不太好而感觉难以控制，多加练习应该会喜欢上这个强大的工具。

2.1.4 绘制几何图形

在 Flash CS6 中，基本几何图形工具包括矩形工具、椭圆工具、基本矩形工具、基本椭圆工具及多角星形工具，如图 2-30 所示。

基本矩形工具或基本椭圆工具与矩形工具或椭圆工具的不同在于，Flash 将其绘制的图形作为独立对象，并可以使用“属性”检查器中的控件指定矩形的角半径以及椭圆的开始角度、结束角度和内径，后面不再赘述。

1. 绘制椭圆与正圆

单击工具箱中的椭圆工具，在“属性”面板中设置其属性，效果如图 2-45 所示。

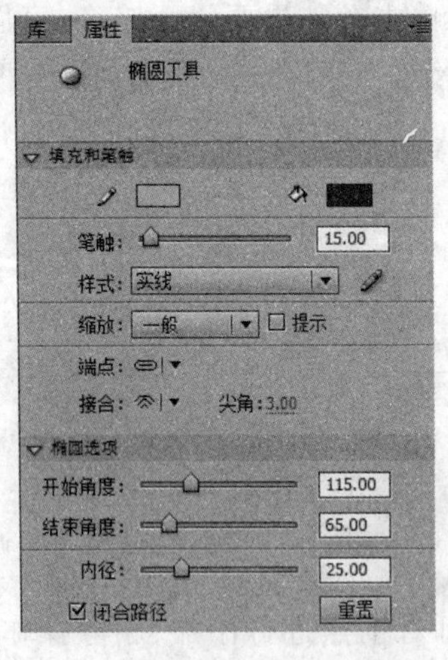

图 2-45 椭圆工具“属性”面板

椭圆边框颜色、边框宽度、边框样式、笔触样式、端点接合点模式设置与线条工具设置相同。

“开始角度”与“结束角度”用于指定椭圆的开始点和结束点的角度，利用该参数可以轻松地将椭圆和圆形的形状修改为扇形、半圆以及其他有创意的形状。“闭合路径”选项用于指定椭圆的路径是否闭合，默认情况下选中“闭合路径”复选框，若未选中则仅绘制笔触，如图 2-46 所示。

图 2-46　设置不同的起始角度以及未闭合路径绘制的椭圆效果

“内径”用于绘制圆环，允许输入的内径数值为 0～99，用来指定圆环内侧椭圆直径与外侧椭圆直径的比例。如图 2-47 所示，左右两个分别是内径为 40 与 70 的圆环。

单击“重置”按钮，可以将椭圆的开始角度和结束角度，以及内径都重置为 0，并闭合路径。

选中椭圆工具后，按住 Shift 键可以绘制正圆；按住 Alt 键，在场景中单击即可弹出“椭圆设置”对话框，如图 2-48 所示。通过该对话框，可以设置椭圆的宽度、高度。

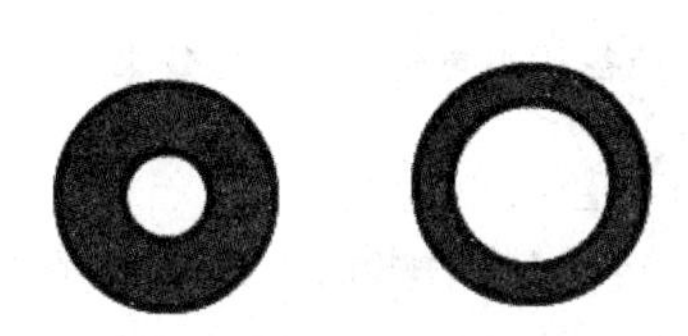

图 2-47　不同内径的圆环

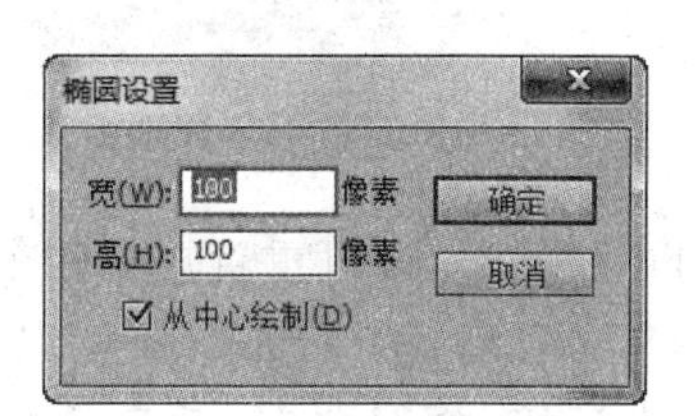

图 2-48　“椭圆设置”对话框

在绘制椭圆的同时，按住 Alt 键，即可绘制以鼠标为中心的椭圆；同时按住 Shift+Alt 组合键则可绘制以鼠标为中心的正圆。

2. 绘制矩形与圆角矩形

单击工具箱中的矩形工具，在“属性”面板中设置其属性，此时效果如图 2-49 所示。

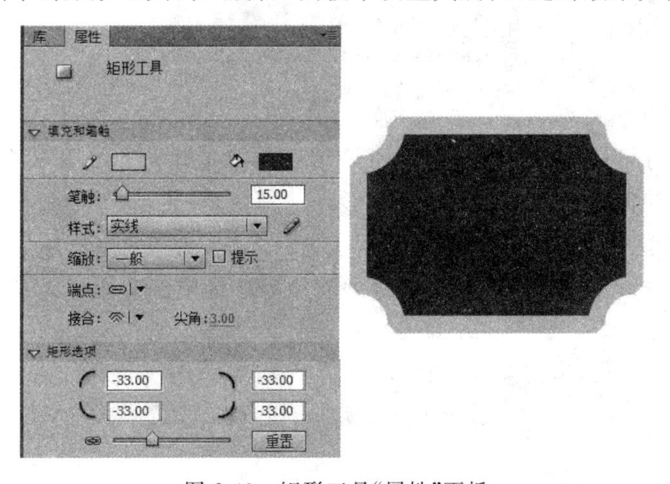

图 2-49　矩形工具“属性”面板

矩形边框颜色、边框宽度、边框样式、笔触样式、端点接合点模式设置与线条工具设置相同。

设置矩形边角半径。如边角半径设置为 0，则绘制矩形；若不为 0，则绘制圆角矩形。在默认情况下，是同时设置矩形四个边角大小，单击“将边角半径控件锁定为一个控件”按钮，可以分别设置矩形四个角的半径大小，如图 2-50 所示。

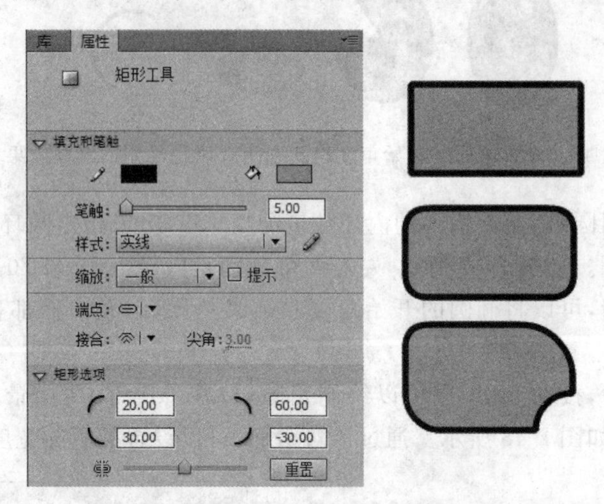

图 2-50　四角半径分别为 0、30 及四角半径各不相同绘制的矩形效果

单击“重置”按钮，可以重置矩形四个角的边角半径大小为 0。

选中矩形工具后，按住 Shift 键可以绘制正方形；按住 Alt 键，在场景中单击即可弹出“矩形设置”对话框，如图 2-51 所示。通过该对话框，可以设置椭圆的宽度、高度及边角半径。

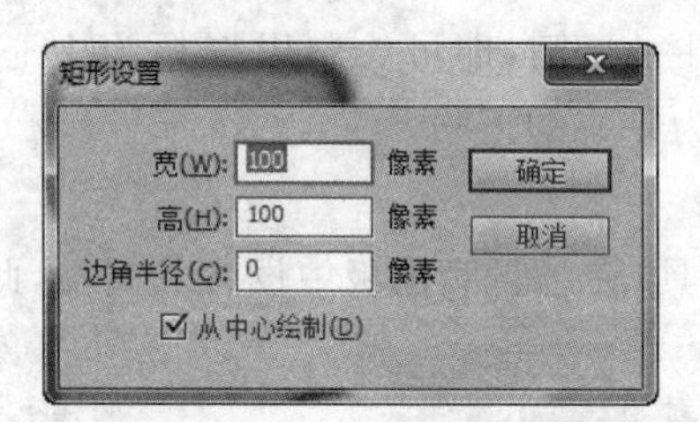

图 2-51　“矩形设置”对话框

在绘制矩形的同时，按住 Alt 键，即可绘制以鼠标为中心的矩形；同时按住 Shift＋Alt 组合键，则可绘制以鼠标为中心的正方形。

3. 绘制多边形与多角星形

使用多角星形工具可以绘制出多边形或星形。选中多角星形工具，此时“属性”面板如图 2-52 所示。

多角星形边框颜色、边框宽度、边框样式及填充颜色、端点、接合的设置方法与此前的其他工具相同。单击“属性”面板中的“选项”按钮，弹出“工具设置”对话框，如图 2-53 所示。

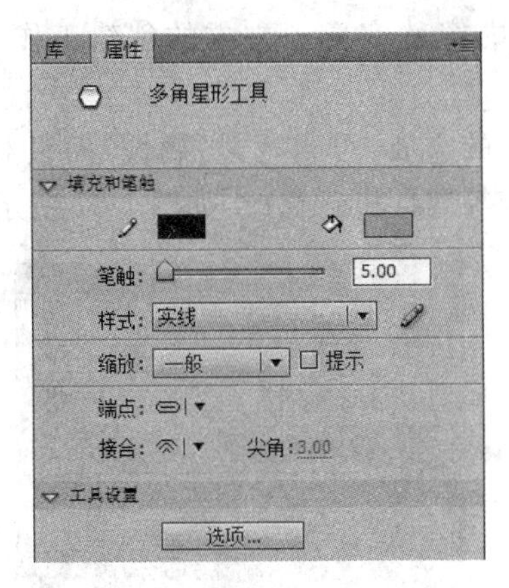

图 2-52　多角星形工具“属性”面板

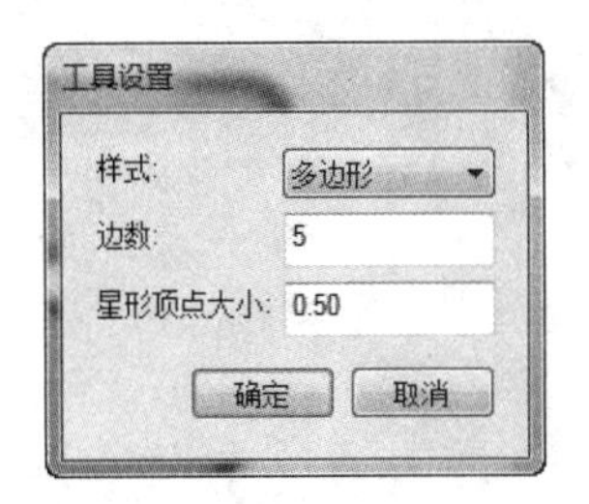

图 2-53　“工具设置”对话框

“工具设置”对话框中各项参数的功能分别介绍如下。

(1)“样式”：可以选择多边形或星形两个样式，如图 2-54 所示。

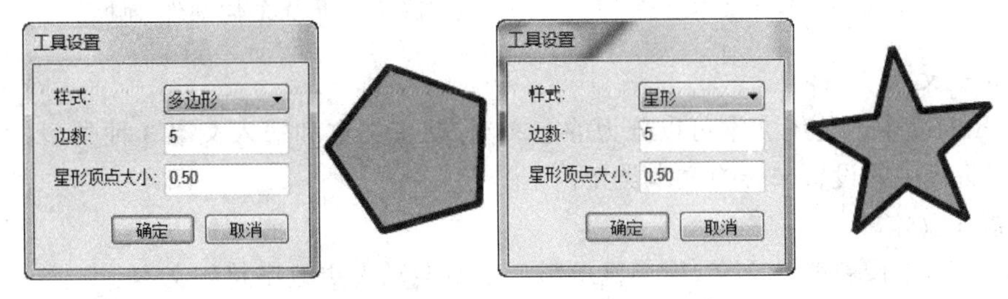

图 2-54　设置不同样式的多角星形

(2)“边数”：设置多边形的边数。

(3)“星形顶点大小”：输入一个 0～1 的数字以指定星形顶点的深度。此数字越接近 0，创建的顶点就越深。如图 2-55 所示为设置不同顶点大小的多角星形效果。

图 2-55　不同顶点大小图形对比

2.1.5　为图形添加文本

文字是基本信息的表现方式，在各种影片中同样缺少不了使用文字来展示各种信息内容。加入文字大部分都需要使用文本工具来完成，用以创建文本对象并对其进行输入编辑。

在工具箱中选取文本工具 T 后，鼠标指针将变成 ┼T 形状，移动光标到舞台的相应位置,拖动鼠标创建文本输入框,然后输入文字内容就完成了文本的创建工作,如图 2-56 所示。

当文本创建完成后,选中该文本,根据设计的需要,可再通过“属性”面板对文本的字体、间距、位置、颜色、呈现方式、对齐方式、链接等属性进行修改,如图 2-57 所示。

图 2-56 输入文本内容

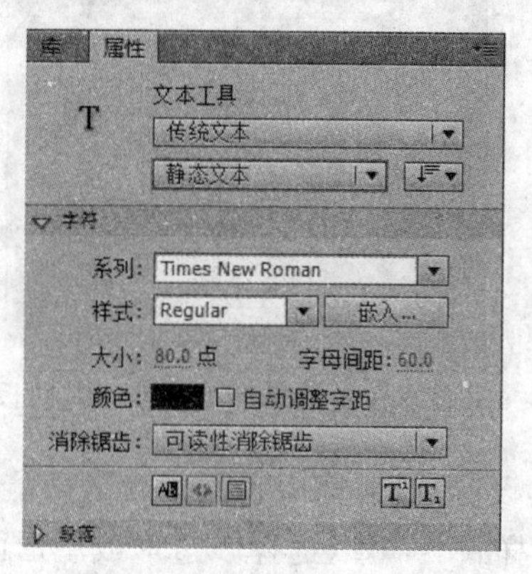

图 2-57 传统文本“属性”面板

1. 传统文本

Flash CS6 中的传统文本可以分为静态文本、动态文本和输入文本 3 种类型,可以通过“属性”面板中的设置来转换文本类型。

1) 静态文本

静态文本是指一般的文字,用于显示影片中不会动态更改字符的文本。

(1) “改变文本方向”: 单击该按钮后,在弹出的菜单中设置文本的方向。在输入一些古文类文字时,常使用该项功能。

(2) “位置和大小”: 位置用于指定文本框的坐标值,大小用于定义文本框的宽度和高度。

(3) “字符”卷展栏: 该卷展栏中各选项的含义如下。

① “系列”: 用于指定 SWF 文件使用本地计算机上安装的字体来显示文本。尽管此选项对 SWF 文件的大小影响极小,但还是会强制用户根据安装在用户计算机上的字体来显示文本;否则,影片中的字体不能正常显示。因此,在使用设备字体时,应选择使用通常都安装的字体系列。

② “样式”: 用于设定切换粗体、切换斜体等。

③ “大小”: 设置字体大小,可在文本框中输入一个 0～2500 的值,值越大字体就越大。

④ “字符间距”: 可以设置字符间距为－60～60 的值,值越大字符间距就越大。

⑤ “自动调整字距”: 自动调整文本中单个字体的距离。

⑥ “颜色”: 为文本内容设置字体颜色。单击颜色框,打开调色板选择要应用的颜色即可。

⑦ “消除锯齿”: 可以根据不同的需求设置不同的消除锯齿的方法。

⑧ 切换上、下标: 可以根据需要将文本设置成上标或下标。

(4)“段落”卷展栏：在其中可对多行文本的缩进、行距和边距等进行设置，如图 2-58 所示。

①“格式”：用以设定段落对齐方式。

②“间距”：用以设定段落首行缩进及行间距。

③“边距”：用以设定段落左右边距。

④“行为”：用以设定单行、多行或多行不换行。

(5)“选项”卷展栏：在其中可对链接、目标、变量进行设置，如图 2-59 所示。

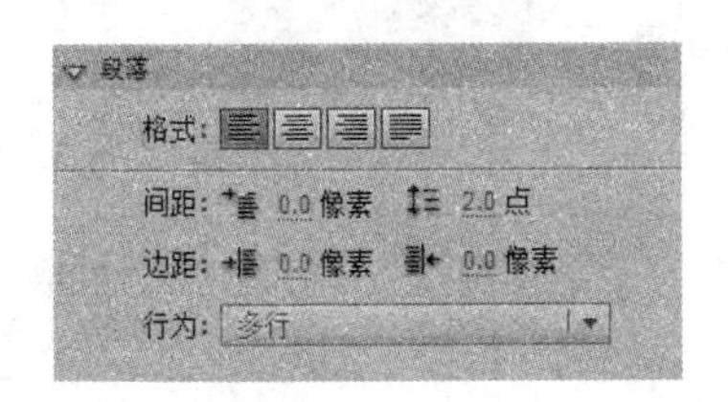

图 2-58　设置段落格式

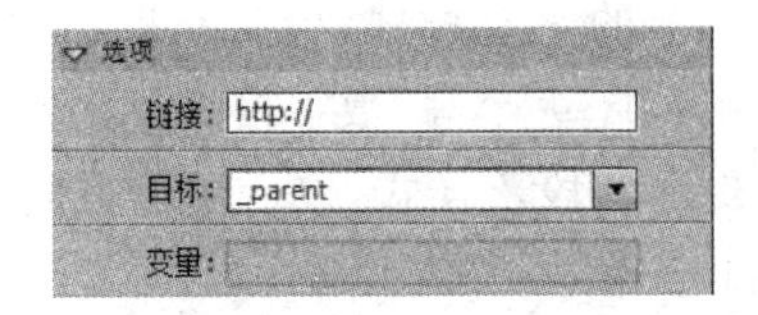

图 2-59　“选项”卷展栏

①“链接”：为文本对象添加一个链接地址。

②“目标”：选择链接对象在浏览器中的打开方式，有 _blank、_parent、_self、_top 4 个选项。

③“变量”：静态文本此处不能用，在动态文本中可以为动态文本设置一个变量。

2）动态文本

动态文本用于显示需要动态更新的文本范围，常用在互动电影中获取并显示指定的信息。在文本工具“属性”面板中可以选择“动态文本”项，将文本类型设置为动态文本，如图 2-60 所示。

(1)“实例名称”：设置动态文本的实例名称，便于进行引用。

(2)“嵌入”：单击该按钮，打开“嵌入字符”对话框，可在其中选择要嵌入影片中的字符集。

(3) ：设置多行文本的类型，包括单行、多行、多行不换行 3 个选项。

(4) ：使用户可以选择影片中的静态文本或动态文本。

(5) ：将文本呈现为 HTML 代码。

(6) ：为文本内容添加边框线。

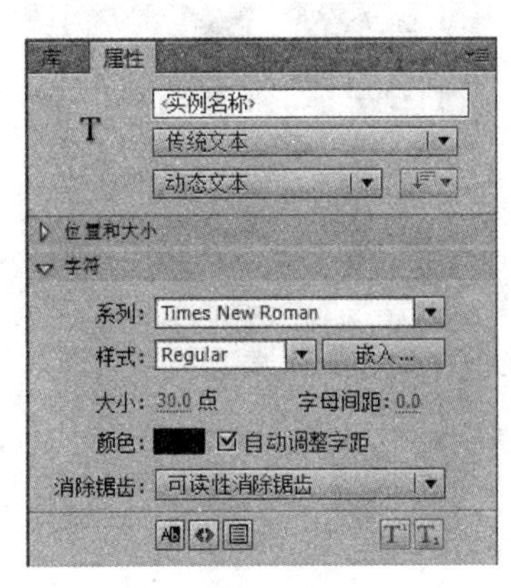

图 2-60　动态文本“属性”面板

动态文本的“段落”和“选项”卷展栏展开项同静态文本，不再赘述。

3）输入文本

输入文本是指互动电影在播放时可以输入文字的范围，使用户可以在表单或调查表中输入相关文本。在文本工具“属性”面板中可以选择“输入文本”项，将文本类型设置为输入文本，如图 2-61 所示。

输入文本“属性”面板与动态文本“属性”面板基本相同，其中输入文本“选项”设置中多了一个“最大字符数”项，表示在输入文本范围中最多可以输入的字符数。

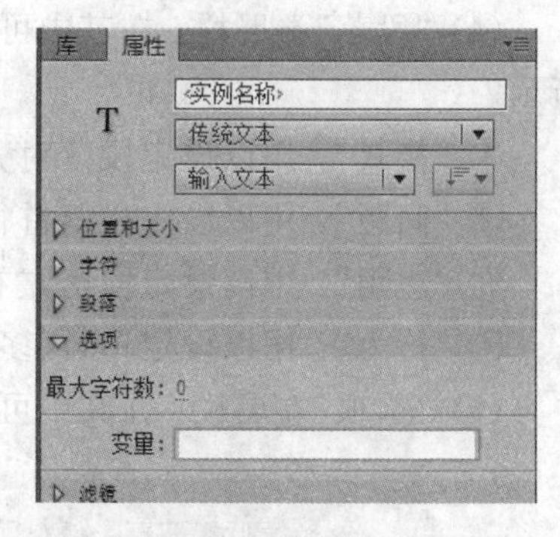

图 2-61 输入文本“属性”面板

2. TLF 文本

从 Flash Professional CS5 开始，引入了 TLF 文本（文本布局框架）。TLF 文本支持更为丰富的文本布局功能和对文本属性的精细控制。与传统文本相比，TLF 文本可加强对文本的控制。

与传统文本相比，TLF 文本提供了下列增强功能。

(1) 更多的字符样式，包括行距、连字、加亮颜色、下画线、删除线、大小写、数字格式及其他。

(2) 更多的段落样式，包括通过栏间距支持多列、末行对齐选项、边距、缩进、段落间距和容器填充值。

(3) 控制更多亚洲字体属性，包括直排内横排、标点挤压、避头尾法则类型和行距模型。

(4) 可以为 TLF 文本应用 3D 旋转、色彩效果以及混合模式等属性，而无须将 TLF 文本放置在影片剪辑元件中。

(5) 文本可按顺序排列在多个文本容器中，这些文本容器称为串接文本容器或链接文本容器。

(6) 能够针对阿拉伯语和希伯来语文字创建从右到左的文本。

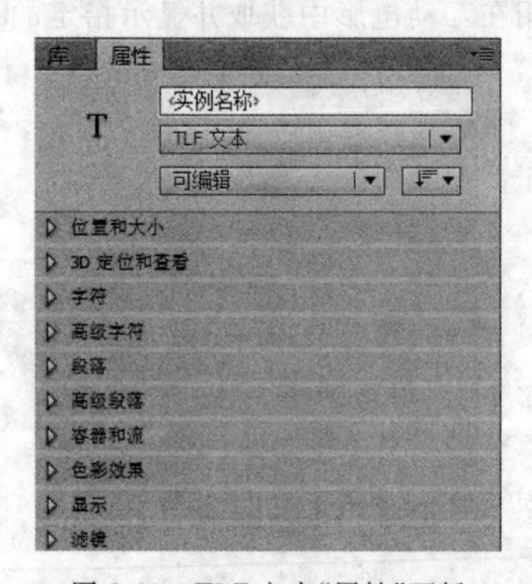

图 2-62 TLF 文本“属性”面板

(7) 支持双向文本，其中从右到左的文本可包含从左到右文本的元素。当遇到在阿拉伯语或希伯来语文本中嵌入英语单词或阿拉伯数字等情况时，此功能必不可少。TLF 文本“属性”面板如图 2-62 所示。

TLF 文本提供点文本容器和区域文本容器。点文本容器的大小仅由其包含的文本决定，区域文本容器的大小与其包含的文本量无关。默认使用点文本容器。要将点文本容器更改为区域文本容器，可使用选择工具调整其大小或双击点文本容器边框右下角的小圆圈。

TLF 文本不支持 PostScript Type 1 字体，仅支持 OpenType 和 TrueType 字体。

TLF 文本无法用作遮罩。要使用文本创建遮罩，则使用传统文本。

文本容器之间的串接或链接仅对于 TLF 文本可用，不适用于传统文本块。文本容器可以在各个帧之间和在元件内串接，只要所有串接容器位于同一时间轴内。

要链接两个或更多文本容器，可使用选择工具或文本工具选择文本容器，单击选定文本容器的“进”或“出”端口，将指针定位在目标文本容器上，单击该文本容器以链接这两个容器。

要链接到新的文本容器，则在舞台的空白区域单击或拖动鼠标。单击操作会创建与原始对象大小和形状相同的对象，拖动操作则可创建任意大小的矩形文本容器。

2.2　任务 3　制作“飘落的枫叶”

2.2.1　任务综述与实施

任务介绍

制作“飘落的枫叶”动画。

(1) 在 Flash 中绘制度假草坪效果。

(2) 制作枫叶沿一定路径飘落的效果。

任务分析

在舞台上绘制草地、栅栏、毯子、遮阳伞、枫叶等对象构成度假草坪效果。为了便于编辑可以把不同的对象放在不同的图层中。为枫叶创建影片剪辑元件，并将其制作成引导动画，让枫叶沿着一定的路径飘落。

相关技能

(1) 熟悉 Flash 绘图工具的使用方法。

(2) 了解元件的创建与编辑方法。

(3) 掌握引导动画的制作方法。

相关知识

绘图工具的使用，元件的创建与编辑，引导层与引导动画。

任务实施

(1) 启动 Flash 程序，选择“文件”→“新建”命令，在弹出的对话框中选择 ActionScript 3.0 选项，单击“确定”按钮，并将文件保存为“飘落的枫叶.fla”文件。

(2) 设置文档属性。按 Ctrl+J 组合键，弹出“文档设置”对话框，将文档大小设置为 550 像素×400 像素，背景颜色为#CCFFFF，帧频改为 8fps。

(3) 双击图层 1，将图层 1 命名为“草地”。选择椭圆工具，将笔触颜色设置为墨绿色#336600，粗细设为 3.5，填充颜色设为草绿色#C4FE9C，在舞台的下半部绘制一个大椭圆，效果如图 2-63 所示。

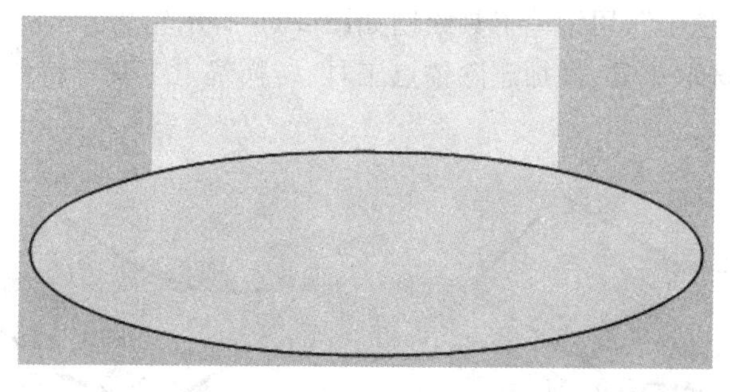

图 2-63　用椭圆绘制的草地

(4) 用钢笔工具和线条工具绘制草地上的栅栏，效果如图 2-64 所示。

注意：绘制栅栏的竖线必须垂直于舞台，否则栅栏会像倒地或倾斜。

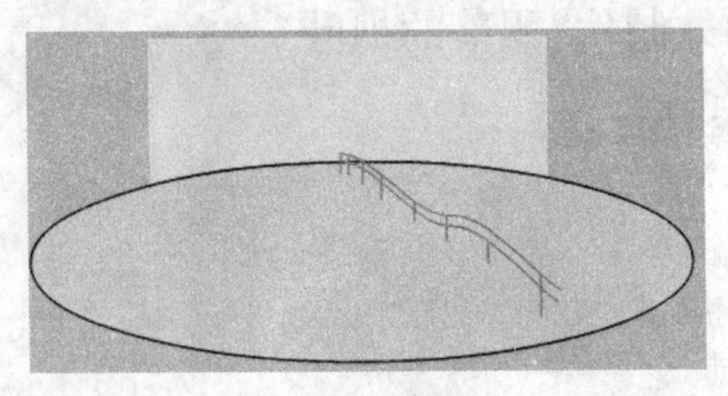

图 2-64 绘制栅栏

(5) 因为文档大小为 550 像素×400 像素，超出舞台的部分并不会显示，所以预览时可以看到绘制的草地实际效果如图 2-65 所示。

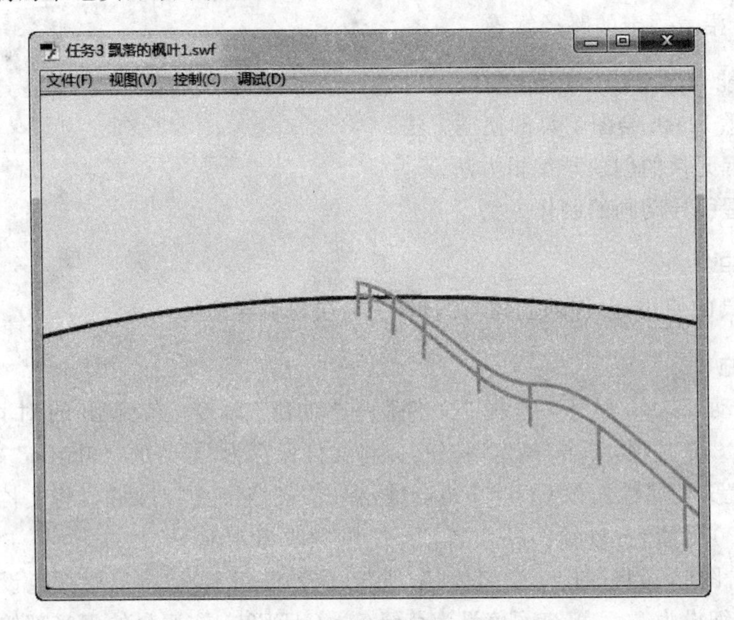

图 2-65 预览时的草地效果

(6) 新建图层“毯子”，用钢笔工具绘制如图 2-66 所示轮廓。

(7) 通过部分选取工具、添加删除锚点工具、转换锚点工具等将绘制的轮廓调整成如图 2-67 所示效果。

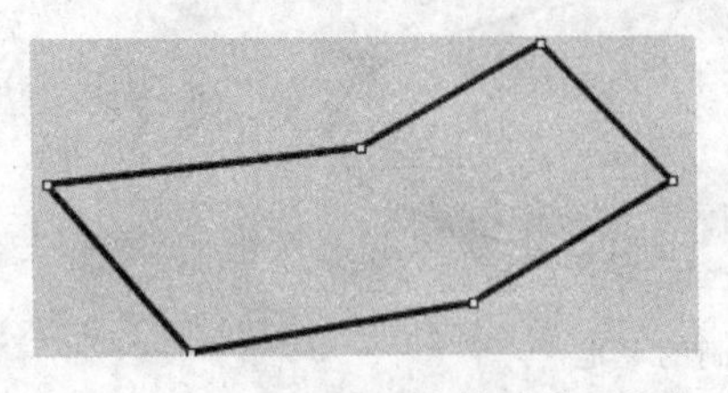

图 2-66 用钢笔工具绘制的毯子轮廓

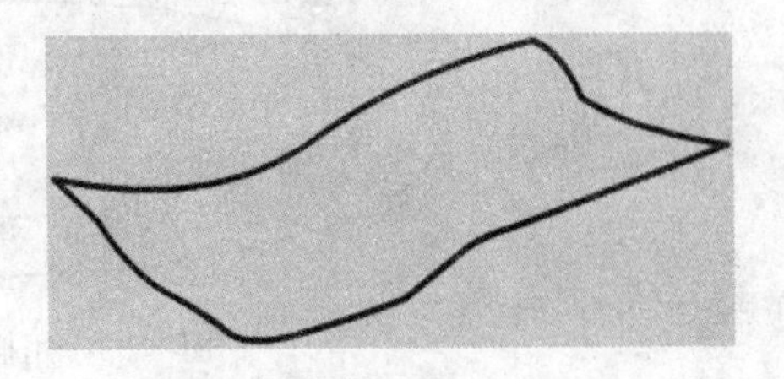

图 2-67 调整后的毯子外轮廓

(8) 用线条工具,并单击"贴紧至对象"按钮,在毯子内部绘制如图 2-68 所示线条。

(9) 给毯子各部分分别填上不同的颜色,效果如图 2-69 所示。

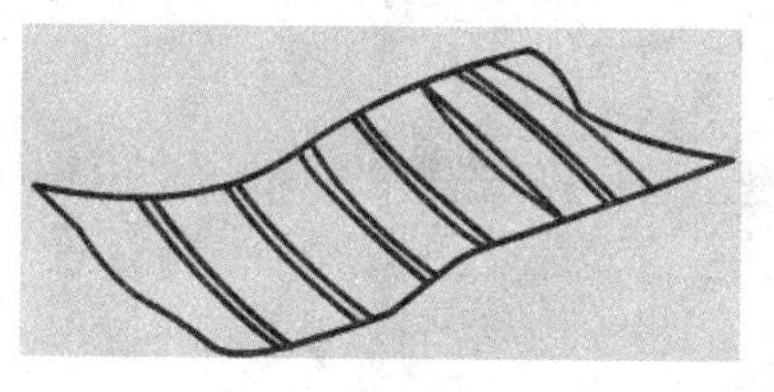

图 2-68　绘制内部线条

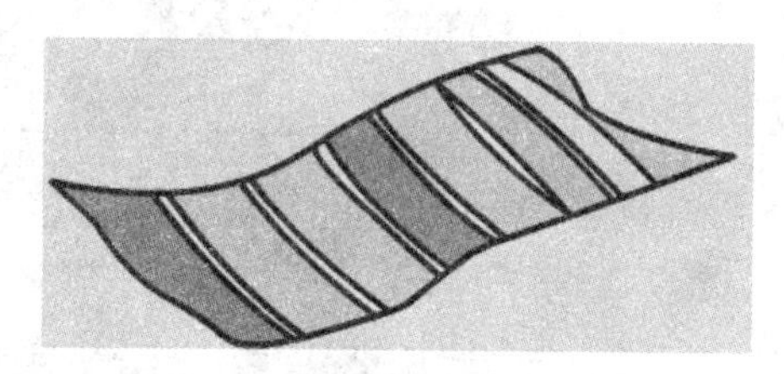

图 2-69　填充毯子各部分颜色

(10) 删除毯子的内部线条,并将毯子移动到舞台的相应位置上,效果如图 2-70 所示。

图 2-70　毯子与草地

(11) 新建图层"伞"。锁定图层"草地"与"毯子",在新图层上绘制一大一小两个椭圆。删除大椭圆的填充色,并用线条工具以大小两椭圆的连接处为起点,向大椭圆绘制四条直线,效果如图 2-71 所示。

(12) 用选择工具将四条直线调整成曲线,并用线条工具继续补充伞的外形,再填充相应的颜色,效果如图 2-72 所示。

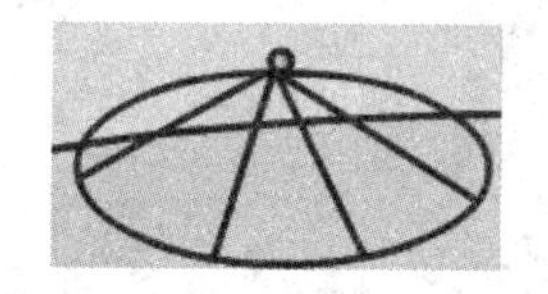

图 2-71　绘制伞的外轮廓

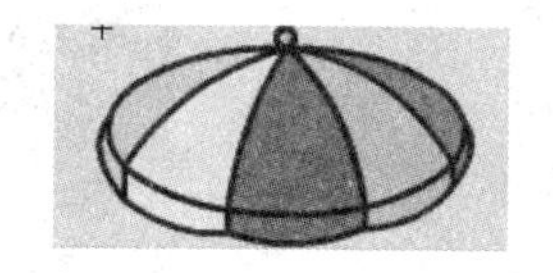

图 2-72　调整并填色后的伞

(13) 选中绘制后的伞,按 F8 键,弹出"转换为元件"对话框,输入名称"伞",将伞转换成影片剪辑元件"伞",如图 2-73 所示。

(14) 绘制伞柄。选择矩形工具,在选项区域单击"对象绘制"按钮,将笔触颜色设为"没有颜色",填充颜色设为"从白色到灰色的线性渐变",通过颜色变化实现圆柱形伞柄效果,绘制如图 2-74 所示矩形。

(15) 用任意变形工具将伞柄调整成上细下粗的效果,如图 2-75 所示。

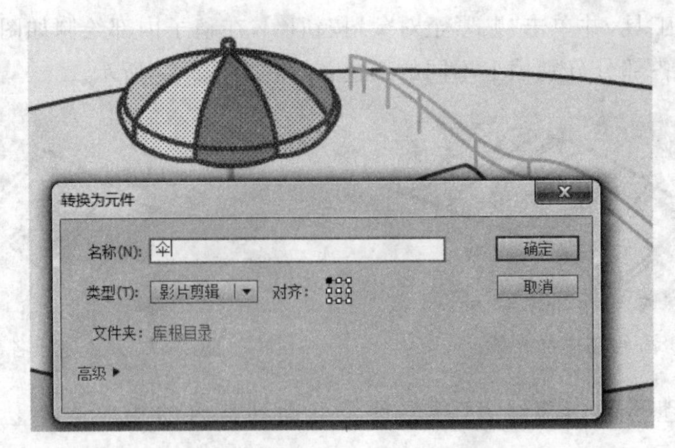

图 2-73　将“伞”转换为影片剪辑元件

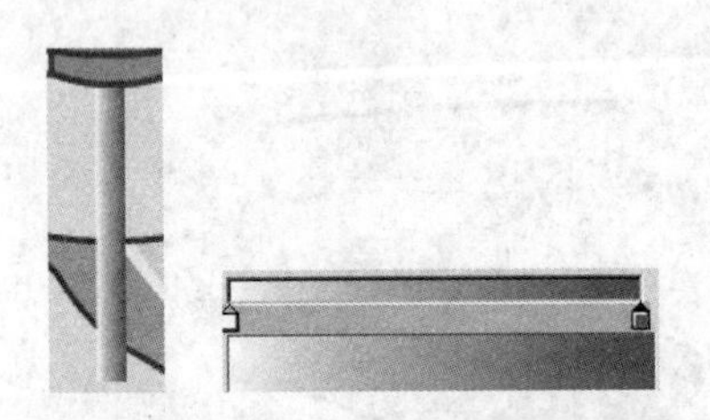

图 2-74　绘制从白色到灰色渐变的伞柄

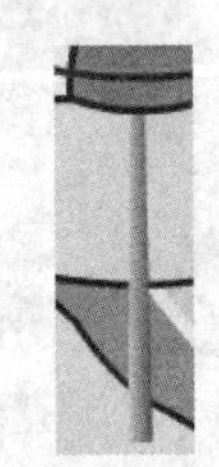

图 2-75　调整后的伞柄效果

(16) 新建图层“枫叶”,用钢笔工具和线条工具绘制,如图 2-76 所示枫叶形状。

(17) 将填充色设置成径向渐变,从中心向外由红色到深红色渐变,如图 2-77 所示。

(18) 用颜料桶工具给枫叶填充颜色,并用渐变变形工具调整渐变位置,如图 2-78 所示。

图 2-76　枫叶形状

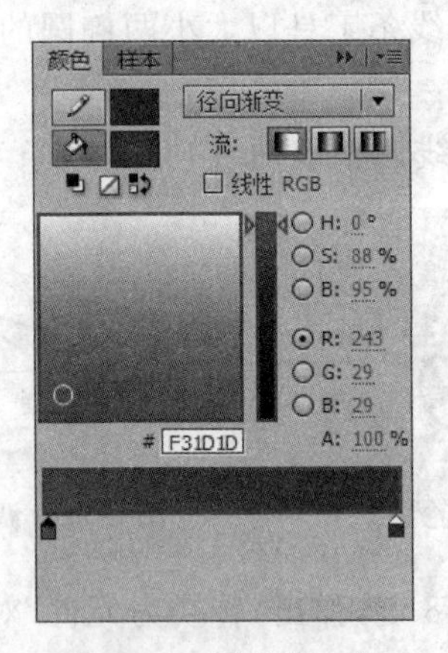

图 2-77　调整填充色

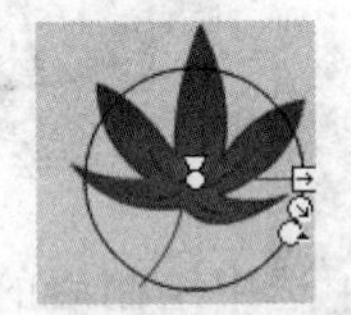

图 2-78　填充后的枫叶

(19) 选中绘制的填充好的枫叶,按 F8 键,弹出“转换为元件”对话框,输入名称“枫叶”,类型选择“图形”,将其转换成图形元件“枫叶”,如图 2-79 所示。

图 2-79　将枫叶转换成“枫叶”图形元件

(20) 选中已保存成图形元件的“枫叶”，再次按 F8 键，弹出“转换为元件”对话框，输入名称“飘落的枫叶”，类型选择“影片剪辑”，将其转换成影片剪辑元件“飘落的枫叶”，如图 2-80 所示。

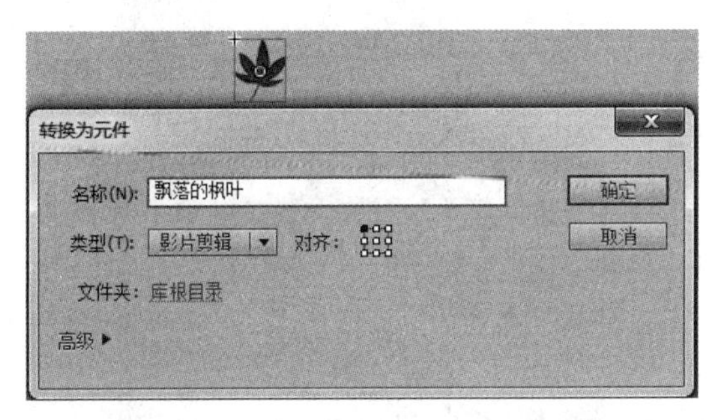

图 2-80　将图形元件“枫叶”转换为影片剪辑“飘落的枫叶”

(21) 在“枫叶”图层上将影片剪辑“飘落的枫叶”移到舞台上方，并双击它，进入影片剪辑中，对影片剪辑“飘落的枫叶”进行编辑。

(22) 在影片剪辑中添加一个图层，并将其属性设置为引导层，绘制如图 2-81 所示的运动引导线。

(23) 在图层 1 的第 60 帧处按 F6 键插入关键帧。在引导层的第 60 帧处按 F5 键，插入帧。

(24) 将第 1 帧的枫叶移到引导线的上方，中心与引导线对齐。将第 60 帧处的枫叶移到舞台下方的引导线上，并将其中心与引导线对齐。在“时间轴”面板中图层 1 的第 1 帧处创建传统补间动画，如图 2-82 所示。

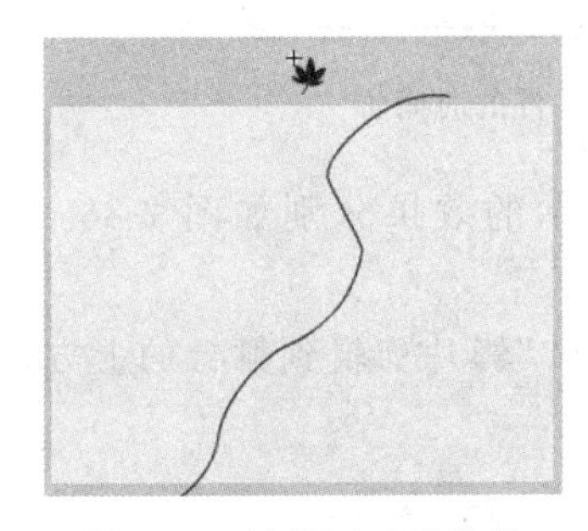

图 2-81　绘制运动引导线

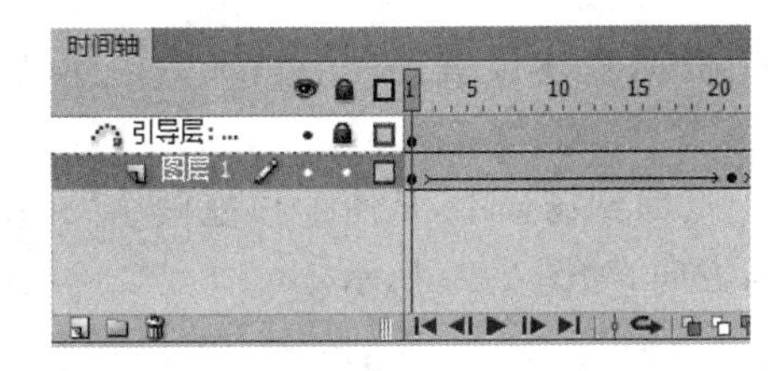

图 2-82　创建引导动画

(25) 此时测试动画会发现枫叶正沿着引导线方向飘落,引导线本身不可见。

(26) 为了让枫叶飘落得更自然些,在第 20 帧、第 40 帧处分别插入关键帧,并调整关键帧处枫叶的位置与方向,如图 2-83 所示。

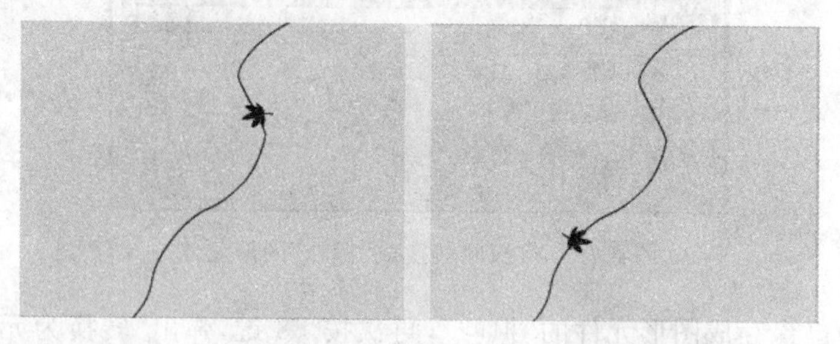

图 2-83 第 20 帧与第 40 帧处枫叶的位置与状态

(27) 用同样的方法在引导层上绘制另外几条引导线,如图 2-84 所示。

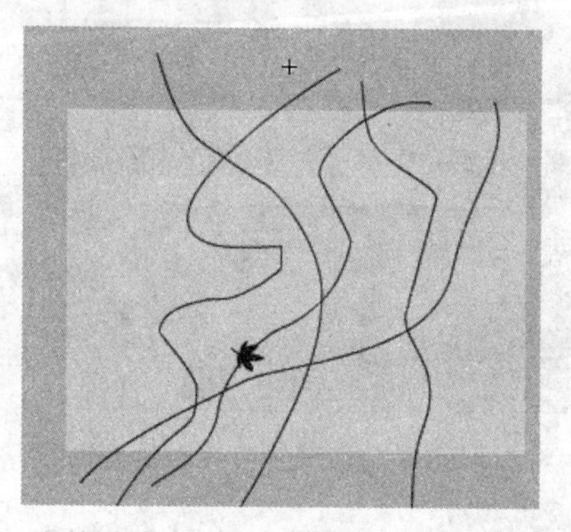

图 2-84 绘制多条引导线

(28) 新建图层 2、3、4、5,在各个图层上分别从库中拖入"枫叶"图形元件。按图层 1 的方法,设置枫叶沿着不同引导线运动,并调整各图层上枫叶的大小与方向。设置好的时间轴效果如图 2-85 所示。

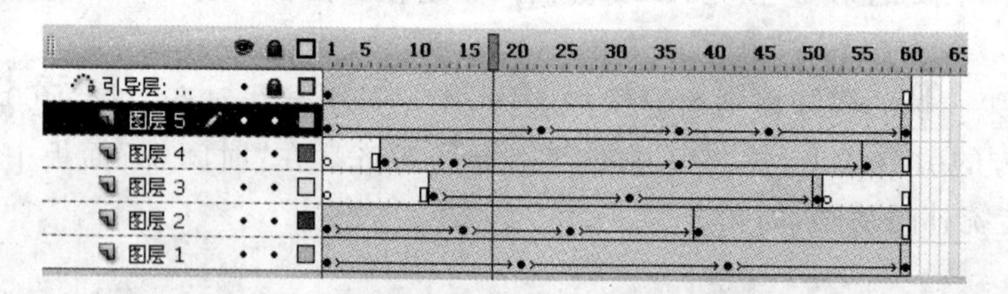

图 2-85 设置完后"飘落的枫叶"元件的时间轴

(29) 根据上述设置,在第 1、20、40、60 帧处显示的效果分别如图 2-86～图 2-89 所示。

(30) 返回到场景中,从库中再拖两个"飘落的枫叶"影片剪辑到舞台的上方,并调整其大小与方向,如图 2-90 所示。

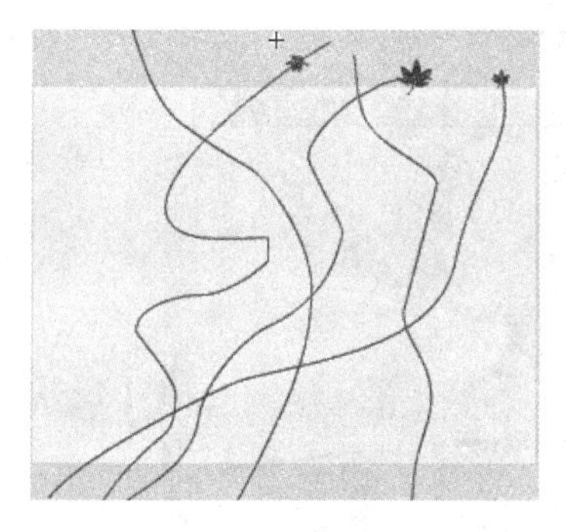

图 2-86　飘落的枫叶第 1 帧处显示效果

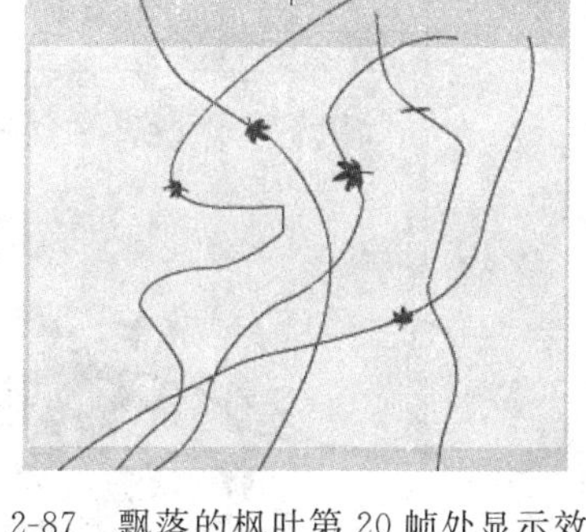

图 2-87　飘落的枫叶第 20 帧处显示效果

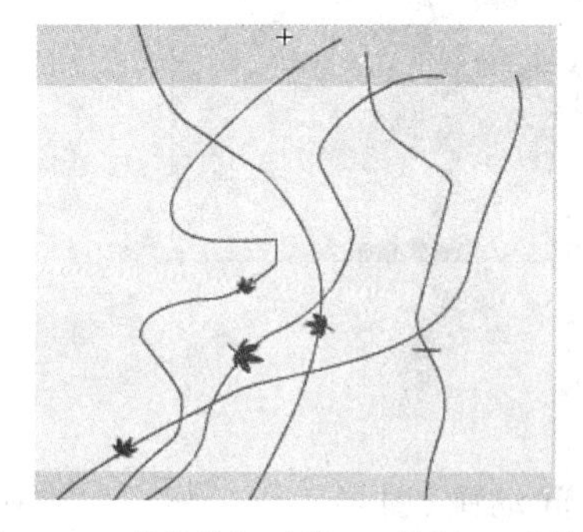

图 2-88　飘落的枫叶第 40 帧处显示效果

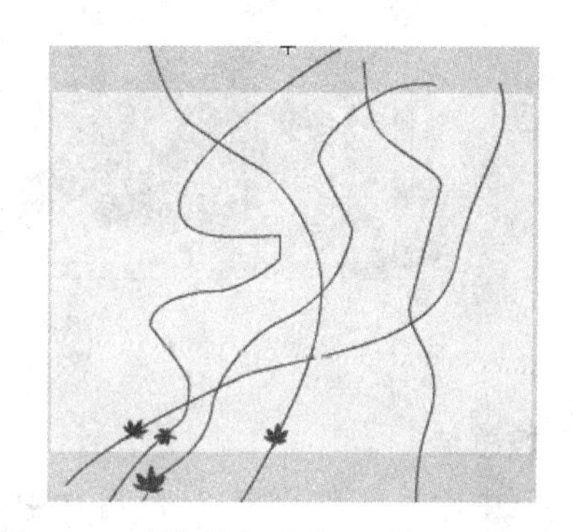

图 2-89　飘落的枫叶第 60 帧处显示效果

(31) 新建图层“地上的枫叶”。从库中拖入多个“枫叶”图形元件，放在草地上，并调整其大小与位置以及颜色，如图 2-91 所示。

图 2-90　舞台上方“飘落的枫叶”

图 2-91　地上的“枫叶”

(32) 为使伞也有随风飘动的效果，在库中双击影片剪辑“伞”，进入影片剪辑中。在第 4 帧、第 8 帧处分别插入关键帧，并调整这两帧处伞下摆的形状，实现逐帧动画的效果。调整后各关键帧的伞摆形状如图 2-92 所示。

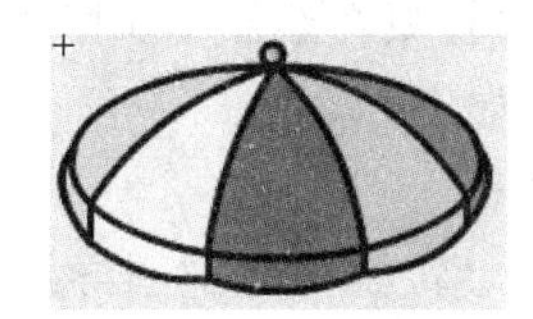

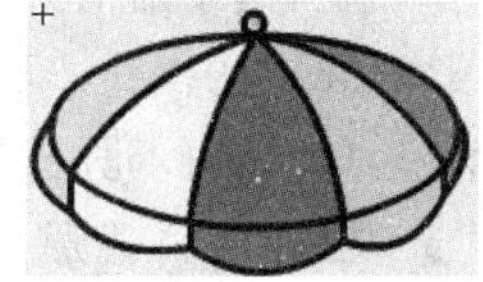

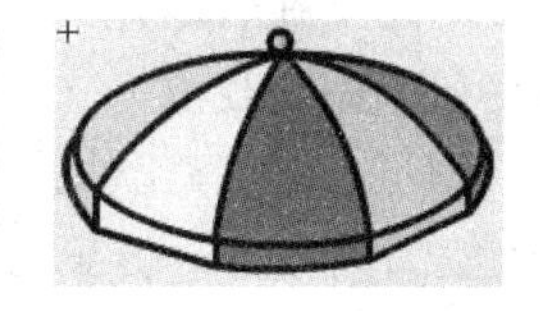

图 2-92　第 1、4、8 帧处伞摆的形状

(33) 新建“文字”图层。在舞台的左上角输入“伞下飘落的枫叶”文字，完成动画。效果如图 2-93 所示。

图 2-93 完成后的效果

任务总结

本例中除了基础绘图以外,首次引入了元件、补间动画、引导动画的概念。在本任务中只要明确怎么做即可,原理、概念会在后面详细讲解。元件是补间动画最常用的对象,在制作引导动画的时候,引导层上可以绘制多条引导线以分别引导不同的对象按引导线的轨迹运动,引导层本身并不显示。

2.2.2 制作引导动画

引导动画是在制作 Flash 动画影片时经常应用的一种动画方式。使用引导层,可以使指定的元件沿着引导层中的路径运动。一条引导路径可以对多个对象同时作用,一个影片中可以存在多个引导图层,引导图层中的内容在最后发布的影片中不可见。

1. 引导层

引导层是 Flash 中一种特殊的图层,它可以分为引导层和传统运动引导层。在制作动画时,运动引导层可以引导对象沿着引导线运动,而普通引导层只起辅助定位作用。

普通引导层建立在普通图层的基础上,其中所有的内容只在绘制动画时作为参考,不会出现在最终效果中。建立一个普通引导层的操作步骤如下。

选择某个图层,右击弹出快捷菜单,如图 2-94 所示。

在此快捷菜单中选择“引导层”选项,即可将普通图层转换为普通引导层,如图 2-95 所示。

运动引导层常用于制作使对象沿着特定路径移动的动画,用来绘制对象的运动路径。选择一个图层右击,在弹出的菜单中选择“添加传统运动引导层”选项,可以在当前图层的上方创建一个运动引导层,如图 2-96 所示。

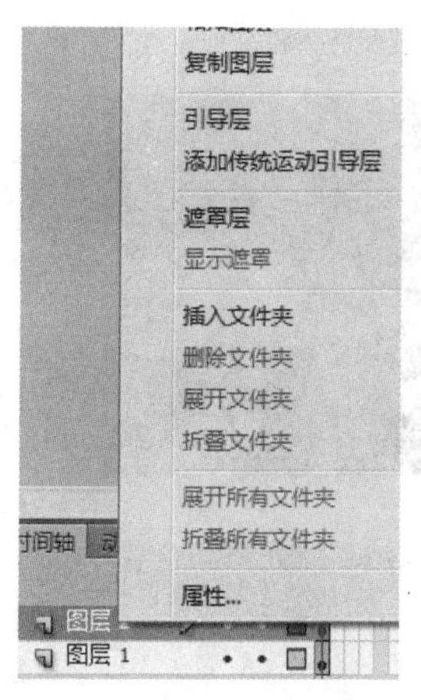

图 2-94　右击图层弹出快捷菜单

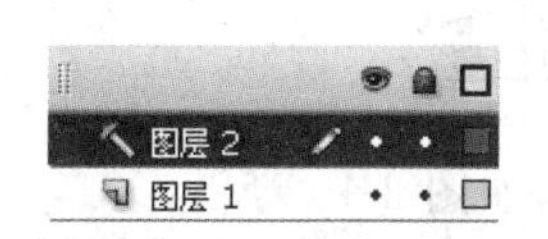

图 2-95　图层 2 转换为普通引导层

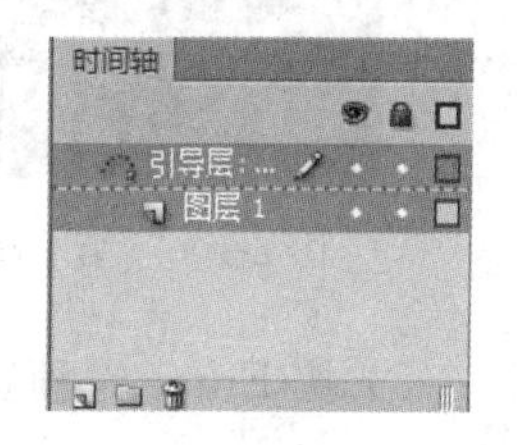

图 2-96　创建运动引导层

运动引导层至少与一个图层相连，与其相连的图层是被引导层，被引导层中的对象将沿着运动引导层中设置的路径移动。创建运动引导层时，被选中的图层都会与该引导层相连。

2. 制作引导动画“游动的鱼”

(1) 新建一个大小为 550 像素×400 像素的 Flash 文件，将图层 1 命名为“背景”，在其上绘制和舞台一样大小的无边框矩形，线性渐变填充，得到如图 2-97 所示效果。

(2) 新建图层“水草”，用刷子工具简单绘制一些水草，如图 2-98 所示。

图 2-97　绘制背景

图 2-98　绘制水草

(3) 新建图层“鱼”，将要被引导的“鱼”元件拖入舞台。

(4) 选择图层“鱼”右击，在弹出的菜单中选择“添加传统运动引导层”选项，在“鱼”图层上方创建一个运动引导层。

(5) 用钢笔工具绘制一条曲线，并用部分选取工具进行修改，得到如图 2-99 所示引导线。

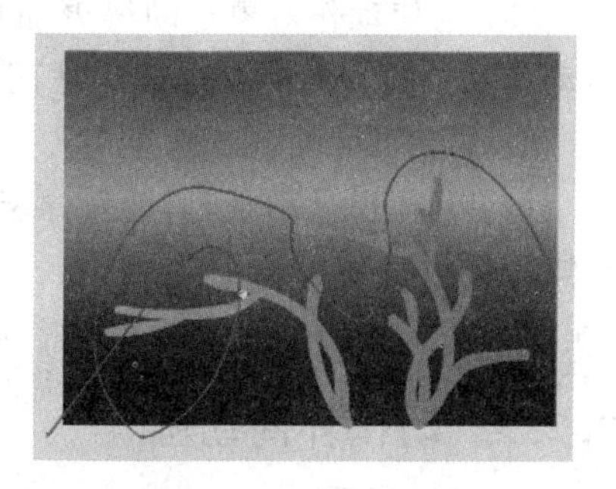

图 2-99　绘制引导线

(6) 在“鱼”图层的第 60 帧处插入关键帧，其他图层的第 60 帧处插入帧，并在“鱼”图层的第 1 帧处右击，创建补间动画。

(7) 将“鱼”图层第 1 关键帧处“鱼”元件中心对准

引导线的起点，第 60 帧处对准引导线的终点，如图 2-100 和图 2-101 所示。

图 2-100　第 1 帧处鱼的位置

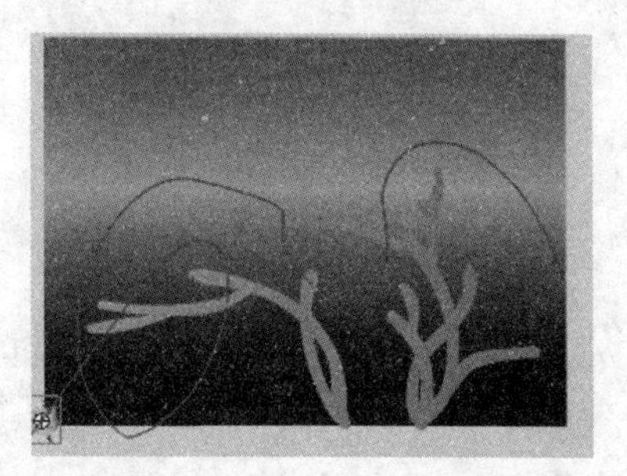

图 2-101　第 60 帧处鱼的位置

(8) 按 Enter 键预览效果，如图 2-102 所示。

图 2-102　引导动画预览效果

(9) 为使动作对象运动得更加自然，可在引导线大转折的位置为对象插入关键帧调整动作对象的方向。发布影片时，引导线不可见。

3. 制作引导动画注意事项

(1) 制作引导动画时，被引导层上关键帧处的被引导对象的中心点必须对准引导线，否则不能被引导。

(2) 引导线不能中间断开，否则同样不能引导。

2.2.3　动作补间动画

动作补间动画是创建随时间移动或更改的动画的一种有效方法，并且可以最大限度地减小所生成文件的大小，在动作补间动画中，仅保存在帧之间更改的值。动作补间动画又分为补间动画和传统补间动画两种。传统补间动画是在一个特定的时间定义一个实例、组或文本块的位置、大小和旋转等属性，然后在另一个特定的时间更改这些属性，需要设置前后两个关键帧。而创建补间动画只须先在时间轴上选择需要加关键帧的地方，再直接拖动舞台上的元件就自动形成一个补间动画了，并且这个补间动画的路径是可以直接显示在舞台上，并且是有调动手柄可以调整的。相比而言，传统补间动画更容易把控，但若要用到 3D 效果，建议选择补间动画。

1. 传统补间动画的特点

传统补间动画动作前后是同一个对象的不同状态。

2. 制作传统补间动画“旋转变化的花朵”

(1) 新建文件“旋转变化的花朵. fla”。

(2) 用线条工具绘制如图 2-103 所示花瓣轮廓。

(3) 用线性渐变填充，并用渐变填充工具调整后得到如图 2-104 所示花瓣效果。

(4) 删除边框线。选择任意变形工具，并将变形中心移到花瓣下方，如图 2-105 所示。

图 2-103　绘制轮廓线

图 2-104　填充渐变色

图 2-105　调整变形中心

(5) 按 Ctrl＋T 组合键，调出“变形”面板，如图 2-106 所示。

(6) 设置旋转角度为 72°，连续单击面板右下角的“重制选区和变形”按钮 4 次，得到如图 2-107 所示花朵效果。

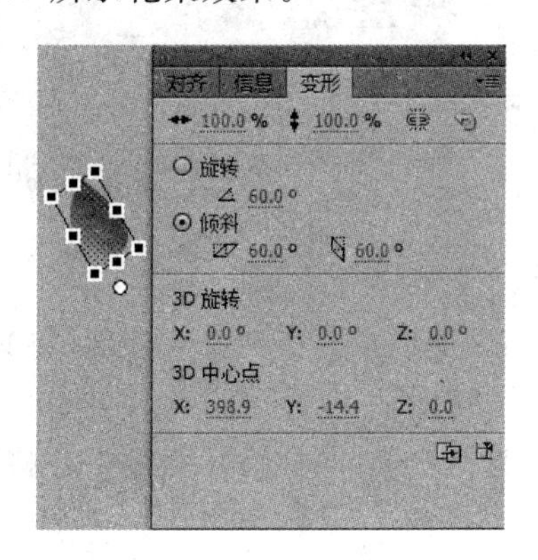

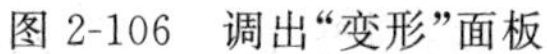
图 2-106　调出“变形”面板

图 2-107　变形后的花朵效果

(7) 选中 5 个花瓣，按 F8 键，将其转换为“花朵”图形元件，如图 2-108 所示。

(8) 在时间轴的第 10、20、30、40、50 帧处分别按 F6 键插入关键帧，如图 2-109 所示。

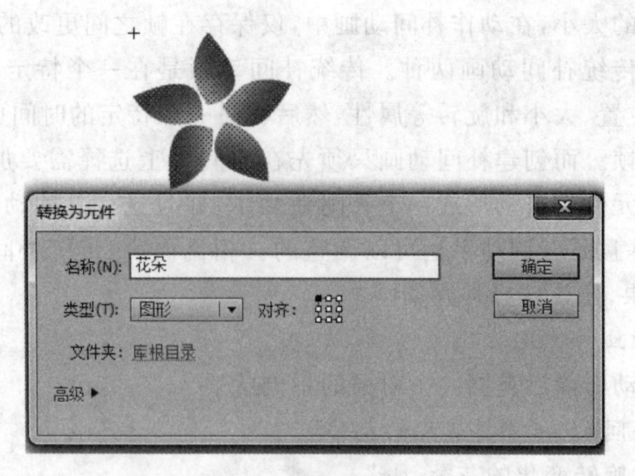

图 2-108 转换成图形元件“花朵”

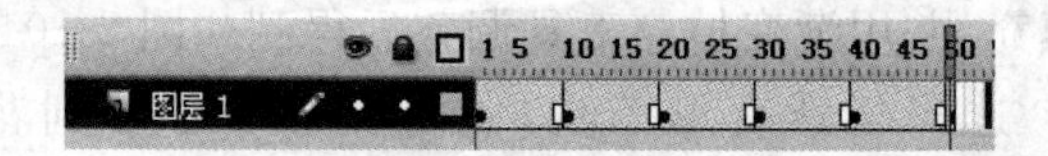

图 2-109 插入关键帧

(9) 单击第 1 帧,在“属性”面板中设置动画顺时针旋转 3 次,如图 2-110 所示。

(10) 单击第 20 帧,将花朵放大,并设置颜色为 Alpha,指定其值为 0,如图 2-111 所示。

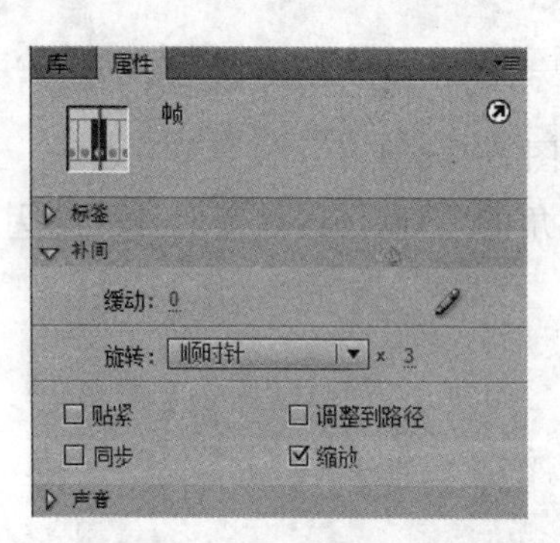

图 2-110 设置第 1 帧

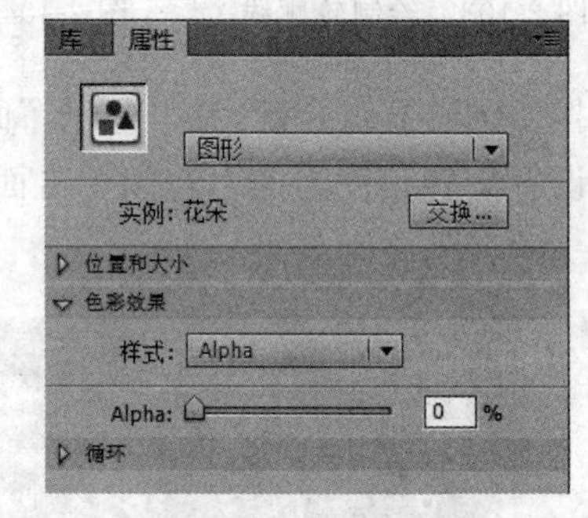

图 2-111 设置第 20 帧

(11) 设置第 30 帧,将其缩小,并移动其位置,变形中心移到花朵外部,将其颜色设置为蓝色色调,值为 41%,如图 2-112 所示。

(12) 将第 40 帧处的花朵用任意变形工具进行变形,同样将其变形中心移到外部,如图 2-113 所示。

(13) 设置第 50 帧,用任意变形工具变形,设置颜色为亮度−28%,如图 2-114 所示。

(14) 在各关键帧处创建传统补间动画,查看动作效果。

2.2.4 颜色的选择

要对 Flash 色彩进行编辑处理,首先要根据需要来选择颜色。

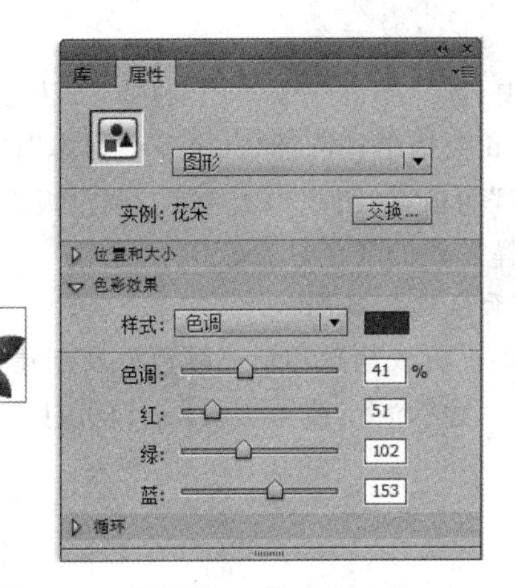

图 2-112　设置第 30 帧

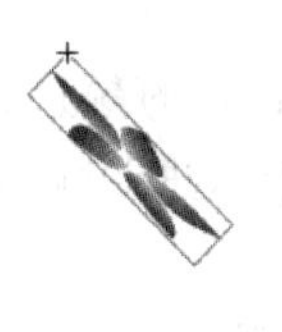
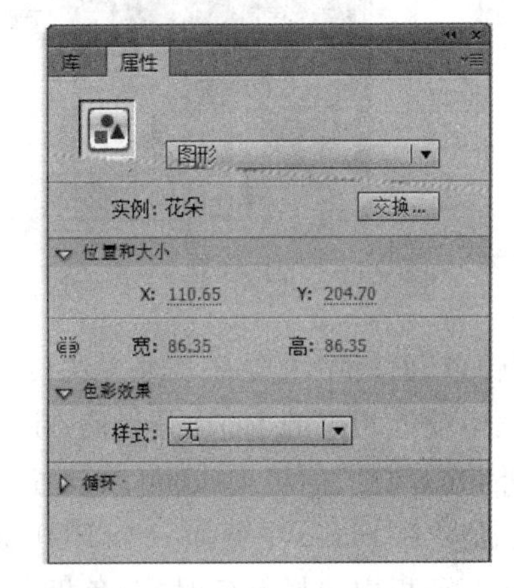

图 2-113　设置第 40 帧

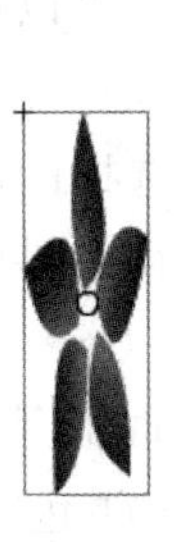
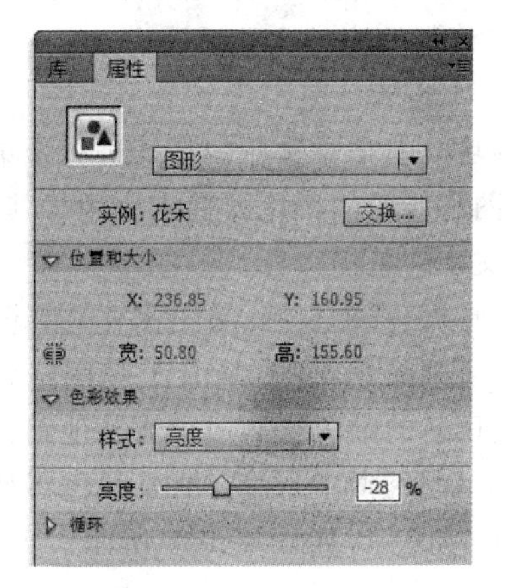

图 2-114　设置第 50 帧

1. 使用“样本”面板选择颜色

在 Flash CS6 中，选择颜色一般使用“样本”面板。每个 Flash 文件都包含自己的调色板，并存储在 Flash 文档中。选择“窗口”→“样本”命令，或单击按钮，或按 Ctrl+F9 组合键将弹出“样本”面板，如图 2-115 所示。调色板默认打开 Web216 安全色，用户可以直接在调色板中选择需要的颜色。

2. 使用“颜色”面板选择颜色

“颜色”面板提供了更改笔触和填充颜色以及创建多色渐变的选项。

选择“窗口”→“颜色”命令，或单击按钮可打开“颜色”面板，如图 2-116 所示。

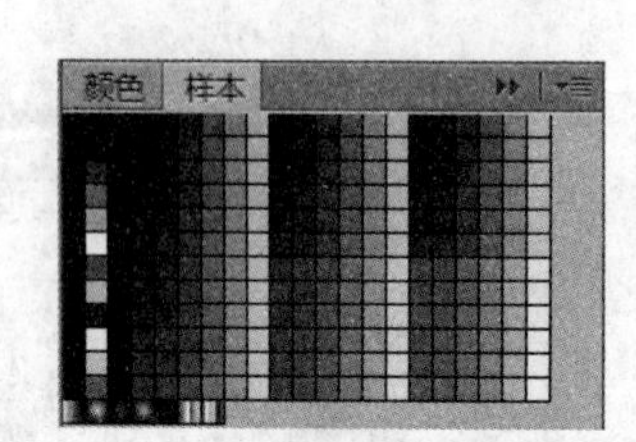

图 2-115 使用“样本”面板选择颜色

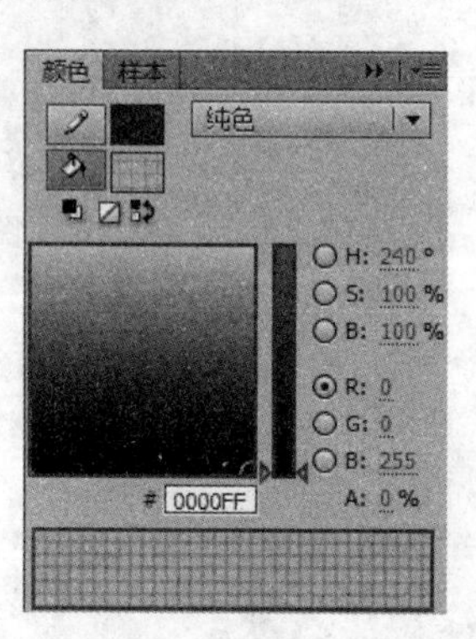

图 2-116 “颜色”面板

在“颜色”面板中主要有 3 种方法设置颜色：在调色板中选择需要的颜色；在红、绿、蓝文本框中输入相应的 RGB 分量值；在颜色值文本框中直接输入十六进制颜色值。

另外，在“颜色”面板中，还可以设置颜色的 Alpha 值。

颜色值：在 Flash 中任何一个 RGB 颜色都可以用十六进制的数学符号表示。当使用鼠标在调色板中选择颜色时，调色板右下角的文本框中将显示颜色的十六进制值。

Alpha 值用于设置颜色的透明度，若 Alpha 值为 0，则创建的填充是透明的；若 Alpha 值为 100%，则创建的填充完全不透明。

3. 使用滴管工具选择颜色

滴管工具的功能就是对颜色的特征进行采集。使用滴管工具可以从舞台中指定的位置获取色块、位图和线段的颜色属性来应用于其他对象。滴管工具可以用于矢量色块、矢量线条、位图和文字的采样填充。

选择滴管工具后，移动鼠标，单击需要选择颜色的位置，如果选择的区域是路径区域，笔触颜色将变成所选颜色，同时滴管工具图标将自动转换成墨水瓶图标，如图 2-117 所示。此时即可使用新的颜色绘制或填充其他路径的颜色。

如果选择的区域是填充区域，填充颜色将变成所选颜色，同时滴管工具图标将自动转换成颜料桶工具图标，如图 2-118 所示。此时即可使用新的颜色绘制或填充图形颜色。

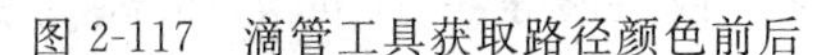

图 2-117　滴管工具获取路径颜色前后

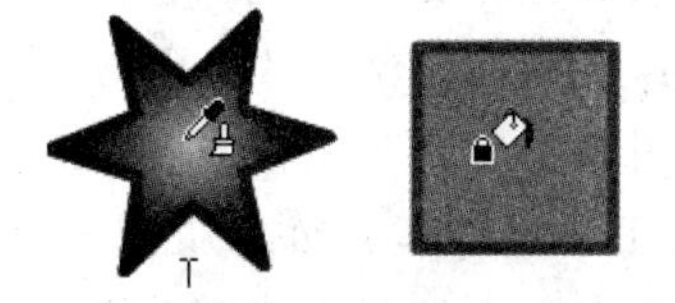

图 2-118　滴管工具获取填充颜色前后

2.2.5　颜色的填充

选择或设置颜色后，就可以使用刷子工具、墨水瓶工具或颜料桶工具对 Flash 对象进行颜色填充了。

1. 使用刷子工具填充颜色

使用刷子工具可以为任意区域和图形填充颜色，对于填充精度要求不高的效果图用它比较合适。通过更改刷子的大小和形状，可以绘制各种样式的填充线条。

选中刷子工具后，在“属性”面板中可以设置刷子的填充颜色和平滑度，在工具选项区域将出现如图 2-119 所示相关选项按钮。

单击“刷子模式”按钮，将打开“刷子模式”下拉列表，如图 2-120 所示。

图 2-119　刷子工具选项按钮

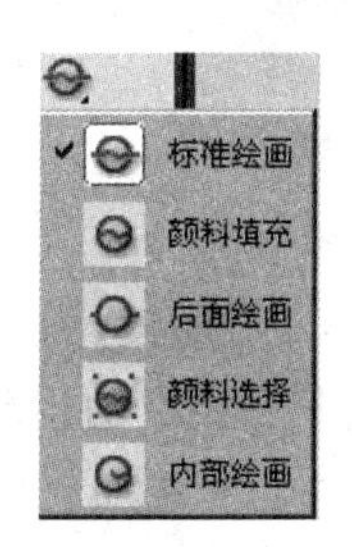

图 2-120　“刷子模式”下拉列表

“刷子模式”下拉列表中各选项的功能如表 2-6 所示。

表 2-6　“刷子模式”下拉列表中各选项的功能

选项名	功　能
标准绘画	新绘制的线条会覆盖同一图层中原有的图形，但是不会影响文本对象和导入的对象
颜料填充	只能在空白区域和已有的矢量色块填充区域内绘制线条，并且不会影响矢量路径的颜色
后面绘画	绘制线条不会影响原有图形的颜色，绘制出来的色块全部在原有图形的下方
颜料选择	只能在选择的区域中绘制线条，也就是说必须先选择一个区域然后才能在被选区域中绘制
内部绘画	只能在起始点所在的封闭区域内绘制线条，如果起始点在空白区域，则只能在空白区域内进行绘制；如果起始点在图形内部，则只能在图形内部进行绘制

模式按钮下面分别是“刷子大小”和“刷子形状”按钮，单击可以在下拉列表中选择需要的大小和形状。

当使用渐变色填充时，单击“锁定填充”按钮，可将上一笔触颜色的变化规律锁定，作为该区域的色彩变化规范。

注意：当改变舞台的显示比例时，刷子工具绘制出来的线条大小会受影响。

在使用刷子工具时按住 Shift 键拖动鼠标可将刷子笔触限定在水平或垂直方向。

2. 使用墨水瓶工具填充颜色

使用墨水瓶工具可以改变一条路径的粗细、颜色或线形等，并且可以为分离后的文本或图形添加路径轮廓，但墨水瓶工具本身是不能绘制图形的。

单击工具箱中的墨水瓶工具，在"属性"面板中设置颜色为玫红色，笔触高度为 5.00，线条样式为"点状线"，将鼠标移到要添加边框的图形上，直接单击该图形，即可为其添加边框，如图 2-121 所示。

图 2-121 用墨水瓶工具为图形添加边框

在 Flash CS6 中对图形使用墨水瓶工具描边时，不仅可以选择单色描边，也可以使用渐变色来描边；而对于已经有边框的图形，同样可以使用墨水瓶工具来重新描边。

3. 使用颜料桶工具填充颜色

颜料桶工具可用于颜色、渐变色的填充以及将位图填充到封闭的区域，同时也可以更改已填充区域的颜色。

选中颜料桶工具后，在"属性"面板中可以设置填充颜色，在工具选项区域将出现如图 2-122 所示相关选项按钮。

在填充时，如果被填充区域是不闭合的，可以通过设置颜料桶工具的"空隙大小"选项来进行填充，单击"空隙大小"按钮，将打开"空隙大小"下拉列表，如图 2-123 所示。

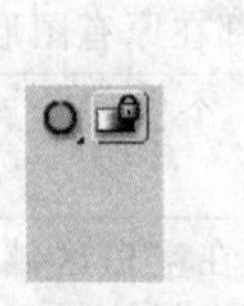

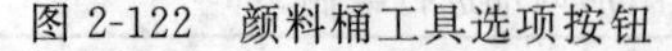

图 2-122 颜料桶工具选项按钮

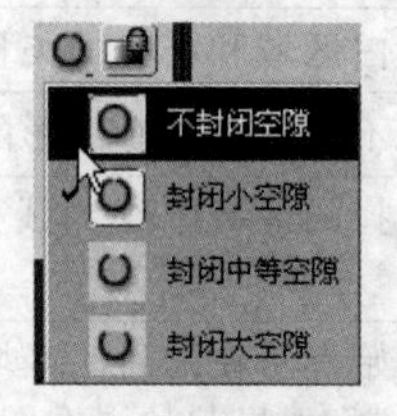

图 2-123 颜料桶工具"空隙大小"下拉列表

"空隙大小"下拉列表中各选项的功能如表 2-7 所示。

表 2-7 “空隙大小”下拉列表中各选项的功能

选项名	功能
不封闭空隙	填充时不允许空隙存在
封闭小空隙	颜料桶工具可以忽略较小缺口，对一些小缺口的区域也可以填充
封闭中等空隙	颜料桶工具可以忽略大一些的空隙，对其进行填充
封闭大空隙	选择这种模式后，即使线条之间还有一段距离，用颜料桶工具也可以填充线条内部区域

单击颜料桶工具选项区的“锁定填充”按钮，在绘图过程中，将避免位图或渐变填充扩展覆盖到舞台中涂色的图形对象上。

2.2.6 渐变色的设置和调整

在 Flash 中，不仅可以设置和填充单一颜色，而且还可以设置和调整渐变色。所谓渐变色，是指从一种颜色过渡到另一种颜色的过程。利用这种填充方式，可以轻松地表现出光线、立体以及金属等效果。Flash 中提供的渐变色包括线性渐变和径向渐变两种类型。

图 2-124 “颜色”面板类型下拉列表

1. 设置渐变色

在“颜色”面板中，单击“颜色类型”栏右侧的下三角按钮，打开类型下拉列表，可以更改填充方式，如图 2-124 所示。

类型下拉列表中各选项的含义如表 2-8 所示。

表 2-8 类型下拉列表中各选项的含义

选项名	含义
无	删除填充
纯色	提供一种纯正的填充单色
线性渐变	产生一种沿线性轨道混合的渐变色
径向渐变	产生从一个中心焦点出发沿环形轨迹混合的渐变色
位图填充	允许用可选的位图图像平铺所选的填充区域

1) 设置线性渐变

线性渐变色沿着一根水平轴线改变颜色。在类型下拉列表中选择“线性渐变”，在面板下方会出现线性渐变色，如图 2-124 所示。双击线性渐变色上左边的色标，将打开一个调色板，此时可以设置线性渐变色的起始色；同样双击线性渐变色上右边的色标，也将打开一个调色板，此时可以设置线性渐变色的结束色。在线性渐变色上任意位置单击鼠标，可增加一个色标，用以设置线性渐变的中间色，如图 2-125 所示。

设置完线性渐变色后，使用绘图工具可在舞台上绘制填充有线性渐变色的图形，如

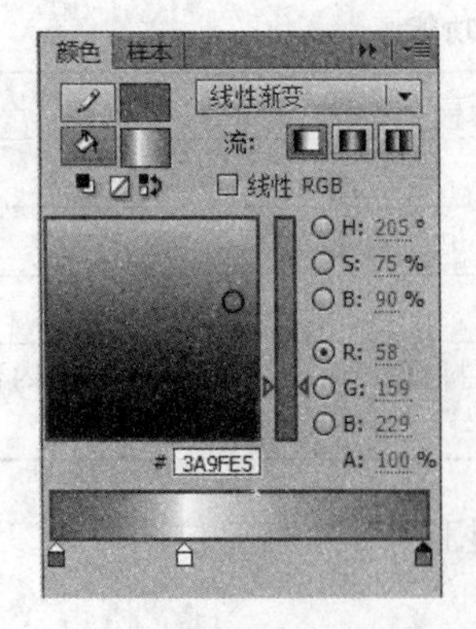

图 2-125　设置渐变色上的色标

图 2-126　绘制线性渐变色填充的图形

图 2-126 所示。

2）设置径向渐变

径向渐变是以圆形从中心向周围发散的变化类型。在类型下拉列表中选择“径向渐变”选项，在面板的下方将出现径向渐变色。

径向渐变色的设置与线性渐变色的设置方法相同。设置完径向渐变色后，使用绘图工具可以在舞台上绘制填充有径向渐变色的图形。本文将径向渐变色设置成与线性渐变色一致，大家可对比两者的不同效果，如图 2-127 所示。

图 2-127　绘制径向渐变色填充的图形

2. 使用渐变变形工具调整渐变色

渐变变形工具用于调整渐变的颜色、填充对象和位图的尺寸、角度以及中心点。使用渐变变形工具调整填充内容时，在调整对象的周围会出现一些控制手柄，根据填充内容的不同，显示的手柄也会有所区别。

1）调整线性渐变

选择之前绘制的线性渐变的矩形，单击任意变形工具右下角的下三角按钮，选择渐变变形工具，如图 2-128 所示。此时，矩形周围将出现一个圆形控制柄、一个矩形控制柄、一个旋转中心和两条竖线，如图 2-129 所示。

图 2-128　选择“渐变变形工具”

图 2-129　应用渐变变形工具

将光标移到矩形右侧的圆形控制柄上，光标将变成如图 2-130 所示形状。按住该控制柄旋转，颜色的渐变方向也随着手柄的旋转而改变，如图 2-131 所示。

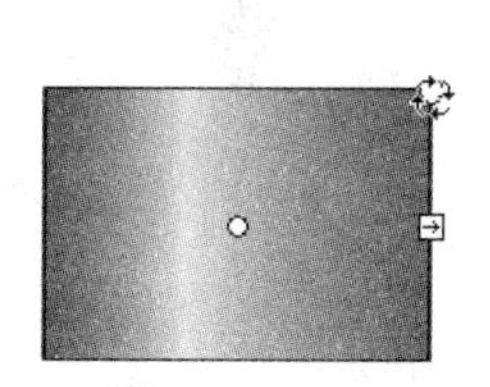

图 2-130　光标移到圆形控制柄上

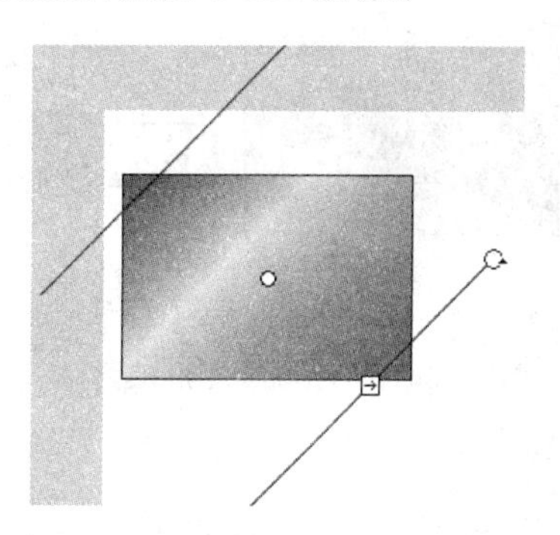

图 2-131　圆形控制柄调整渐变方向

将光标移动到矩形控制柄上，光标将变成如图 2-132 所示形状。按住该控制柄向左右拖动，可改变颜色的渐变范围，如图 2-133 所示。

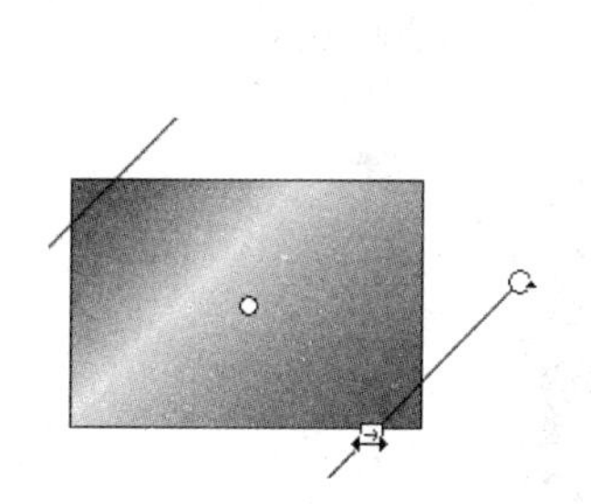

图 2-132　光标移到矩形控制柄上

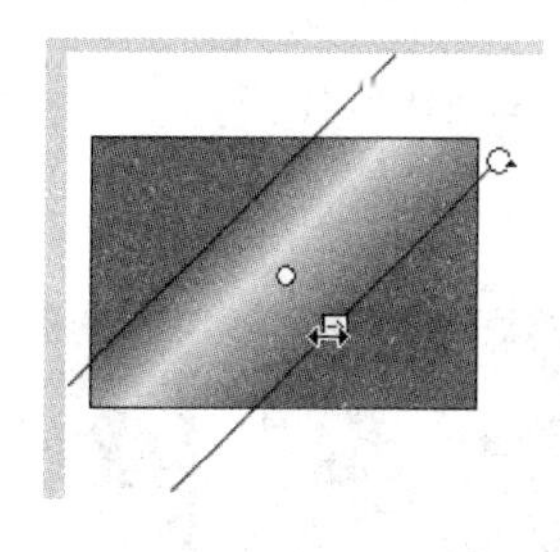

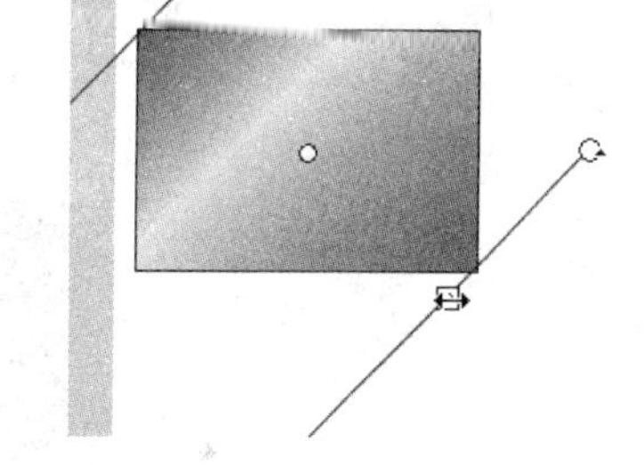

图 2-133　矩形控制柄调整渐变范围

将光标移到旋转中心上，光标将变成如图 2-134 所示形状。按住该旋转中心并拖动，颜色的渐变位置随着中心的移动而变化，如图 2-135 所示。

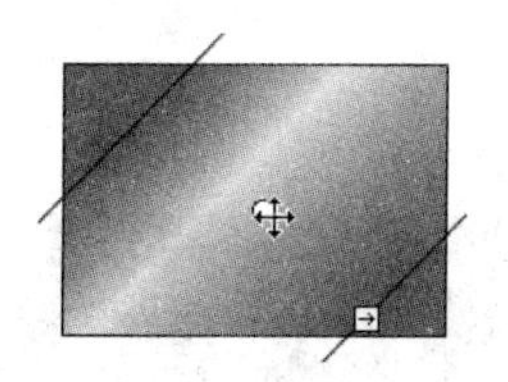

图 2-134　光标移到旋转中心上

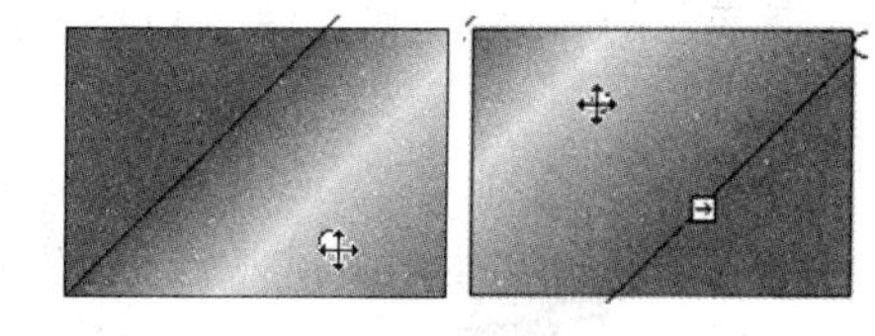

图 2-135　光标移到旋转中心调整渐变位置

2）调整径向渐变

同样选择之前绘制的径向渐变矩形，选择渐变变形工具。此时，矩形周围将出现两个圆形控制柄、一个矩形控制柄、一个旋转中心，如图 2-136 所示。

将光标移到“宽度”矩形控制柄上，光标将变成如图 2-137 所示形状。按住该控制柄向左右拖动，可改变颜色的渐变范围，如图 2-138 所示。

将光标移到“大小”圆形控制柄上，光标将变成如图 2-139 所示形状。按住该控制柄向矩形内外拖动，可以使渐变范围沿中心位置缩小或扩大，如图 2-140 所示。

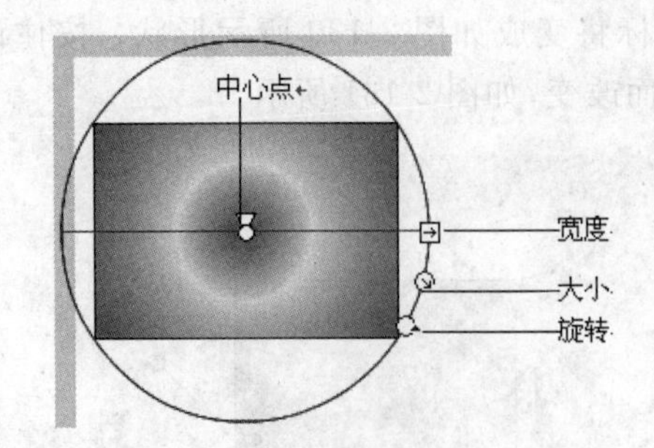

图 2-136 应用渐变变形工具

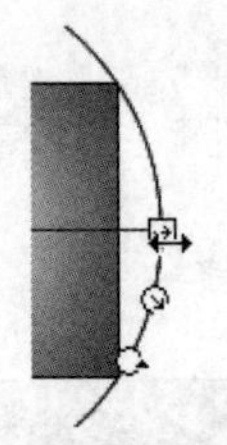

图 2-137 光标移到“宽度”控制柄上

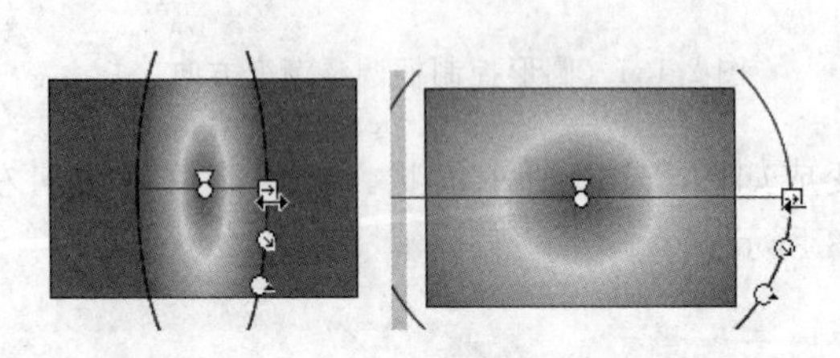

图 2-138 用“宽度”控制柄调整渐变范围

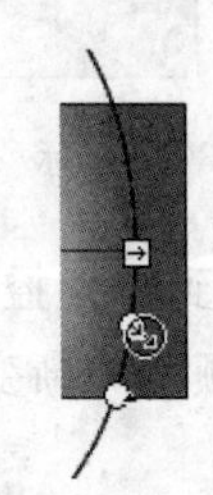

图 2-139 光标移到“大小”控制柄上

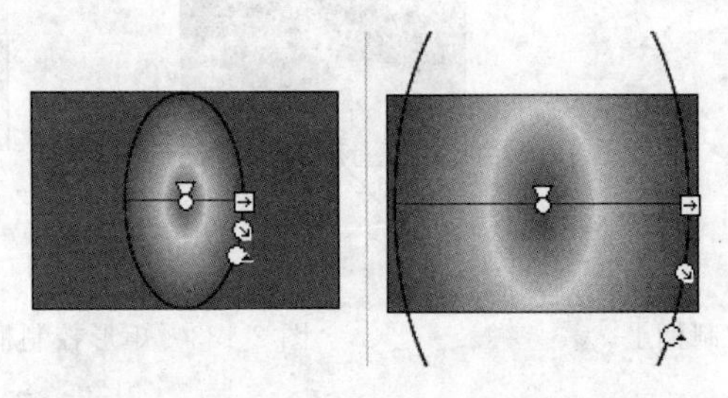

图 2-140 用“大小”控制柄调整渐变范围

将光标移到“旋转”控制柄上，光标将变成如图 2-141 所示形状。按住该控制柄并旋转，可改变渐变色的填充方向，如图 2-142 所示。

图 2-141 光标移到“旋转”控制柄上

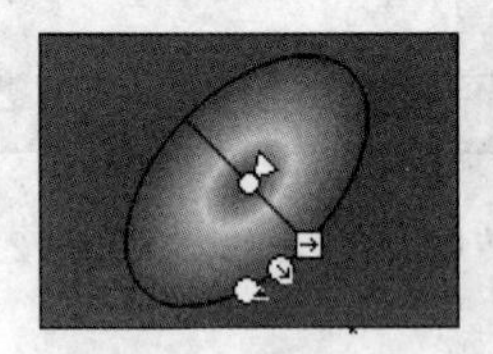
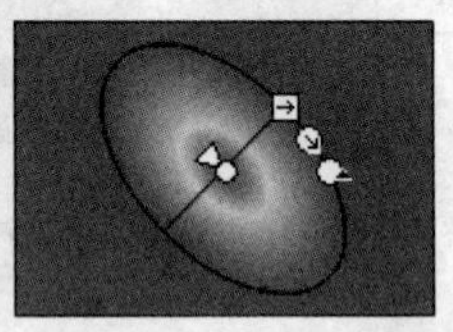

图 2-142 用“旋转”控制柄调整填充方向

将光标移到“中心点”上，光标将变成如图 2-143 所示形状。按住该旋转中心并拖动，可改变渐变色的中心位置，如图 2-144 所示。

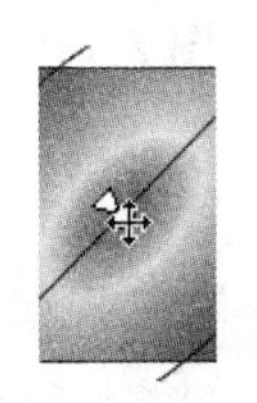

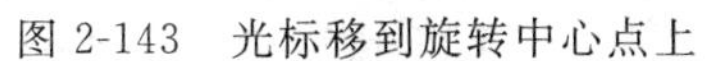
图 2-143　光标移到旋转中心点上

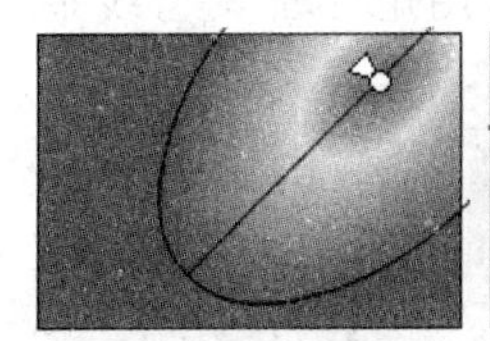
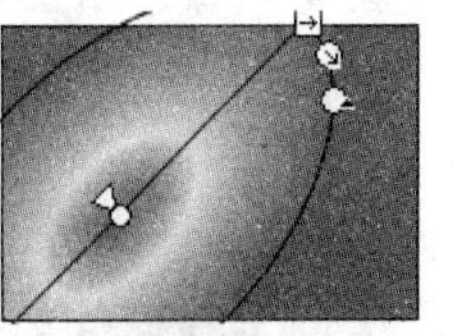

图 2-144　用旋转中心来调整渐变中心

2.3　任务 4　制作“窗外的郁金香”

2.3.1　任务综述与实施

任务介绍

制作“窗外的郁金香”动画。

(1) 在 Flash 中绘制窗外的风景。

(2) 应用形状补间动画制作郁金香慢慢生长并开放的效果。

任务分析

首先，要在舞台上绘制窗户的形状；其次，在“窗户”图层的下方创建一个图层用来绘制窗外的风景；最后，制作郁金香元件生长并开放的效果，用形状补间动画来实现。每一朵花分别由茎和花组成，各自放在不同的图层上，分别制作出形状补间效果，注意两者在时间上的关系。

相关技能

(1) 掌握 Flash 绘图工具的使用方法。

(2) 掌握形状补间动画的制作方法。

相关知识

(1) 常用的绘图修图方法。

(2) 影片剪辑元件的创建、编辑。

(3) 形状补间动画的制作。

任务实施

(1) 启动 Flash 程序，选择“文件”→“新建”命令，在弹出的对话框中选择 ActionScript 3.0 选项，单击“确定”按钮，并将文件保存为“窗外的郁金香.fla”文件，文档属性默认。

(2) 双击图层 1，将图层 1 命名为“背景”，用矩形工具绘制一个与文档同样大小的矩形。

(3) 在“背景”层上用钢笔工具、颜料桶工具、渐变变形工具等绘制并调整出天空与草地的效果。

(4) 在“背景”层上用刷子工具绘制出两棵树的效果，绘制完成后的“背景”层效果如图 2-145 所示。

(5) 新建"前景"图层,用矩形工具与线条工具简单绘制如图 2-146 所示窗户效果。

图 2-145 "背景"层效果

图 2-146 "前景"图层窗户效果

(6) 锁定"前景"层与"背景"层,在两层之间插入图层"花",如图 2-147 所示。

(7) 按 Ctrl+F8 组合键,新建影片剪辑元件"郁金香",如图 2-148 所示。

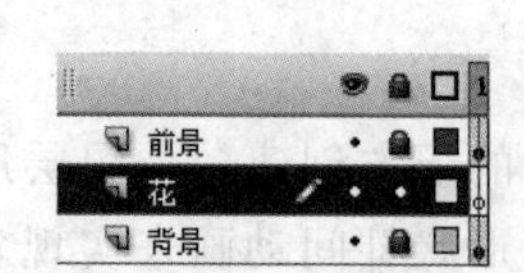

图 2-147 图层顺序

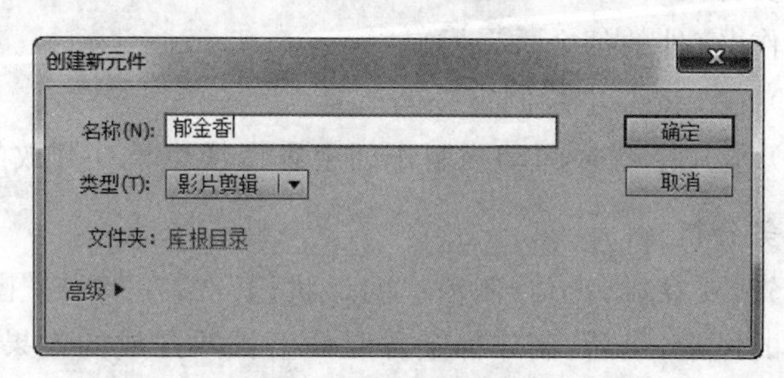

图 2-148 新建影片剪辑元件

(8) 进入"郁金香"元件编辑区,将舞台显示比例设为 800%。

(9) 将图层 1 命名为"茎 1",在第 1 帧用刷子工具绘制如图 2-149 所示图形,并在第 50 帧处插入关键帧。

(10) 用任意变形工具选中第 1 帧中的图形,将变形中心移到茎的底部,如图 2-150 所示。

(11) 选择任意变形工具右上角的矩形点,往左下角拖动鼠标,将图形变形成如图 2-151 所示效果。

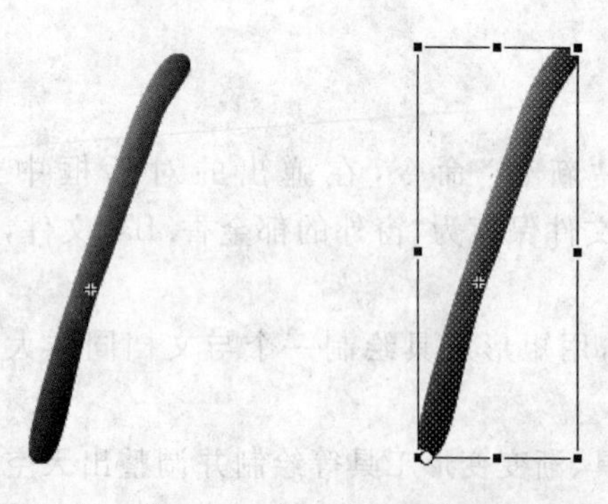

图 2-149 茎 1　　图 2-150 第 1 帧变形前的效果　　图 2-151 第 1 帧变形后的效果

(12) 选中“茎 1”图层上的第 1 帧右击，在弹出的快捷菜单中选择“创建补间形状”命令，如图 2-152 所示。此时，在第 1 帧与第 50 帧之间，创建了形状补间动画，实现茎慢慢生长的动画效果。

(13) 新建图层“花 1”，在第 50 帧处插入关键帧，绘制如图 2-153 所示花朵。

(14) 在“花 1”图层的第 100 帧处插入关键帧，“茎 1”图层的第 100 帧处插入帧。

(15) 用第(10)步和第(11)步的方法，将第 50 帧处的“花 1”变形成如图 2-154 所示效果。

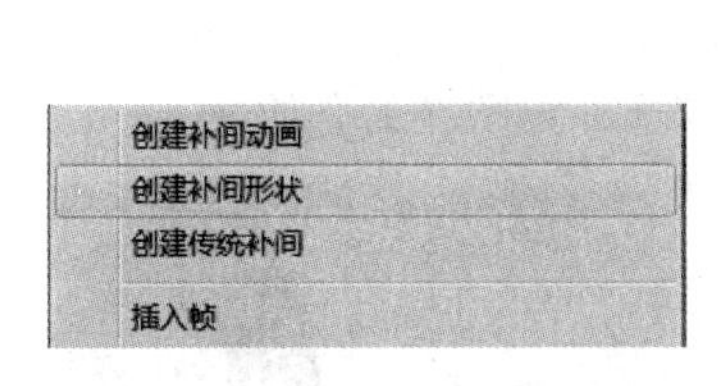

图 2-152 创建形状补间动画

图 2-153 花 1

图 2-154 第 50 帧处“花 1”变形后的效果

(16) 用第(12)步的方法在“花 1”图层的第 50 帧与第 100 帧之间创建形状补间动画，实现花慢慢开放的动画效果。

(17) 为防止花反复开放，选择“窗口”→“动作”命令，打开“动作”面板，在“花 1”图层的第 100 帧处添加 stop 动作，如图 2-155 所示。

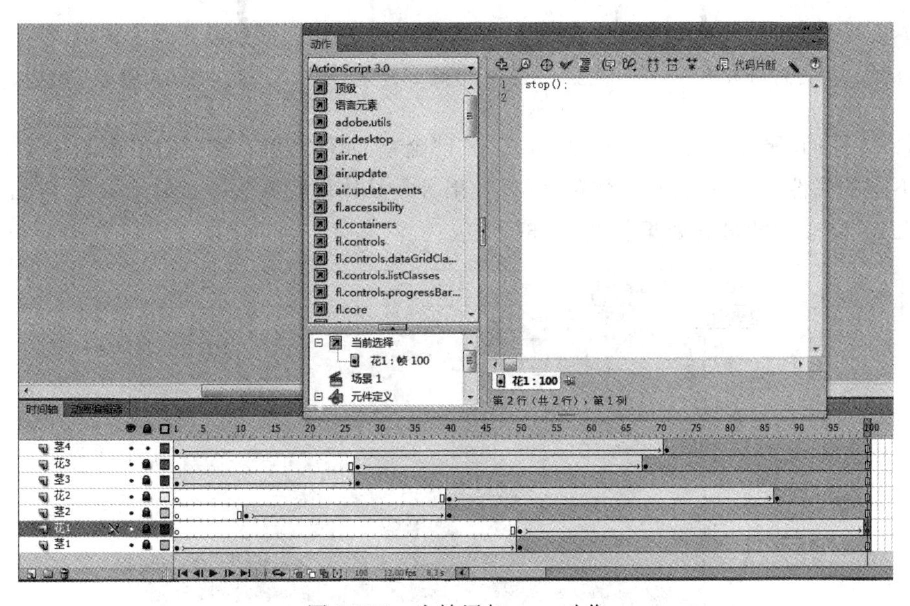

图 2-155 为帧添加 stop 动作

(18) 重复第(9)～(17)步，新建图层，绘制花 2、花 3、花 4 的效果。可在时间轴上错开来，设置各花朵的开放顺序；也可设置不同的花不同茎的颜色、形状、大小。

(19) 本例在“郁金香”元件中设置了 4 朵花开的效果，设置完成后“郁金香”元件的时间轴如图 2-156 所示。

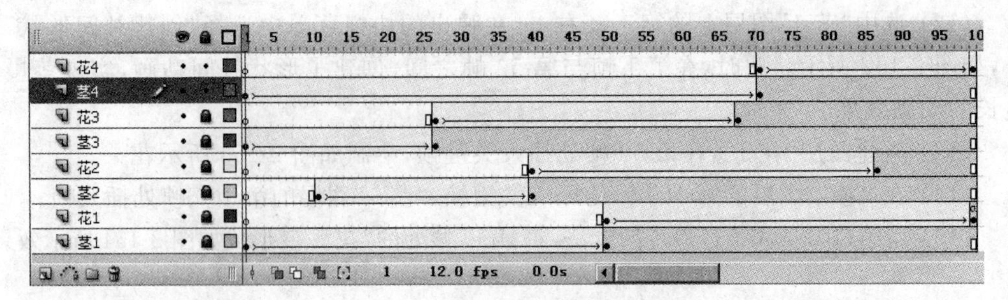

图 2-156 “郁金香”元件时间轴设置

(20) 此时在时间轴第 30、60、100 帧处的效果分别如图 2-157～图 2-159 所示。

图 2-157 第 30 帧处效果　　图 2-158 第 60 帧处效果　　图 2-159 第 100 帧处效果

(21) 返回场景，在“花”图层中拖入多个“郁金香”元件实例。在“属性”面板中为各实例设置不同的属性，如大小、位置、颜色、混合效果等。具体设置方法第 3 单元将会详细讲述。

(22) 完成后的最终效果如图 2-160 所示。

图 2-160 “窗外的郁金香”效果图

任务总结

本任务主要通过形状补间动画来实现郁金香慢慢生长开放的效果，由于舞台上需要很多的花，所以将郁金香开放的过程做成影片剪辑元件，可供方便调用。在同一个元件里面，也可以通过多个图层分别来制作不同颜色的花的开放过程。本任务中同一元件里做了 4 朵郁金香开放的效果，那么在舞台上调用该元件，就会有 4 朵花不同的开放。

形状补间动画的前后两个关键帧只能是形状，不能是组合、元件、位图等。

2.3.2　制作形状补间动画

形状补间动画是在一个特定的时间绘制一个形状，然后在另一特定时间更改该形状或绘制另一个形状。Flash 会自动在两个形状的帧之间创建过渡形状来创建动画，利用形状补间可以方便地制造几何变形和渐变色改变的动画效果。

在 Flash 中，只能为分离后的可编辑对象添加形状补间动画效果，若要对组、实例或位图图像应用形状补间，请先分离这些元素；若要对文本应用形状补间，则需要分离两次，从而将文本转换为对象。

在做形状补间动画的时候，会发现有些变形并不能按我们的想法来变。此时，可以使用“添加形状提示”命令来控制几何变化的过程，让动画按我们的想法来变形。形状提示将标识起始形状和结束形状中相对应的点。

如图 2-161 所示形状变化前后的两个花瓣，我们希望变形时是花瓣上方的点往右侧拉伸的过程，实现变形前后的效果。

但在创建形状补间动画的时候，自动生成的动作却是上方的点往下压，右边的点往右侧拉伸的状态，如图 2-162 所示。

图 2-161　形状变化前后的两个花瓣

图 2-162　形状变化时自动生成的状态

为了让花瓣按我们的需要变化，选择起始帧，选择“修改”→“形状”→“添加形状提示”命令，此时，变化前后的两个形状上都会出现标有 a 的红色圆点，如图 2-163 所示。

分别将两个状态上的提示点 a 移动到相应的位置，如图 2-164 所示。

可以为动画添加多个形状提示点，分别标识不同的位置，如图 2-165 所示。

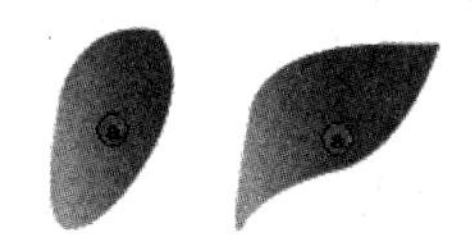

图 2-163　形状提示标识

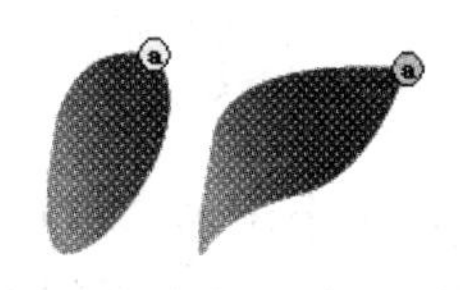

图 2-164　设置形状提示点的相应位置

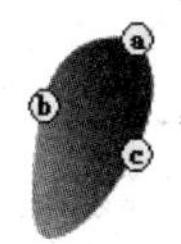

图 2-165　设置多个形状提示点

此时测试动画，会发现形状补间动画的变形过程已经按照我们希望的效果实现了。

2.3.3 选择对象

要编辑修改对象，必须先选中对象。在 Flash CS6 中可以使用多种方法选择对象，如使用选择工具、部分选取工具、套索工具以及键盘命令等。选择对象时，可以只选对象的笔触，也可以只选择填充区域，一旦对象被选中，其上面将被覆盖一层阴影。

1. 使用选择工具选择对象

选择工具又称箭头工具，利用选择工具可以选择一个或多个对象，还可以调整图形的端点和弧度。选择图形的方式有两种：框选和点选。

(1) 框选。拖动鼠标框出要选择的部分或全部图形框选时鼠标指针的右下方跟随一个消息的矩形，选中的部分布满白色网点。

(2) 点选。选择位图、组件、文字或实例等对象时，可以直接在指向的对象上单击。

若想同时选中更多的对象，可在按住 Shift 键的同时，进行框选和点选操作。在工作区的空白处单击，可以取消图形的选取状态。按住 Shift 键的同时，再单击选中的多个对象中的某一个，即可取消对该对象的选取状态。按住鼠标可以拖曳选中的对象，实现移动对象的功能。

此外，选择工具还有改变图形形状的功能。用箭头指向图形的边框时，光标形状变成，拖动鼠标即可调整图形的弧线。当箭头指向图形的角点时，光标形状变成，拖动鼠标即可调整端点的位置。

2. 使用部分选取工具选择对象

利用部分选取工具可以选择一个或多个对象，还可以调整图形节点的位置及弧度。

选择部分选取工具，将光标指向要选择的对象的边框，直接单击即可选中该对象；按住 Shift 键，多次单击不同对象的边框，即可选择多个对象。也可以通过拖动对象周围的矩形选取框选择多个对象，如图 2-166 所示。

使利用部分选取工具，选择对象要调整的节点，拖动鼠标即可调整节点位置及弧度，如图 2-167 所示。

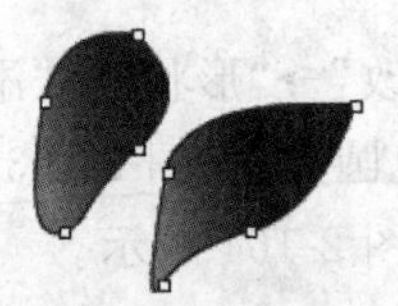

图 2-166 选择多个对象

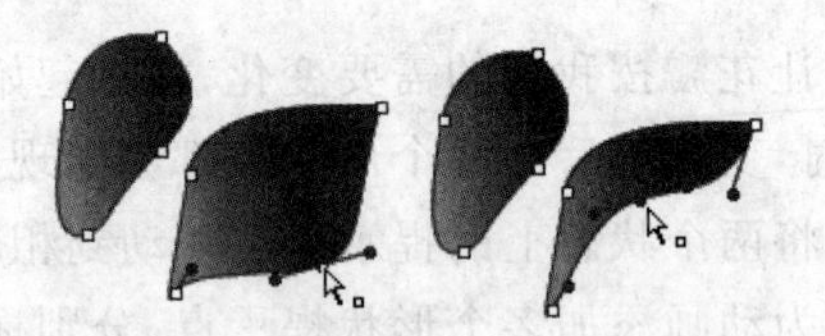

图 2-167 调整节点位置及弧度

3. 使用套索工具选择对象

使用套索工具可以精确地选择一个或多个图形，也可以选择一个或多个图形的某一部分。与选择工具相比，套索工具的选择区域可以是不规则的，因而显得更加灵活。

选择套索工具，在工具选项区会出现魔术棒、魔术棒设置和多边形模式 3 个选项。

1) 直接套索

选中套索工具后，在图形上拖动鼠标画出需要的图形范围，如图 2-168 所示。

释放鼠标左键，即可将确定的范围确认为选区，如图 2-169 所示。

图 2-168　拖画图形范围

图 2-169　确认选区

2）使用魔术棒

选中套索工具后，单击工具选项区中的“魔术棒”按钮，可以在图形上选择一个颜色区域。

在舞台中将鼠标指针移到图形上需要选取的颜色位置，指针变成形状，拖动鼠标即可选择与当前点颜色相近的区域，如图 2-170 所示。

3）魔术棒设置

选中套索工具后，单击工具选项区中的“魔术棒设置”按钮，弹出“魔术棒设置”对话框，如图 2-171 所示。可以设置魔术棒的阈值与平滑度，从而改变魔术棒工具选取位图区域时的精度。

图 2-170　魔术棒选择颜色相近的区域

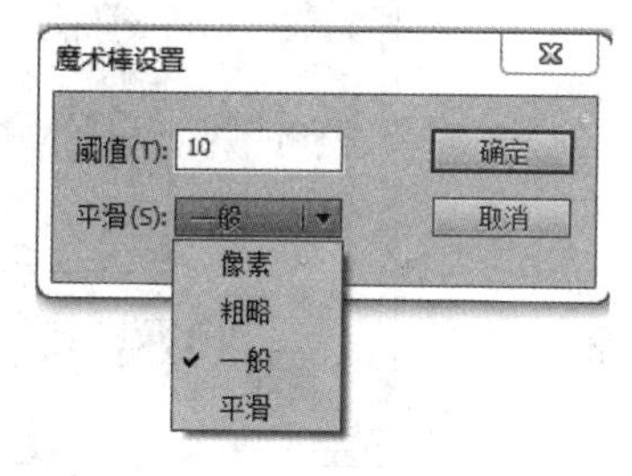

图 2-171　“魔术棒设置”对话框

（1）“阈值”：定义将相邻像素与所选颜色的接近程度。可输入 0～200 的数值。数值越高，选取的颜色范围越大；若输入 0，则只能选取与当前颜色值完全一致的像素。

（2）“平滑”：定义选区边缘的平滑程度。

4）多边形模式

选择多边形模式可在图形上绘制多边形，形成多边形选区，如图 2-172 所示。

图 2-172　选择多边形选区

2.3.4　移动、复制和删除对象

移动、复制和删除对象是编辑对象中最基本的操作，相对都比较简单。

1. 移动对象

Flash 中提供了 3 种移动对象的方法：通过鼠标移动对象、方向键移动以及利用“属性”面板移动。

(1) 通过鼠标移动对象：选中欲移动的对象，按住鼠标左键不放，并拖动到合适位置后释放鼠标，即可实现对象的移动。若同时按住 Shift 键，将只能进行水平、垂直以及 45°角的方向移动。

(2) 方向键移动：选中欲移动的对象，利用键盘上的方向键移动对象，每按一次方向键移动一个像素单位。若操作中同时按住 Shift 键，则每次移动 8 个像素单位。

(3) 利用“属性”面板移动：选中对象后，“属性”面板上出现该对象形状及位置的属性值。在其 X、Y 输入框中输入精确的坐标值，可使对象移动到指定位置。

2. 复制对象

在拖动对象的过程中，若同时按住 Alt 键，则可将原对象复制到新位置。

常规的复制对象的方法是利用复制和粘贴命令。选中对象后，选择“编辑”→“复制”命令将对象复制到剪贴板上。下一步是要粘贴对象，“编辑”菜单中有如下 3 种粘贴方式。

(1) 粘贴到中心位置：将剪贴板中的内容粘贴到当前舞台的中心位置。

(2) 粘贴到当前位置：将剪贴板中的内容粘贴到被复制对象的所在位置。

(3) 选择性粘贴：选择该命令，弹出如图 2-173 所示对话框，在其中选择要粘贴的类型，然后单击“确定”按钮即可。

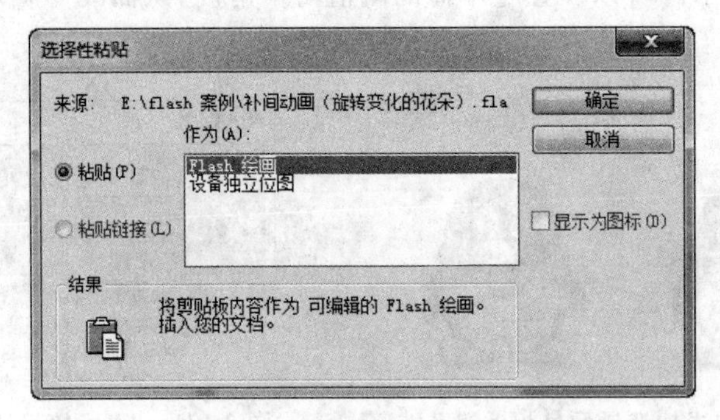

图 2-173 “选择性粘贴”对话框

3. 删除对象

要删除舞台中选中的对象，可直接按 Delete 键或 Back Space 键删除，也可以选择“编辑”→“清除”命令或选择“编辑”→“剪切”命令进行删除。

2.3.5 变形对象

对象的变形包括对象大小的缩放、角度旋转、倾斜与翻转，以及形状的变化。在 Flash CS6 中，可以通过任意变形工具、菜单命令、“变形”面板、选择工具、部分选取工具等对对象进行变形。

使用选择工具与部分选取工具变形图形的方法前面已经介绍过，此处不再赘述。

1. 使用任意变形工具变形

使用任意变形工具可以对对象进行移动、缩放、旋转、倾斜、扭曲操作，还能通过封套改变图形形状。

单击工具箱中的任意变形工具，选择要变形的对象，如图 2-174 所示。

鼠标指向图形四角的任意一个小方块，拖动鼠标即可改变图形的大小，如图 2-175 所示。

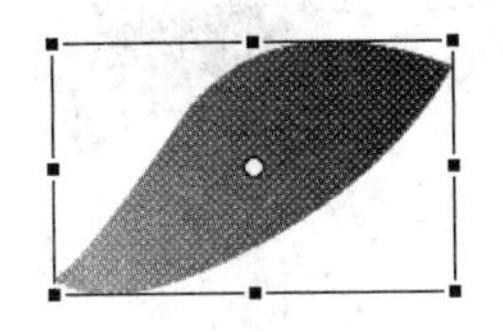

图 2-174　选择对象

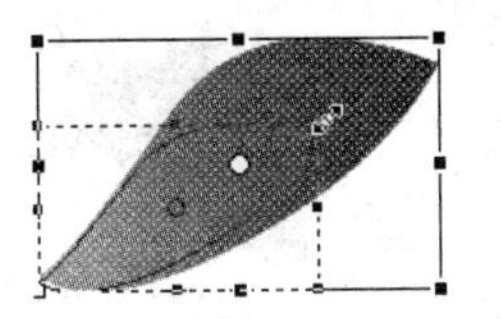

图 2-175　缩放对象

拖动鼠标的同时，按住 Shift 键，可以等比例改变图形的宽度、高度。

拖动鼠标的同时，按住 Alt 键，可以以图形的原中心为中心，改变图形的大小。

拖动鼠标的同时，按住 Shift+Alt 组合键，可以以图形的原中心为中心，等比例改变图形的宽度、高度。

鼠标指向图形左右边上中间的小方块，拖动鼠标即可改变图形的宽度；鼠标指向图形上下边上中间的小方块，拖动鼠标即可改变图形的高度，如图 2-176 所示。

鼠标指向图形的边，此时鼠标形状变为⇌，拖动鼠标即可倾斜图形，如图 2-177 所示。

鼠标指向图形的端点，此时鼠标形状变为↶，拖动鼠标即可旋转图形，如图 2-178 所示。

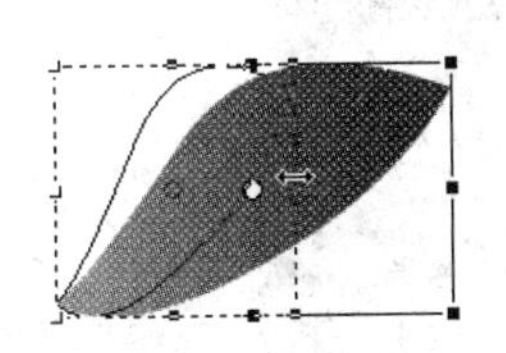

图 2-176　改变宽度、高度

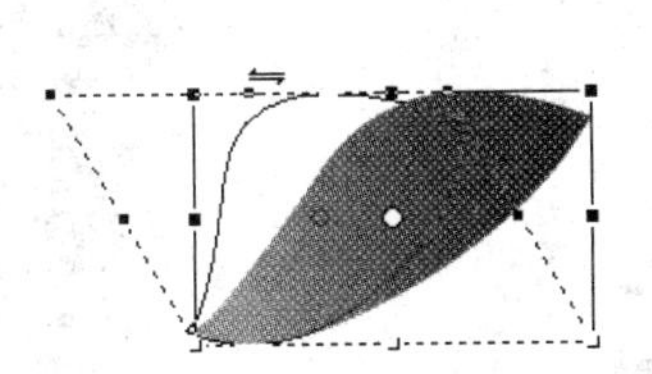

图 2-177　倾斜图形

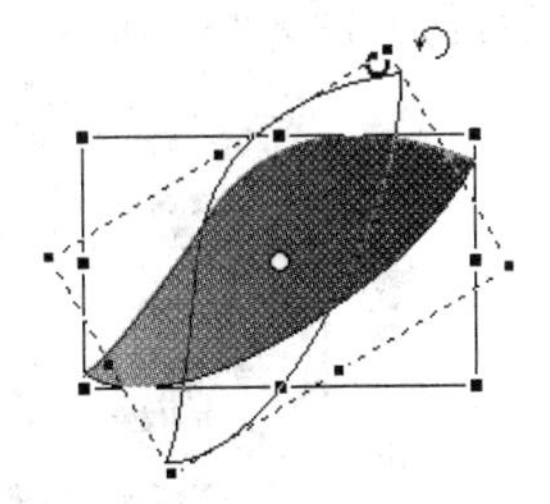

图 2-178　旋转图形

注意：旋转图形时，可以通过图形中间的小圆点来调整旋转中心点，如图 2-179 所示。

单击任意变形工具选项中的“扭曲”按钮，选择图形的端点，拖动鼠标即可扭曲图形，如图 2-180 所示。

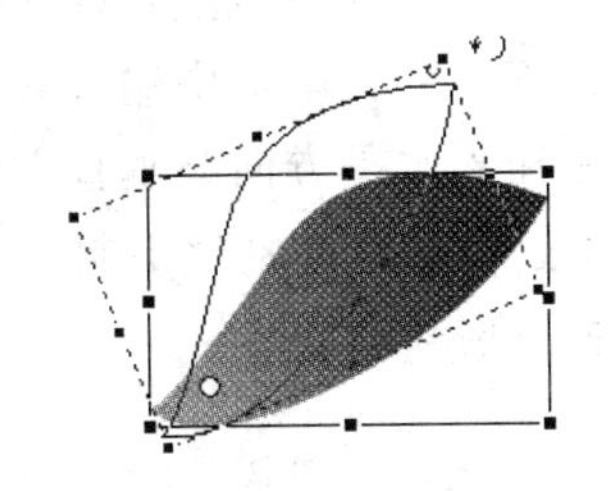

图 2-179　调整旋转中心点旋转

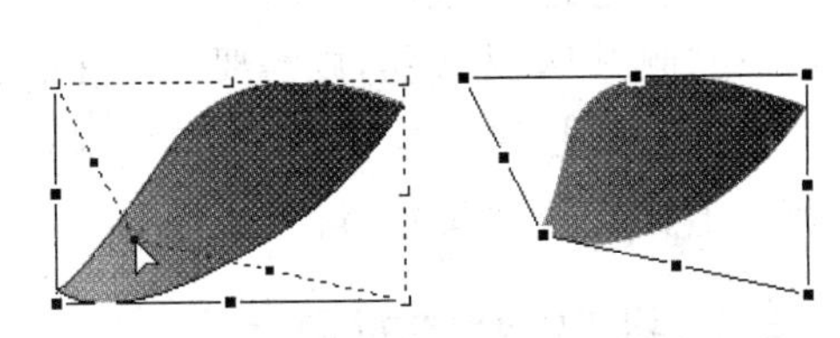

图 2-180　扭曲图形前后的效果

单击任意变形工具选项中的“套索”按钮，图形四周出现很多节点就可以改变图形的形状，如图 2-181 所示。

选择节点即可调整节点的位置及弧度，调整后效果如图 2-182 所示。

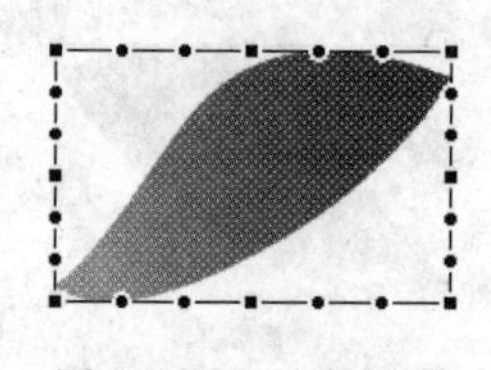

图 2-181　封套图形

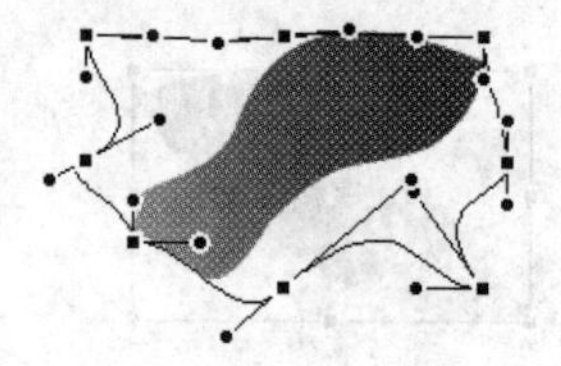

图 2-182　调整封套节点

如果要结束变形操作，在所选对象之外单击鼠标即可。

2. 使用菜单命令变形

如果想要对对象进行精确的调整，则可以使用菜单命令来实现。首先选择需要精确调整的对象，选择“修改”→“变形”命令，弹出如图 2-183 所示子菜单，根据变形需要选择相应的命令即可。

3. 使用“变形”面板变形

使用“变形”面板可以精确地对对象进行等比例缩放、旋转，还可以精确地控制对象的倾斜度。

首先选择需要变形的对象，选择“窗口”→“变形”命令，或按 Ctrl+T 组合键，调出“变形”面板，如图 2-184 所示。

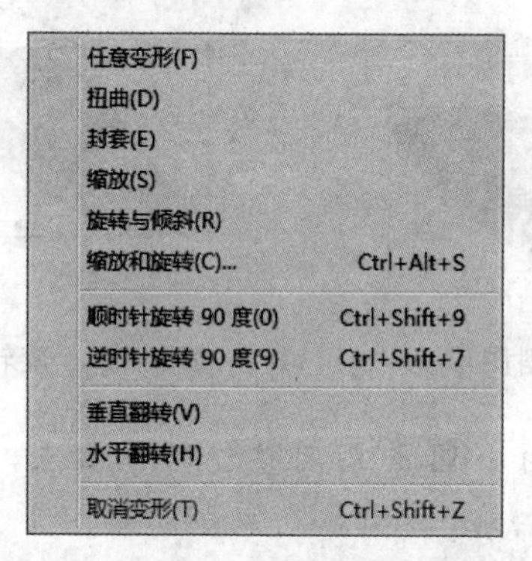

图 2-183　“变形”子菜单

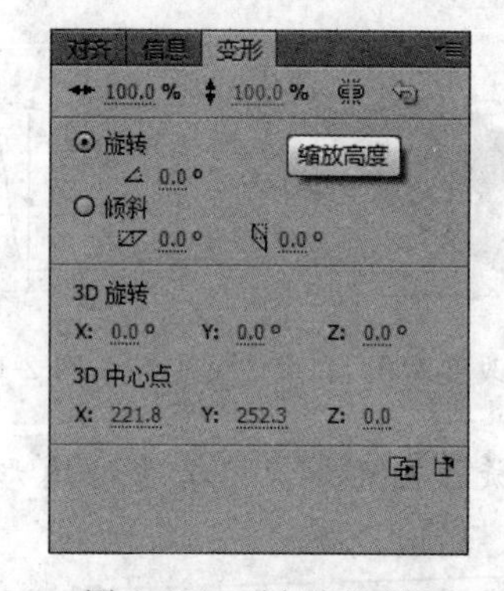

图 2-184　“变形”面板

通过此面板可设置垂直方向与水平方向的伸缩比例，若选择“约束”选项，则伸缩对象的纵横比是固定变化的；若选中“旋转”单选按钮，则需要在下面的文本框中输入需要旋转的角度；若选中“倾斜”单选按钮，则需要在下面的文本框中输入水平方向与垂直方向各自需要倾斜的角度。单击按钮，则原来对象保持不变，将变形后的对象效果制作一个副本放置在舞台上。单击按钮，可以使选中的对象恢复到变形前的状态。

2.3.6　组合、排列、对齐对象

在 Flash 中，可以将一些对象组合在一起作为一个对象操作，并且可以设置同一层中

不同组合对象的层次顺序和对齐方式。

1. 组合对象

组合操作涉及对对象的并组与解组两部分操作。并组后的对象可以被一起移动、复制、缩放和旋转等，可以缩短编辑时间。当需要对组合对象中的某个对象进行编辑时，可以解组好再进行编辑。

要创建组，则从舞台上选择要组合的对象，可以是形状、组、元件、文本等，然后选择"修改"→"组合"命令或按 Ctrl+G 组合键，即可将所选对象并组。

若要将并组后的对象分离出来，则选择需要编辑的组，选择"修改"→"取消组合"命令或按 Ctrl+Shift+G 组合键，即可解组。

2. 排列对象

同一层中，系统根据对象创建的先后顺序层叠在一起，后绘制的对象排放在先绘制的对象的前面。如果对象既不是元件也没有并组的话，用户没有办法对它进行排序，所以在排序之前，必须确认这些对象是元件或已并组。

选中要排序的对象后，选择"修改"→"排列"命令，将弹出如图 2-185 所示子菜单，可以根据需要选择相应的命令。

在舞台中选中需要排序的对象右击，在弹出的快捷菜单中选择"排列"命令也会弹出"排列"子菜单，同样可以进行设置，如图 2-186 所示。

移至顶层(F)	Ctrl+Shift+上箭头
上移一层(R)	Ctrl+上箭头
下移一层(E)	Ctrl+下箭头
移至底层(B)	Ctrl+Shift+下箭头
锁定(L)	Ctrl+Alt+L
解除全部锁定(U)	Ctrl+Alt+Shift+L

图 2-185 "排列"子菜单

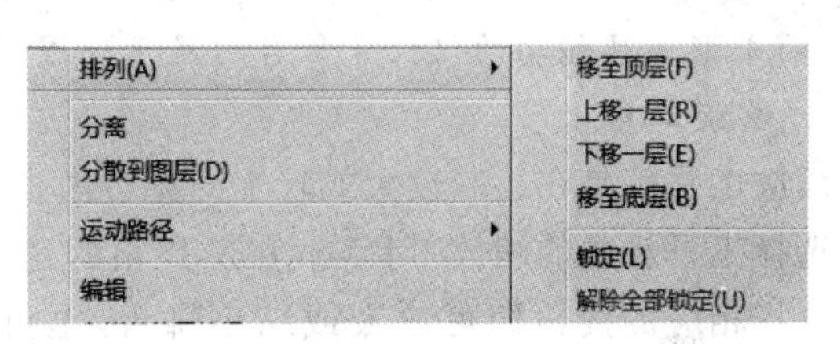

图 2-186 快捷菜单中的"排列"子菜单

3. 对齐对象

在 Flash 中可以通过"对齐"菜单或"对齐"面板将选中的多个对象对齐。

选中要对齐的对象后，选择"修改"→"对齐"命令，将弹出如图 2-187 所示子菜单。选择"窗口"→"对齐"命令或按 Ctrl+K 组合键，将弹出如图 2-188 所示"对齐"面板。通过它们可以完成以下操作。

左对齐(L)	Ctrl+Alt+1
水平居中(C)	Ctrl+Alt+2
右对齐(R)	Ctrl+Alt+3
顶对齐(T)	Ctrl+Alt+4
垂直居中(V)	Ctrl+Alt+5
底对齐(B)	Ctrl+Alt+6
按宽度均匀分布(D)	Ctrl+Alt+7
按高度均匀分布(H)	Ctrl+Alt+9
设为相同宽度(M)	Ctrl+Alt+Shift+7
设为相同高度(S)	Ctrl+Alt+Shift+9
与舞台对齐(G)	Ctrl+Alt+8

图 2-187 "对齐"子菜单

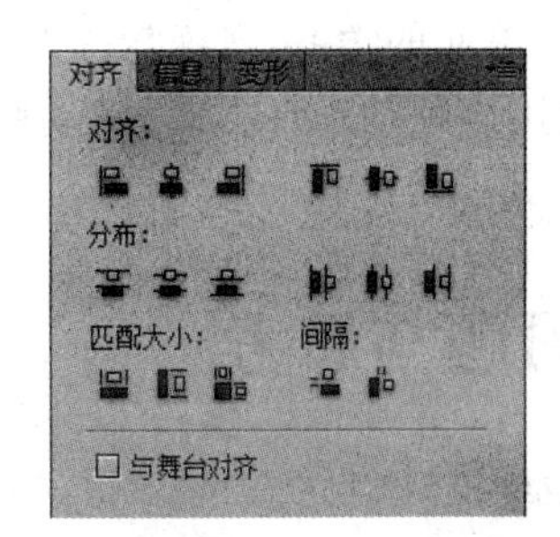

图 2-188 "对齐"面板

(1) 可以沿水平或垂直轴对齐选定对象，沿选定对象的右边缘、中心或左边缘垂直对齐对象，或者沿选定对象的上边缘、中心或下边缘水平对齐对象。边缘由包含每个对象的边框决定。

(2) 可以将所选对象按照中心间距或边缘间距相等的方式进行分布。

(3) 可以调整所选对象的大小，使所有对象水平或垂直尺寸与所选最大对象的尺寸一致。

(4) 可以将所选对象与舞台对齐。

(5) 可以对所选对象应用一个或多个"对齐"选项。

2.3.7 查看对象

在编辑对象的过程中，为了编辑方便，有时候需要使用手形工具和缩放工具查看对象。

1. 手形工具

手形工具的作用就是在一些较大舞台内快速地移动到目标区域。

选择工具箱中的手形工具，将鼠标移到舞台中，此时鼠标指针显示为手形，使用鼠标拖曳舞台，即可改变舞台的显示范围。

说明：手形工具和选择工具移动对象的区别是，选择工具移动对象，改变的是对象的位置；而手形工具移动的仅仅是舞台的显示范围。

2. 缩放工具

缩放工具就是在绘制较大或较小的舞台内容时对舞台进行放大或缩小，方便编辑。

选择工具箱中的缩放工具，在工具箱的选项区域将出现"放大"和"缩小"按钮。选择相应的按钮即可放大或缩小舞台，也可以按 Ctrl＋"＋"组合键放大舞台，按 Ctrl＋"－"组合键缩小舞台。

说明：缩放工具并不能真正放大或缩小对象，它更改的仅仅是舞台的显示比例。

2.4 单元小结

本单元结合 3 个任务重点讲解了 Flash 中常用的绘图工具、上色工具、选择工具、辅助工具的应用，通过具体实例来剖析讲解，并在实例中引入元件的概念，逐帧动画、传统补间动画、形状补间动画以及引导动画的概念及其制作方法。

通过本单元的学习，熟练掌握 Flash 各种工具的应用，能灵活设计并制作出各种动画造型，能应用逐帧动画、传统补间动画、形状补间动画以及引导动画制作出简单的 Flash 动画效果。

2.5 习题与思考

一、填空题

1. 在 Flash CS6 中，在选择对象时可以用________工具以及________工具来选择，变形工具包括任意变形工具和渐变变形工具。

2. 在 Flash CS6 中，按补间原理，补间可以分为________、________。

3. 节点的________和________确定曲线的形状。

4. 圆角矩形被放大的时候，它的圆角将________。

5. 使用________工具不仅可以改变图形的线条属性，同时也可以为没有轮廓的图形添加轮廓线。

6. 用椭圆工具绘图时，按住________键可绘制出正圆。

7. 要将选中的对象组合，快捷键是________。

二、思考题

1. 如何对绘制曲线的节点进行编辑？

2. 要显示形状补间动画的形状提示，应如何操作？

3. 引导动画中的引导线可以是封闭曲线吗？

三、上机操作题

1. 用 Flash 画出如图 2-189 所示汽车图形。

图 2-189　汽车图形

2. 绘制一个篮球，并制作一个引导动画，让篮球沿着引导线运动。

3. 绘制一个场景，用不同的色彩和填充方式表现出道路、山、树丛和太阳。

4. 在舞台上写上自己的名字，制作一个逐帧动画，让名字逐字显示。

第 3 单元

元件、帧、图层

3.1 任务 5 制作“山水意境”

3.1.1 任务综述与实施

任务介绍

制作“山水意境”动画。

(1) 在 Flash 中用绘图工具绘制一幅水墨山水画。

(2) 使用“滤镜”面板为影片剪辑设置特效。

任务分析

绘制山水风景画的时候，首先要考虑整个舞台的布局，然后分别绘制各个舞台对象。因为要设置水墨画效果，要使用到模糊滤镜，所以要将舞台对象转换为影片剪辑元件。

相关技能

(1) 熟练各种绘图工具的使用方法，能结合实际需要灵活选择不同的绘图工具。

(2) 掌握元件与图层的创建及编辑方法。

(3) 了解滤镜的使用方法。

相关知识

(1) 常用的绘图工具、修图工具。

(2) 元件、图层。

(3) 滤镜特效。

任务实施

(1) 启动 Flash 程序，选择“文件”→“新建”命令，在弹出的对话框中选择 ActionScript 3.0 选项，单击“确定”按钮，并将文件保存为“山水意境. fla”文件，文档属性默认。

(2) 创建“山头”元件。具体步骤如下。

① 按 Ctrl+F8 组合键创建新元件，命名为“山头”，类型为“影片剪辑”。

② 进入“山头”元件编辑区，在图层 1 的第 1 帧上用多角星形工具绘制如图 3-1 所示三角形。

③ 删除轮廓线，用选择工具或部分选取工具将三角形调整成如图 3-2 所示形状，并将填充色调整为黑色到浅灰色的线性渐变。

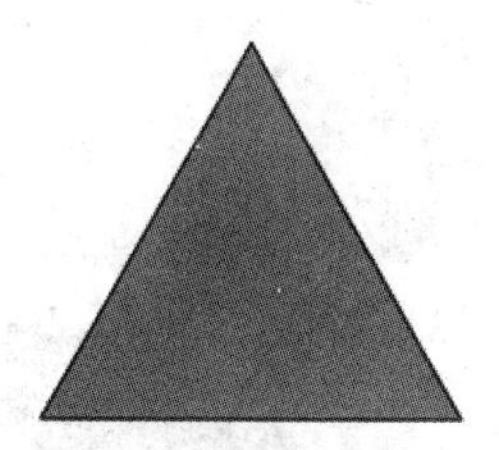

图 3-1　绘制三角形

图 3-2　将三角形调制成山头形状

(3) 创建“群山”元件。具体步骤如下。

① 创建新元件，命名为“群山”，类型为“影片剪辑”。

② 进入“群山”元件编辑区，选择图层 1 的第 1 帧，打开“库”面板，多次将库中的“山头”元件拖到舞台上。

③ 对舞台上“山”元件的各个实例进行缩放、翻转、变形、排序操作，得到如图 3-3 所示群山效果。

图 3-3　“群山”元件

(4) 布置山头图形。具体步骤如下。

① 单击 场景 1 按钮，返回主场景。

② 新建图层，并将图层 1、图层 2 分别命名为“后山”“前山”。

③ 选择“前山”图层的第 1 帧，将“库”中的“群山”元件拖到舞台右下角。

④ 选中舞台上的“群山”元件，打开“属性”面板，展开“滤镜”卷展栏，单击底部“添加滤镜”按钮，在弹出的列表中选择“模糊”选项，设置模糊参数 X、Y 均为 10，如图 3-4 所示。此时“群山”产生了模糊效果，如图 3-5 所示。

⑤ 依旧在现在的“群山”实例，在“属性”面板中将其颜色设置为“色调、绿色、13%”，如图 3-6 所示。

⑥ 复制调整后的“群山”实例，在“后山”图层的第 1 帧处的舞台上粘贴 3 次。

⑦ 对“后山”图层的 3 个“群山”实例进行变形及颜色调整，并再次模糊，得到如图 3-7 所示山头效果。

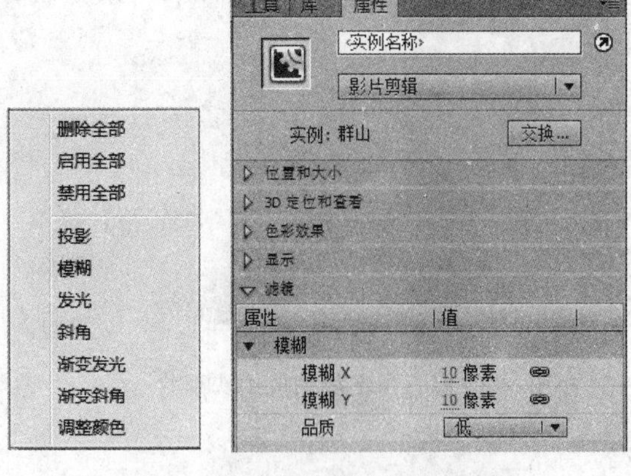

图 3-4 为影片剪辑添加模糊滤镜

图 3-5 模糊后的“群山”实例效果

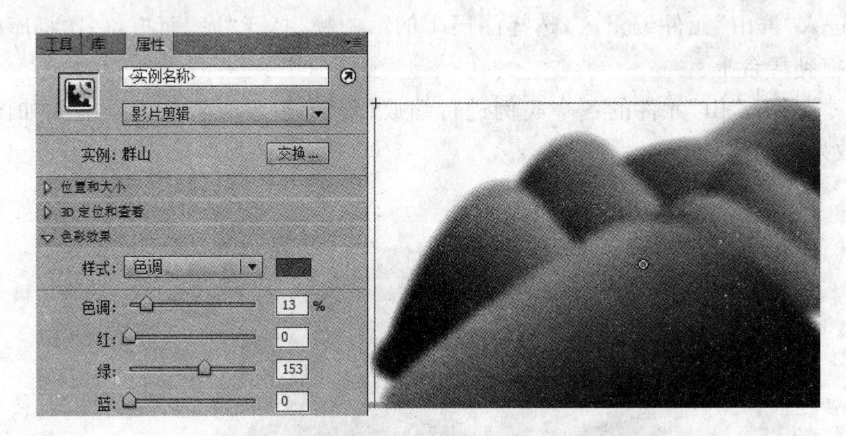

图 3-6 调整颜色后的“群山”实例效果

图 3-7 布置后的群山

⑧ 锁定“前山”“后山”两个图层。

(5) 勾勒山体线条。具体步骤如下。

① 新建图层,命名为“线条”,在图层的第 1 帧处用刷子工具选择最小的笔触勾勒山体黑色线条,如图 3-8 所示。

② 单击“线条”图层第 1 帧，在选中的线条上右击，将它转换成名为“线条”的影片剪辑。

③ 选中舞台上的“线条”实例，同样为其添加模糊滤镜效果，模糊参数 X、Y 均设为 5，效果如图 3-9 所示。锁定图层。

图 3-8　勾勒山体线条

图 3-9　模糊“线条”

(6) 创建“小屋”元件。具体步骤如下。

① 创建新元件，命名为“小屋”，类型为“影片剪辑”。

② 进入影片剪辑的编辑区，在图层 1 的第 1 帧处绘制一个白墙红瓦的小屋，如图 3-10 所示。

图 3-10　绘制小屋

(7) 布置小屋图形。具体步骤如下。

① 返回主场景，在“线条”图层上方新建一图层，命名为“小屋”。

② 在“小屋”层的第 1 帧处，5 次从“库”中拖出“小屋”元件，分别调整其大小与形状，并布置到适当的位置。

③ 选中舞台上的所有小屋，添加模糊滤镜效果，模糊参数 X、Y 均设为 5，效果如图 3-11 所示。锁定图层。

(8) 创建“小船”元件。具体步骤如下。

① 创建新元件，命名为“小船”，类型为“图形”。

② 进入影片剪辑的编辑区，在图层 1 的第 1 帧处绘制一艘小船，如图 3-12 所示。

图 3-11　布置小屋

图 3-12　绘制小船

(9) 布置小船图形。具体步骤如下。

① 返回主场景，在“小屋”图层上方新建一图层，命名为“小船”。

② 在“小屋”层的第 1 帧处，6 次从库中拖出“小船”元件，分别调整其大小与形状，并布置到适当的位置，如图 3-13 所示。锁定图层。

(10) 编辑湖水。具体步骤如下。

① 在“前山”图层的下方插入图层，命名为“湖水”。选中“湖水”图层第 1 帧，在“颜色”面板上设置填充颜色为“线性渐变”，左边色标设置为＃99FFFF，右边色标设置为＃C4FFFF，用刷子工具在舞台上绘制湖水图形，如图 3-14 所示。

图 3-13 布置小船

图 3-14 绘制湖水

② 用鼠标右击湖水图形，将它转换为“湖水”影片剪辑。

③ 选中舞台上的湖水，为其添加模糊滤镜效果，模糊参数 X、Y 均设为 50，效果如图 3-15 所示。锁定图层。

(11) 绘制树木点缀画面。具体步骤如下。

① 新建元件，命名为“树”，类型为“影片剪辑”。

② 进入影片剪辑的编辑区，在图层 1 的第 1 帧处用刷子工具绘制黑色树干。

③ 新建图层 2，在第 1 帧处用刷子工具绿色渐变树叶，如图 3-16 所示。

图 3-15 模糊湖水

图 3-16 绘制树

④ 返回主场景，在“小船”图层上方插入新图层，命名为“树”。

⑤ 从库中拖入多个“树”元件实例到舞台中，分别摆放到不同的位置，并对相应的实例的模糊，以及颜色、大小进行必要的调整，如图 3-17 所示。

⑥ 在图层的最上方新建一图层，命名为“文本”。在舞台的左上角输入文字“山水意境”。至此，动画制作完成，发布效果如图 3-18 所示。

图 3-17　布置树

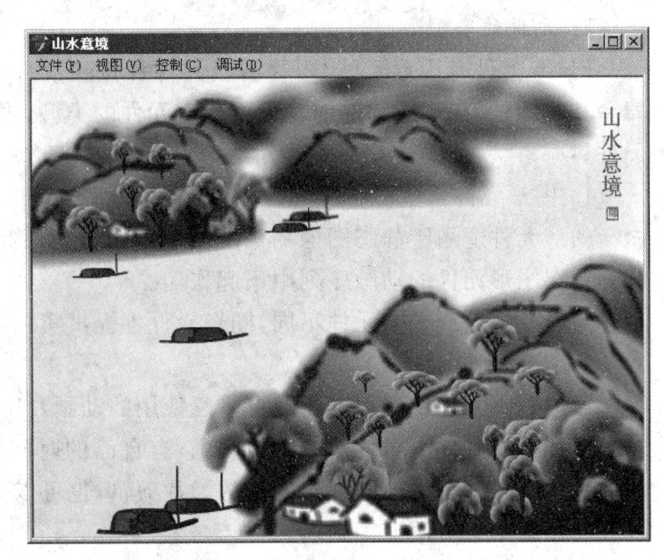

图 3-18　“山水意境”效果

任务总结

在本任务中绘制山和树是难点。在 Flash 动画中绘制不规则图形的时候，应灵活地结合不同的绘图工具、修图工具来实现对图形的调整，达到需要的效果。在同一图层中的对象应注意其绘制的先后顺序。

使用滤镜可以为对象增添视觉特效，但滤镜效果只适用于文本、影片剪辑和按钮中。所以在本任务中我们将需要设置滤镜效果的静态图像都转化成影片剪辑元件而非图形元件。

3.1.2　元件与实例

元件是指创建一次即可多次重复使用的图形、按钮或影片剪辑。元件存放于库中，将元件应用到舞台上就称为元件的实例。

1. 元件、实例和库的关系

元件是 Flash 动画中最基础的概念，一旦被创建，就会被添加到库中，可以在舞台上重复应用。如果想要更改影片中的重复元素，只要对这个元件进行修改，使用过该元件的实例就会跟着更改。合理地利用元件和库资源可以提高制作影片的效率。

实例是指位于舞台上或嵌套在另一个元件内的原件副本。存在于库中的元件，可以通过拖动的方式应用到舞台上。从库中拖出并被应用到舞台上的元件称为该元件的实例。元件的更改会影响影片中所有应用了元件的实例，但是对元件实例的修改编辑不会影响元件本身。

库是存储和组织各种元件的地方，制作好的元件会自动保存到库中，此外库还用于存储和组织导入的文件。

如果将元件和库的关系比作图章和抽屉的关系，那么从抽屉里取出图章在纸面上盖下的一个个图案就是一个个的实例。

2. 元件的类型

Flash 元件有图形元件、影片剪辑元件和按钮元件 3 种类型。每个元件都有自己的舞台和时间轴，在创建元件前首先要确定元件的类型，当然这取决于在文档中如何使用该元件。

1) 图形元件

图形元件适用于静态图像的重复使用。图形元件和主时间轴同步运行，交互式控件和声音在图形元件的动画序列中不起作用。

与影片剪辑或按钮元件不同，图形元件不提供实例名称，也不能在动作脚本中引用。

2) 影片剪辑元件

影片剪辑元件主要用来创建可重复使用的动画片段。

影片剪辑元件本身就是一个小动画，有自己的时间轴。可以在其他影片剪辑或按钮内部添加影片剪辑元件以创建嵌套的影片剪辑，也可以为影片剪辑分配实例名称，从而可以在动作脚本中引用该实例名。

有时将静态的图形也做成影片剪辑元件，那是为了对它使用动作脚本。在动画制作过程中，必须将动态图形或应用动作脚本的静态图形做成影片剪辑元件。

3) 按钮元件

按钮元件可以创建用于响应鼠标单击、滑过或其他动作交互式按钮；可以定义与各种按钮状态相关联的图形，然后将动作指定给按钮实例。按钮元件的时间轴只有 4 帧，可分别设置不同的鼠标响应状态。

3. 元件的创建

Flash 中可以通过舞台上选定的对象来创建元件，也可以创建一个空元件，然后在元件编辑模式下制作或导入内容。

在舞台上选定对象后，选择“修改”→“转换为元件”命令，或按 F8 键即可将选定的对象转换成元件。

选择“插入”→“新建元件”命令或按 Ctrl+F8 组合键即可弹出“创建新元件”对话框，单击“确定”按钮就进入空元件的编辑区。

4. 元件的修改

要修改元件需进入元件的编辑区，才能重新进行编辑。通过以下 3 种方法可以进入已有元件的编辑区。

方法 1：在编辑栏单击“编辑元件”按钮，并在列表中选中该元件。

方法 2：在“库”面板的元件列表区找到需要修改的元件，双击它前面的图标。

方法 3：在舞台上找到要修改的元件的实例，双击进入元件编辑区。

注意：修改了元件后，原先从这个元件应用到舞台的所有实例将一概随着元件的变化而变化。

5. 元件属性修改

元件属性修改主要是修改元件的名称或元件的类型。元件制作完成后，若要更改属性可以通过以下 3 种方法来实现。

1）利用属性按钮改变元件属性

在库中元件列表区选中要修改属性的元件，单击“库”面板左下方的“属性”按钮，弹出“元件属性”对话框，即可更改元件名称或类型。

2）利用弹出菜单修改元件属性

在库元件列表区用鼠标右击要更改属性的元件名称，在弹出的菜单中选择“属性”命令，同样可以弹出“元件属性”对话框，从而更改元件名称和类型。也可以选择“重命名”命令更改元件名称，选择“类型”命令则可以更改元件类型。

3）双击元件名直接更改元件名称

在元件列表区欲更名的元件名称上双击，可以直接更改元件名称。

6. 修改实例属性

制作元件的目的是应用，将制作好的原件从库中拖动到舞台上就成了实例。在实际应用中往往要对实例的某些属性进行修改。选中要修改的实例后，可以通过“属性”面板来调整实例的大小、位置、颜色、实例名称、实例类型等属性，还可以通过变形工具及变形菜单对实例进行变形与翻转等操作。具体的方法将在后面的例子中详细介绍。

7. 制作动画“随鼠标变化的圈”

下面以动画“随鼠标变化的圈.fla”的制作为例来讲解各类元件的创建与制作方法以及实例属性的修改与设置。

（1）新建 300 像素×400 像素的文档，背景为黑色，其他属性默认，将文件命名保存为“随鼠标变化的圈.fla”。

（2）创建图形元件“圈 1”。按 Ctrl＋F8 组合键，在弹出的对话框中设置名称为“圈 1”，类型为“图形”，如图 3-19 所示。

（3）单击“确定”按钮即进入了图形元件“圈 1”的编辑区，在图层 1 的第 1 帧处绘制直径为 200 的圆，并设置成如图 3-20 所示效果。

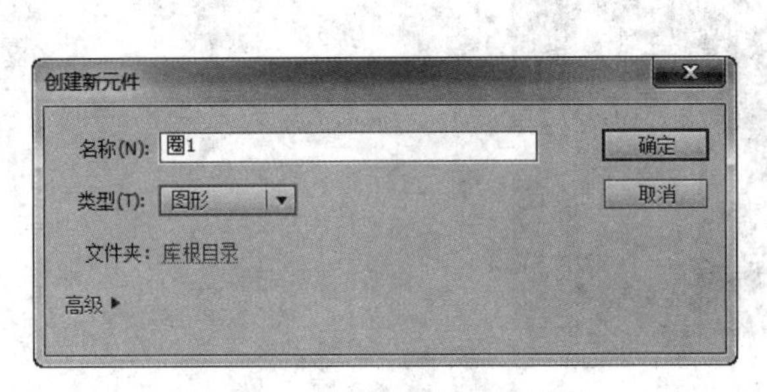

图 3-19　“创建新元件”对话框

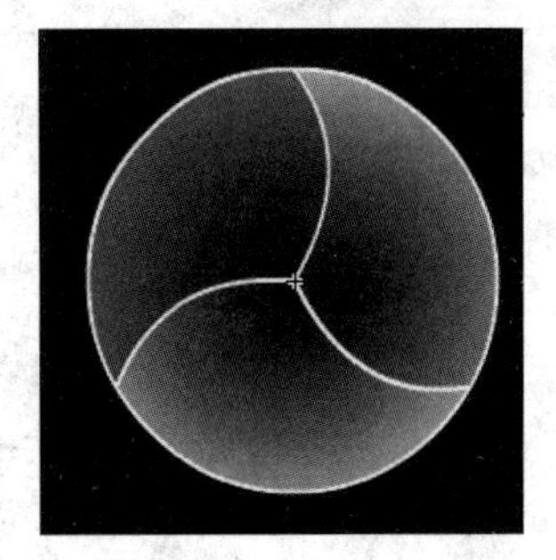

图 3-20　绘制图形元件“圈 1”

（4）返回主场景，此时“圈 1”元件自动存放到库中，如图 3-21 所示。

（5）创建影片剪辑元件“圈 2”。将“圈 1”从库中拖到舞台上并选中它，按 F8 键，在弹出的对话框中输入名称为“圈 2”，类型为“影片剪辑”，如图 3-22 所示。

（6）双击舞台上的“圈 2”实例，进入影片剪辑元件“圈 2”的编辑区。

（7）在图层 1 的第 20 帧处按 F6 键插入关键帧。

（8）修改实例属性。选中第 20 帧处的“圈 1”实例，在“属性”面板中更改实例的亮度，如图 3-23 所示。

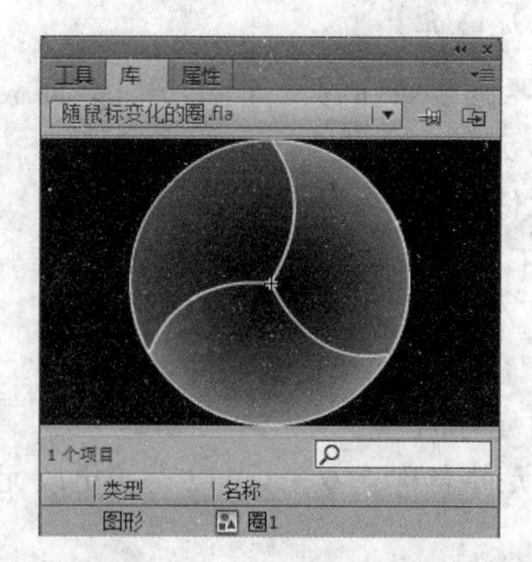

图 3-21 元件自动存放在库中

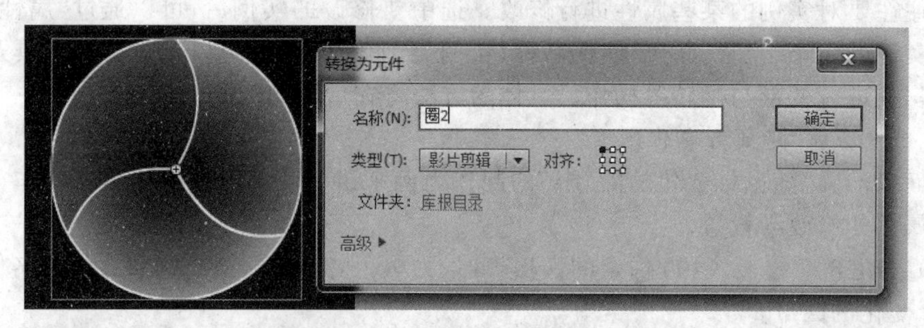

图 3-22 将选定对象转换为元件

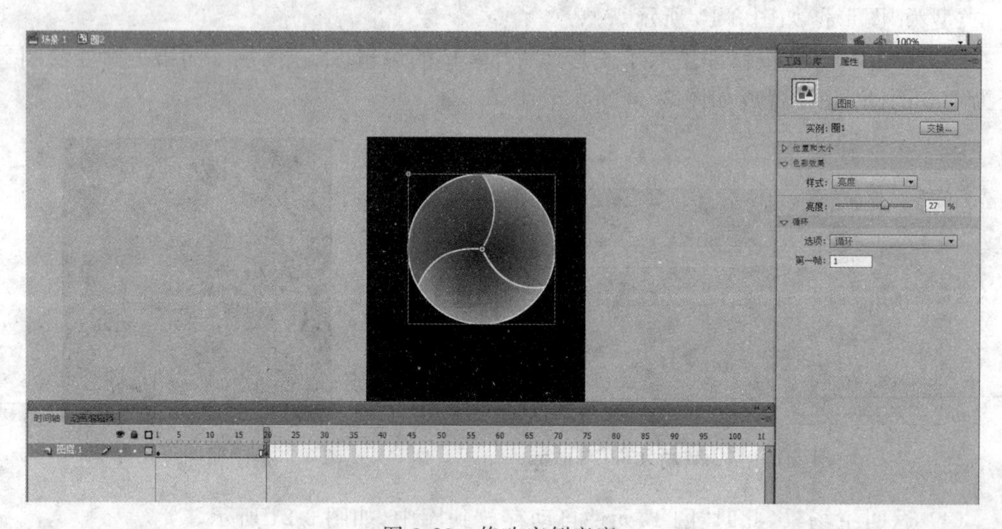

图 3-23 修改实例亮度

(9) 在图层 1 的第 1 帧处右击,选择“创建补间动画”命令。在“属性”面板中设置顺时针旋转。

(10) 此时,影片剪辑元件“圈 2”实现了“圈 1”顺时针旋转并变亮的动画效果。

(11) 创建影片剪辑元件“圈 3”。按 Ctrl+F8 组合键,在弹出的对话框中设置名称为“圈 3”,类型为“影片剪辑”。

(12) 进入影片剪辑“圈 3”的编辑区，在图层 1 的第 1 帧处将库中的图形元件“圈 1”拖入舞台中心。

(13) 在第 10 帧和第 20 帧处分别插入关键帧，并将第 10 帧处的实例宽度、高度设置为 50.00，X、Y 坐标值设为 0.00，如图 3-24 所示。

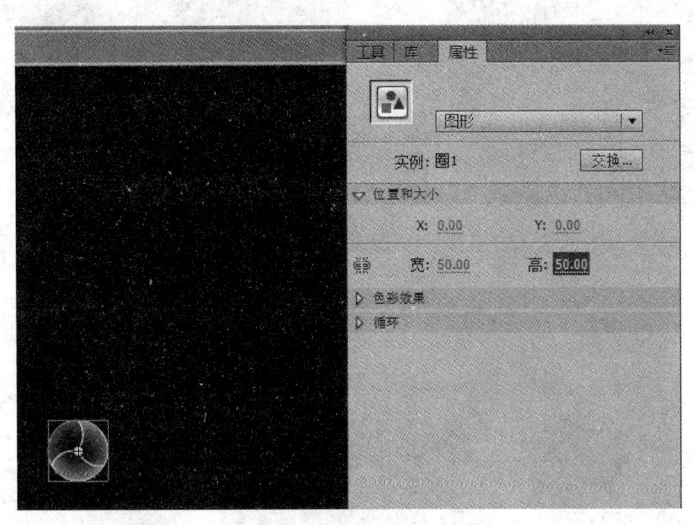

图 3-24　修改实例大小

(14) 同样在 3 个关键帧间创建补间动画，分别设置为顺时针和逆时针旋转。此时影片剪辑元件“圈 3”实现了“圈 1”先顺时针旋转缩小再逆时针旋转放大的动画效果。

(15) 创建按钮元件“魔圈”。按 Ctrl+F8 组合键，在弹出的对话框中设置名称为“魔圈”，类型为“按钮”。

(16) 进入按钮元件“魔圈”编辑区，时间轴显示如图 3-25 所示。

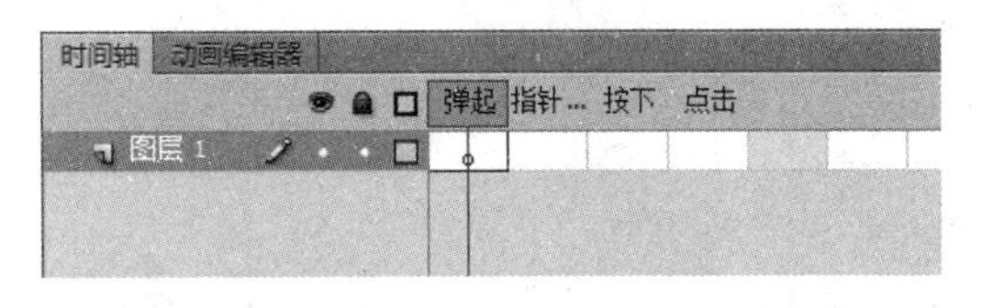

图 3-25　按钮元件时间轴

(17) 在“指针经过”“按下”两帧处按 F7 键，插入空白关键帧。

(18) 分别将图形元件“圈 1”、影片剪辑元件“圈 2”“圈 3”拖入“弹起”“指针经过”和“按下”3 个关键帧处，并设置为对齐舞台中心。

(19) 新建图层 2。在“弹起”帧上输入文本“把鼠标移到图像上看看哦！”，在“指针经过”帧上输入文本“按下鼠标试试吧！”，在“按下”帧上输入“别按了，快移开！”，文本框均放在元件的下方。3 个关键帧处的效果如图 3-26 所示。

(20) 返回主场景，删除图层 1 第 1 帧上的内容，将按钮元件拖入其中。

(21) 测试影片，最开始图片静止，将光标移到图像上，图像就会旋转变亮，按住鼠标左键则图像会旋转缩放，效果如图 3-27 所示。

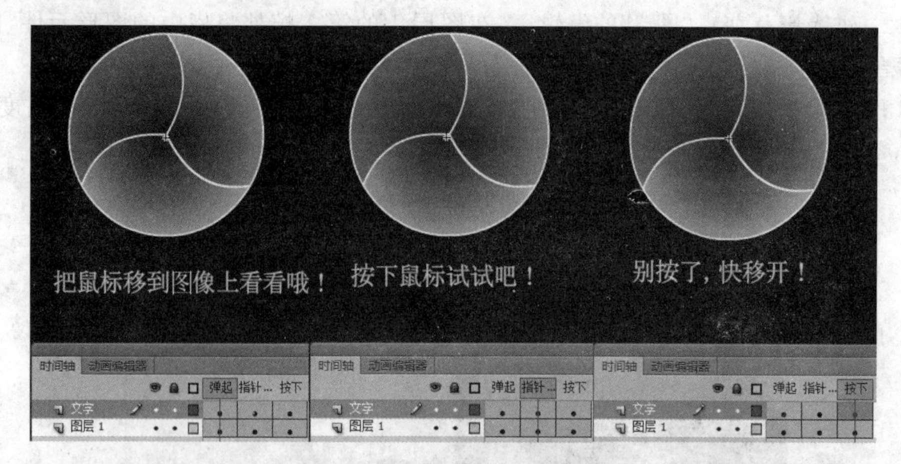

图 3-26 按钮元件的 3 个关键帧

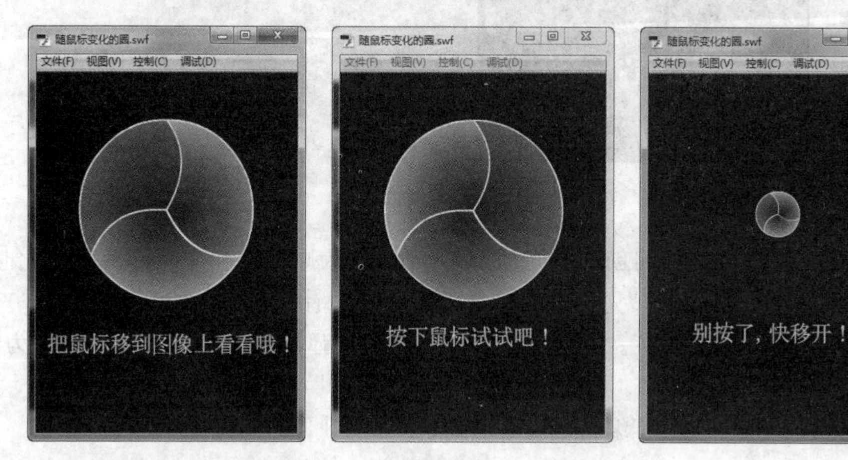

图 3-27 不同鼠标状态的效果

3.1.3 库的使用

Flash CS6 的元件都存储在"库"面板中，用户可以在"库"面板中对元件进行编辑和管理，也可以直接从"库"面板中拖曳元件到舞台中，可以说"库"面板既是元件的存储地又是实例的发源地。另外，"库"面板还用于存储和组织导入文件，包括位图图像、声音文件和视频剪辑。

1. 库的基本操作

选择"窗口"→"库"命令，或按 Ctrl＋L 组合键可以调出"库"面板，"库"面板外观如图 3-28 所示。

在"库"面板中，可以进行新建元件、更改元件、删除元件、改变显示方式等操作。

2. 导入到库操作

在 Flash 中，制作动画若需要用到一些已经完成好的素材，可以使用"导入到库"功能。选择"文件"→"导入"→"导入到库"命令，打开"导入到库"对话框，如图 3-29 所示，选择需要导入的素材，单击“打开”按钮，即可将需要的素材自动保存到库中。

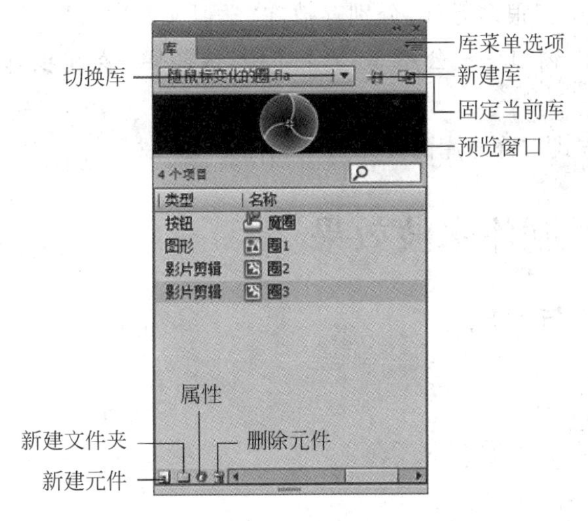

图3-28　“库”面板基本操作

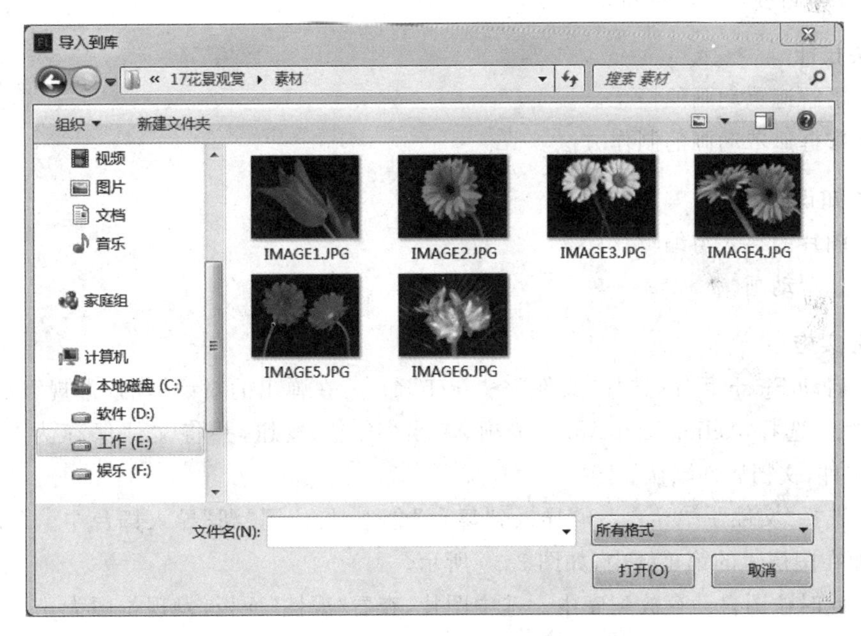

图3-29　“导入到库”对话框

3. 调用其他动画的库

在制作Flash动画时，可以调用其他动画“库”面板中的内容，这样就不需要重复制作相同的素材了，可以大大提高制作动画的效率。选择“文件”→“导入”→“打开外部库”命令，在弹出的“作为库打开”对话框中选择一个动画文件，将打开该动画的“库”面板，直接将打开的其他动画“库”面板中的对象拖曳到当前动画中，所选的对象将自动被保存到当前库中。

4. 使用公用库

Flash 公用库自带了很多元件，分别存放在“学习交互”“类”“按钮”3 个不同库中，用户可以直接使用。在“窗口”→“公用库”子菜单中，选择某一菜单项，即可打开或关闭相应的公用库。

公用库的使用方式与普通库的使用方式相同。

3.2 任务 6 制作水波效果

3.2.1 任务综述与实施

任务介绍

制作水波效果。

任务分析

要将静态图片上的水面制作成动态水波纹效果，通过设置两个图层的相对运动来实现，用遮罩动画可以实现该特效。

相关技能

(1) 了解遮罩动画的概念。

(2) 掌握遮罩动画的制作方法。

相关知识

(1) 图片的导入与编辑。

(2) 遮罩动画。

任务实施

(1) 启动 Flash 程序，选择“文件”→“新建”命令，在弹出的对话框的“常规”选项卡的“类型”栏中选择 ActionScript 3.0 选项，单击“确定”按钮，并将文件保存为“水波效果.fla”文件，文档属性默认。

(2) 选择“文件”→“导入”→“导入到舞台”命令，将位图“湖”导入舞台中。此时图片自动添加在图层 1 的第 1 帧中，如图 3-30 所示。

(3) 此时位图自动存放到库中。选中图片，查看“属性”面板，发现位图大小为 640 像素×513 像素。

(4) 按 Ctrl+J 组合键，调出“文档设置”对话框，将文档尺寸修改为 640 像素×513 像素，并将图片设置为相对舞台中心对齐。

(5) 复制图层 1 的第 1 帧，锁定并隐藏图层。

(6) 新建图层 2，将刚才复制的帧粘贴到图层 2 的第 1 帧上。

(7) 按 Ctrl+B 组合键将图层 2 上的位图分离，如图 3-31 所示。

(8) 用多边形套索工具选中图上除水之外的对象，如图 3-32 所示。

图 3-30　导入图片

图 3-31　分离后的位图

图 3-32　选中除水之外的对象

(9) 按 Delete 键删除所选部分，如图 3-33 所示。将图层 1 命名为“湖”，图层 2 命名为“水波”。

(10) 选中“水波”图层上的内容，按 F8 键，将其转换成元件，命名为“水波”，类型为“影片剪辑”。

(11) 双击进入“水波”元件编辑区，将图层 1 命名为“水”，锁定图层。

(12) 新建图层 2，命名为“水遮片”，如图 3-34 所示。

图 3-33　删除所选部分

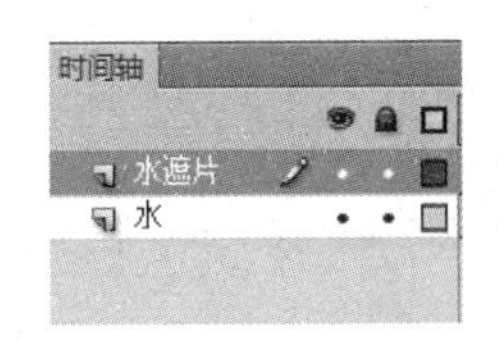

图 3-34　“水遮片”图层

(13) 在“水遮片”图层上绘制如图 3-35 所示线条，线条笔触大小为 5，颜色任选。

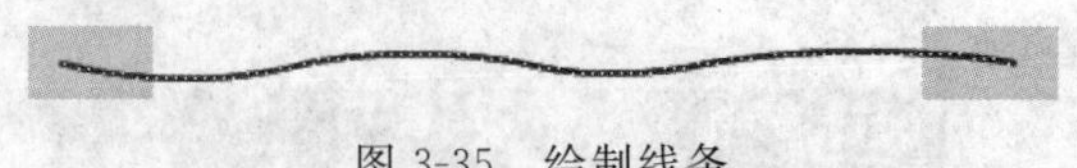

图 3-35 绘制线条

(14) 在舞台上复制多根线条，并用“对齐”面板将其对齐成如图 3-36 所示效果。

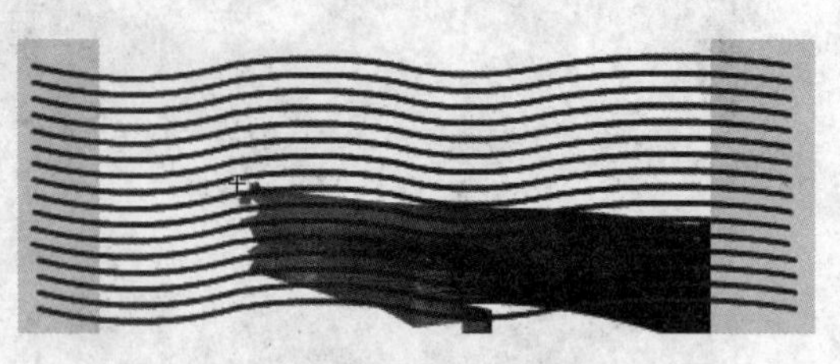

图 3-36 复制并对齐线条

(15) 选中遮片层上的所有线条，选择“修改”→“形状”→“将线条转换为填充”命令。

(16) 按 F8 键，将选中的已转换为填充的线条转换为图形元件，命名为“水遮片”。

(17) 在“水遮片”图层的第 25 帧处插入关键帧，在“水”图层的第 25 帧处插入帧。

(18) 分别调整“水遮片”层上第 1 帧与第 25 帧处水遮片的位置，调整后两帧上的水遮片与水的相对位置分别如图 3-37 和图 3-38 所示。

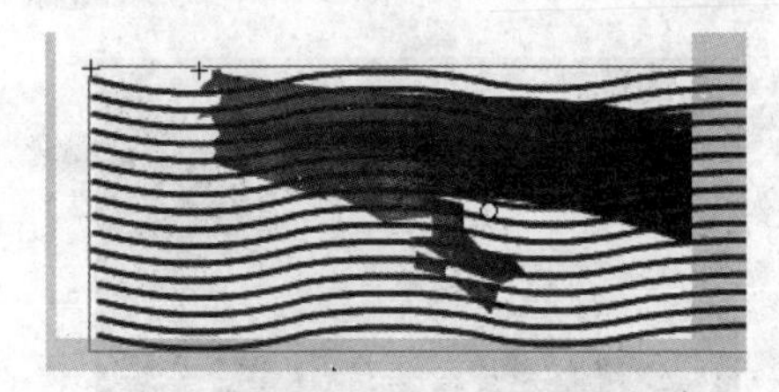

图 3-37 第 1 帧处的相对位置

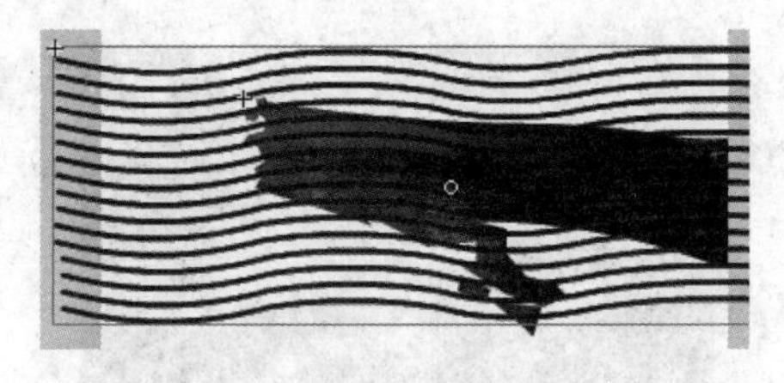

图 3-38 第 25 帧处的相对位置

(19) 在“水遮片”层的第 1 帧与第 25 帧之间创建传统补间动画。

(20) 在“水遮片”图层名称处右击，弹出如图 3-39 所示快捷菜单。

(21) 选择“遮罩层”命令，将“水遮片”图层转换为遮罩层，“水”图层自动转换为被遮罩层，此时图层上显示为如图 3-40 所示效果，舞台上则形成如图 3-41 所示效果。

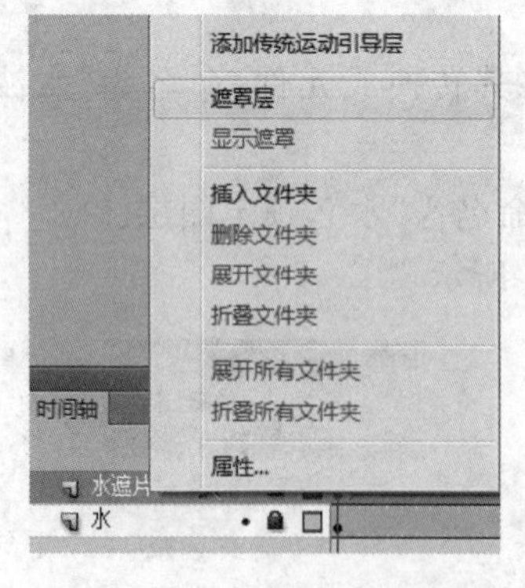

图 3-39 图层快捷菜单

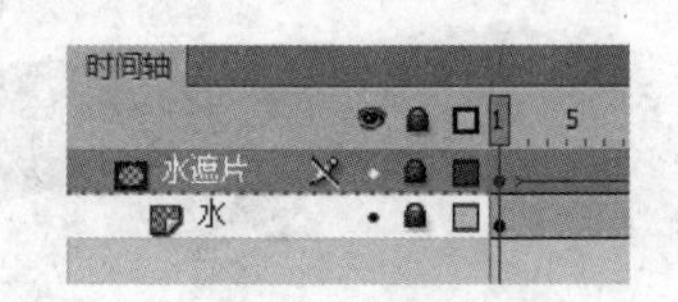

图 3-40 创建遮罩后的图层显示

(22) 返回主场景。将“湖”图层解锁,取消隐藏,并用方向键将位图向右或向下移动1像素。

(23) 测试动画,会发现原来静止的湖面现在已经波纹起伏了。发布影片后效果如图 3-42 所示。

图 3-41 设置遮罩后舞台上显示的效果

图 3-42 水波纹效果

任务总结

要对舞台上的位图进行部分调整时,必须先将位图分离。遮罩动画通过遮罩层与被遮罩层的相对运动,可以制作出很多的特效,本任务应用遮罩层的线性运动实现被遮罩水面的动态显示,微调与原图的相对位置即可实现水波纹效果。线条不能作为遮罩对象,若要以线条作为遮罩区域,应先把线条转换为填充。

3.2.2 制作遮罩动画

遮罩动画是 Flash 中效果最丰富的一种动画形式。通过遮罩能制作出很多的动画特效,灵活运用遮罩层可获得许多特殊的显示效果,使得 Flash 动画更加完美,形象逼真,在 Flash 动画中很常用。

1. 遮罩动画的概念

简单地说,遮罩动画就是实现了遮罩效果的动画。

遮罩动画至少应该具有两个图层,即“遮罩层”和“被遮罩层”。复杂一些的遮罩动画中,一个遮罩层可以链接多个被遮罩层。遮罩层的图标是,被遮罩层的图标是。

遮罩层和被遮罩层必须是紧挨着的上下层关系,且必须是遮罩层在上,被遮罩层在下。被遮罩层总是相对于遮罩层往右缩进,如图 3-38 所示。

遮罩层相当于一个窗口,窗口的范围就是遮罩层图形边缘勾勒的范围,被遮罩层内容只有在该区域内显示,区域之外的内容将不能显示。简单地说,遮罩层只提供显示区域,被遮罩层上该区域的内容被显示。

如图 3-43 和图 3-44 所示,两个相同的对象分别设置为遮罩层和被遮罩层的不同效果。

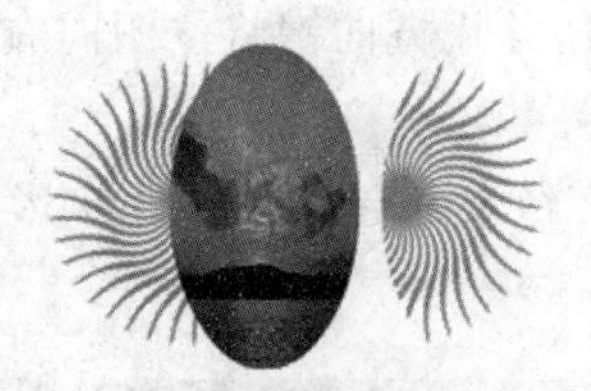

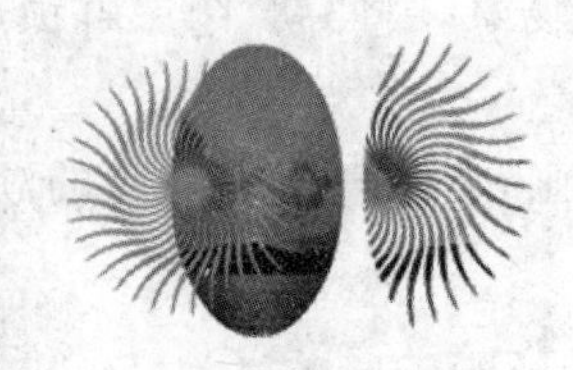

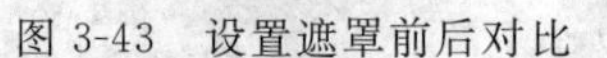

图 3-43　设置遮罩前后对比　　　图 3-44　改变图层顺序遮罩前后对比

2. 遮罩动画的制作方法

（1）编辑被遮罩层上的内容。被遮罩层上的内容是最终要显示的内容，不受任何限制，既可以是导入舞台上的位图，也可以是绘制的矢量图，或直接输入的文本；既可以是一幅静态图形，又可以是一个动画过程，包括逐帧动画、补间动画、引导线动画。

（2）编辑遮罩层上的内容。遮罩层上的内容，最终是不可见的，只起显示区域的作用，所以在制作遮罩层上的内容时，只需考虑它的大小和形状，无须计较它的颜色。

遮罩层上的对象可以是图形、组合体、文本或元件等各种形式。它既可以是静止的，也可以是各种运动状态的，同样包括逐帧动画、补间动画、引导线动画等。

但线条作为遮罩层上的内容，不提供显示区域范围的作用。若要用线条做遮片，必须选择“修改”→“形状”→“将线条转换为填充”命令，把笔触转换为填充。

（3）实现遮罩效果。实现遮罩效果的方法是：在遮罩层（位置在上面的图层）的图层名上右击，在弹出的快捷菜单中选择“遮罩层”命令，其下方的另一个图层自动成为被遮罩层，如图 3-37 和图 3-38 所示。

正由于遮罩层和被遮罩层都可以是动画，通过设置两个图层的相对运动就可以做出很多的特效。

3. 制作遮罩动画

下面通过两个简单的动态文字效果来说明遮罩动画的制作方法。

1）动态显示的文字

（1）新建文件，在图层 1 上输入如图 3-45 所示的文字。

（2）新建图层 2，在上面绘制如图 3-46 所示无边框矩形。将绘制的矩形移至文字的上方，完全遮挡住文字。

制作遮罩动画

图 3-45　输入文字

图 3-46　绘制矩形

（3）在图层 2 的第 20 帧处插入关键帧，图层 1 的第 20 帧处插入帧。将图层 2 第 1 帧上的矩形向左压缩到如图 3-47 所示大小与位置。在两关键帧上创建形状补间动画，实现矩形由左向右逐渐变化的效果。

（4）在图层 2 上右击，在弹出的快捷菜单中选择“遮罩层”命令将其设置为遮罩层。

（5）测试动画，会发现图层 1 上的文字正自左向右慢慢显示出来。

2）活动背景的文字

（1）新建文件 1，在图层 1 上导入一张图片到舞台。

(2) 新建图层 2，输入文字，文字与图片的相对位置如图 3-48 所示。

制作遮罩动画

图 3-47　压缩矩形

图 3-48　文字与图片的相对位置

(3) 选中图片，按 F8 键将其转换为图形元件。

(4) 在图层 1 的第 20 帧处插入关键帧，并在两帧间创建传统补间动画，在“属性”面板中设置顺时针旋转。

(5) 在图层 2 的第 20 帧处插入帧，并将图层 2 设置为遮罩层。

(6) 测试动画，会发现文字背景的运动。如图 3-49 所示，活动背景的截图。

活动背景的文字　活动背景的文字　活动背景的文字

图 3-49　活动背景的文字

3.2.3　帧的类型和作用

构成 Flash 动画的基础就是帧，根据人的“视觉暂留”特性，快速播放一组连续的静止图片就可以产生动画效果。Flash 动画正是用帧来存放静止的图片，通过连续播放实现动画效果的，因此在整个动画的制作过程中，实际上主要是对“时间轴”面板中帧的操作来完成对舞台中对象的控制。

1. “时间轴”面板

Flash 动画是按时间顺序来进行的。“时间轴”面板是 Flash 动画制作的重要工具，用于组织文档中的资源以及控制文档内容随时间的变化，位于舞台的上方，如图 3-50 所示。

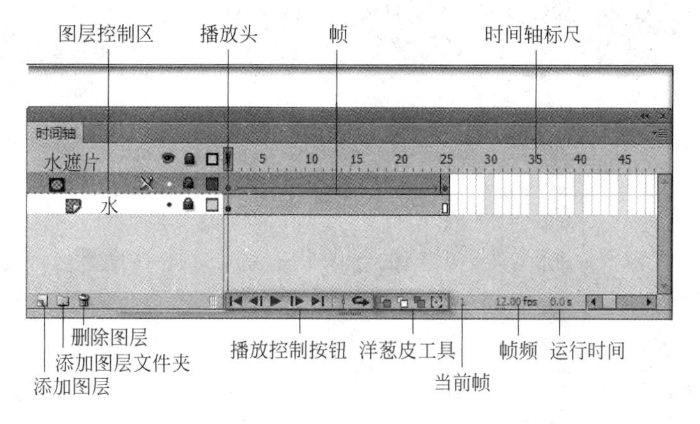

图 3-50　“时间轴”面板

图层控制区位于“时间轴”面板的左侧，主要用于对图层进行编辑操作。图层控制区由图层和图层编辑按钮组成，通过这些按钮可以进行新建图层、删除图层，以及改变图层顺序等操作，详细操作方法将在后面的单元中介绍。

“时间轴”面板的右侧区域用于对帧进行编辑操作，包含3个部分：上面部分是播放头和时间轴标尺，中间部分是帧的编辑区，下面部分是时间轴状态。“时间轴”面板各部分的功能如表3-1所示。

表3-1 “时间轴”面板各部分的功能

名称	功能
播放头	用于指示当前舞台中显示的帧，在播放Flash文档时，播放头从左向右跑
时间轴标尺	用于指示帧的编号
播放控制按钮	用于测试动画时，控制播放进度
洋葱皮工具	通过这些洋葱皮工具可以看到整个动画的帧序列
当前帧	用于表示当前帧所在的位置
帧频	用于表示每秒钟播放的帧数，数值越大，动画播放越快
运行时间	用于表示从开始帧播放到当前帧所需要的时间

通过“时间轴”面板右上角的按钮，可以打开帧视图菜单，选择相应的命令控制帧的显示状态。

2. 帧的类型与作用

在“时间轴”面板的帧编辑区内可设置帧的类型。在Flash中，帧的类型可以分为关键帧、空白关键帧、静态延长帧、未用帧和补间帧等。各类帧在“时间轴”面板中的显示如图3-51所示。

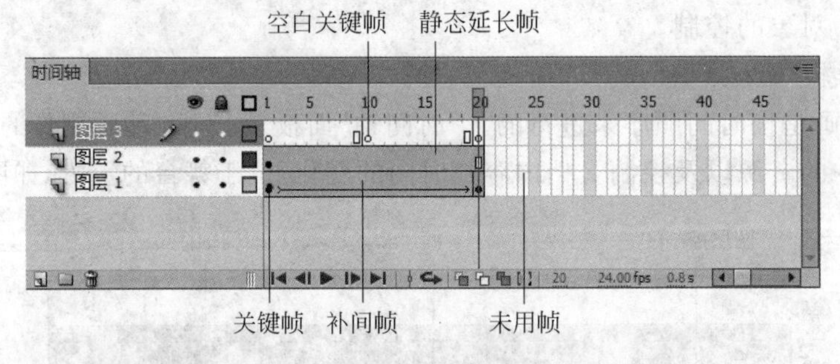

图3-51 各类帧在“时间轴”面板中的显示

1）关键帧

关键帧是用来定义动画在某一时刻的新的状态的，动画中的变化都是在关键帧中定义。当前关键帧对应舞台上应用的内容。由于Flash文档会保存每一个关键帧中的内容，所以只应在内容发生变化的点处创建关键帧。在时间轴上以实心圆点标识。

2）空白关键帧

空白关键帧与关键帧概念一样，只是空白关键帧当前对应的舞台上没有相关对象。在时间轴上以空心圆点标识。

3）静态延长帧

静态延长帧用于延长上一个关键帧的播放状态的时间，它所对应的舞台不可编辑。在时间轴上显示为灰色区域。

4）未用帧

未用帧是时间轴上没有使用的帧。

5）补间帧

补间帧是创建了补间动画后，在两个关键帧之间形成的，由从左到右的箭头标识，包含由前一关键帧过渡到后一关键帧的所有中间帧。

3.2.4　编辑帧

帧是表现在“时间轴”面板上的小格，因此帧的创建与编辑基本上都是通过“时间轴”面板来完成的，动画设计者通过编辑帧来实现动画在时间上的顺序。

1. 添加帧

在 Flash CS6 中，在“时间轴”面板中需要插入关键帧的位置，按 F5 键可以插入静态延长帧，按 F6 键可以插入关键帧，按 F7 键可以插入空白关键帧。

或者通过选择“插入”→“时间轴”命令，在子菜单中选择“帧”“关键帧”“空白关键帧”选项即可在选定的位置插入相应的帧。

在“时间轴”面板中需要插入关键帧的位置右击，在弹出的快捷菜单中选择“插入帧”“插入关键帧”“插入空白关键帧”命令也可在选定的位置插入相应的帧。

2. 选择帧

在 Flash CS6 中，如果需要编辑某一帧的对象，就需要选择该帧。选择单帧，直接在“时间轴”面板上单击要选择的帧即可。通过对这一帧的选择就选中了该帧对应的舞台中的所有对象。

按住 Ctrl 键的同时单击要选择的帧，可以选择多个帧。要选择连续的多个帧，可以在“时间轴”面板上拖曳鼠标进行选择。按住 Shift 键的同时单击另外一个帧可以同时选中以这两个帧为对角的矩形区域的所有帧。单击层列表中图层的名字可以选中该层上的所有帧。

3. 移动帧

在 Flash CS6 中，如果需要改变某些帧在“时间轴”面板上的位置，可以移动帧。首先选中需要移动的某一帧或帧序列，然后将其拖曳到“时间轴”面板中的新位置即可。选择的帧或帧序列连同帧的内容将一起被移动。

4. 剪切帧、复制帧、粘贴帧、删除帧和清除帧

选中要进行操作的帧或帧序列，右击会弹出如图 3-52 所示快捷菜单，选择相应的选项即可实现帧的剪切、复制、粘贴、删除与清除。

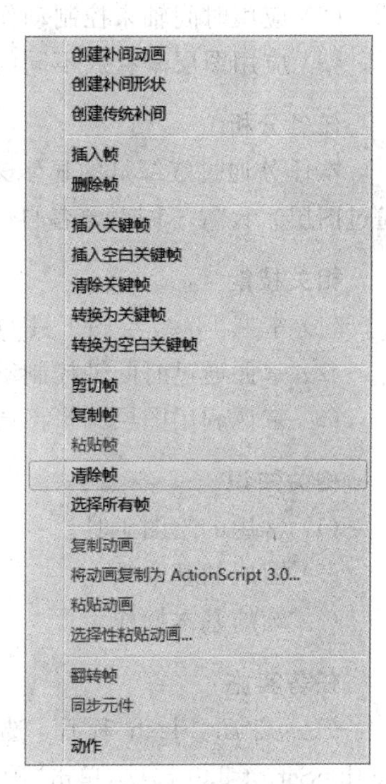

图 3-52　帧操作快捷菜单

注意：清除帧并不是将帧删除了，而是删除了帧上的内容，被清除的帧自动转换为空白关键帧。清除关键帧，则是将被清除的关键帧转换为普通帧。

5. 翻转帧

通过使用“翻转帧”命令，可以将选中的帧序列反向排列，最终的效果是倒着播放动画。选择要进行操作的帧序列右击，在弹出的快捷菜单中选择“翻转帧”命令即可将选中的帧逆序排列。

6. 设置帧频

帧频是指每秒钟播放的帧数，用以设定动画的播放速率。帧频太小会产生停顿感，帧频太大则不容易看清楚。卡通动画播放的标准是12fps，Flash文档默认的帧频就是12fps，允许的最大速率是120fps。

选择“修改”→“文档”命令，或按Ctrl＋J组合键可以弹出“文档设置”对话框，在“帧频”文本框中输入相应的数字即可设置文档的播放速率。

3.3 任务7 制作“遵守交规”动画

3.3.1 任务综述与实施

任务介绍

制作“遵守交规”动画。

(1) 在Flash中绘制各种动作对象。

(2) 应用时间轴来控制动作对象的运动顺序。

(3) 应用图层来存放不同的对象。

任务分析

本任务通过红绿灯的显示来设置动作对象的动作顺序，通过时间轴上的帧来实现。通过图层来设置不同对象各自的动作。

相关技能

(1) 掌握Flash绘图工具的使用方法，绘制各种对象。

(2) 掌握通过时间轴控制动画顺序的方法。

(3) 掌握利用图层编辑不同对象的方法。

相关知识

(1) 常用的绘图工具。

(2) 图层的基本操作。

(3) 帧的基本操作。

任务实施

(1) 启动Flash程序，选择“文件”→“新建”命令，在弹出的对话框中选择ActionScript 3.0选项，单击“确定”按钮，并将文件保存为“遵守交规.fla”文件，文档背景设为浅灰色。

(2) 将图层1命名为“斑马线”,在第1帧上绘制如图3-53所示斑马线。锁定图层。

(3) 新建图层“红绿灯”。在图层绘制如图3-54所示红绿灯。锁定图层。

图3-53 绘制斑马线

图3-54 绘制红绿灯

(4) 新建图层“车跑”。绘制如图3-55所示3幅汽车图形,分别保存为“卡车”“救护车”“赛车”“跑车”图形元件。

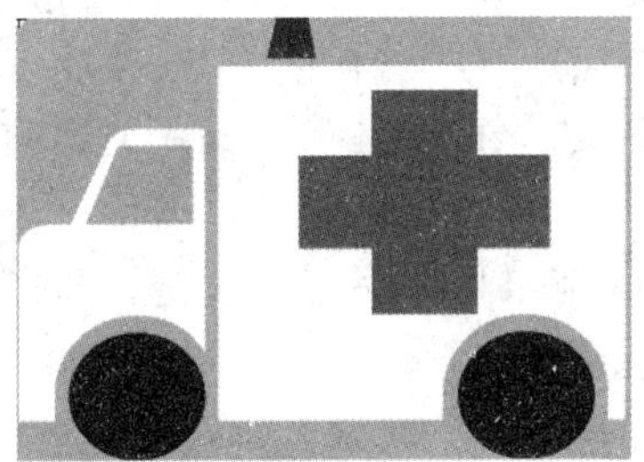

图3-55 绘制汽车图形

(5) 创建新元件,绘制如图3-56所示人物形象,分别命名为“男静”“女静”图形元件。

(6) 创建影片剪辑元件“男走”。将图形元件“男静”拖入其第1帧,并按Ctrl+B组合键将其分离。在第3帧处插入关键帧,在第4帧处插入帧。分别调整第1帧和第3帧人物姿态,制作出走路的动作,如图3-57所示。

(7) 同样的方法创建并制作影片剪辑元件“女走”。两关键帧的姿态如图3-58所示。

图3-56 绘制静止人物

图3-57 “男走”动作

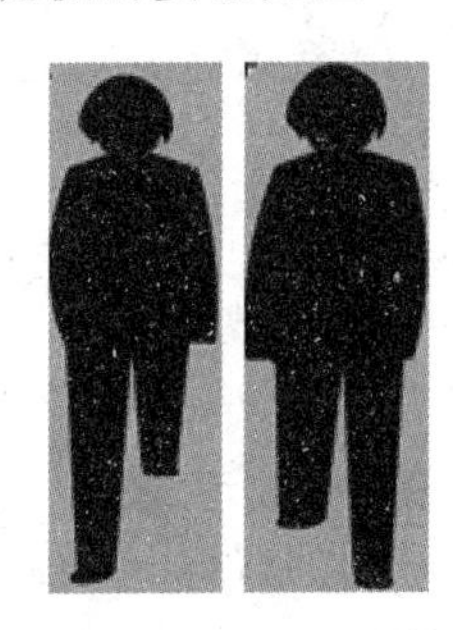

图3-58 “女走”动作

(8) 返回主场景。将“红绿灯”图层解锁。分别在第 1、13、15、17、19、21、23、25、65 帧处插入关键帧。将第 1 帧和第 65 帧设为绿灯;为实现黄灯闪烁效果,将第 13、17、21 帧处设为黄灯亮;第 15、19、23 帧处灯都不亮;第 25 帧处设为红灯。4 种灯的状态效果如图 3-59 所示。

图 3-59 红绿灯效果

(9) 复制第 13～25 帧,在第 110 帧处插入空白关键帧,在此处粘贴复制的帧。

(10) 编辑“车跑”图层。删除“车”图层上的所有帧。在第 28 帧处按 F7 键插入空白关键帧,从库中将“跑车”拖到舞台左侧。在第 38 帧处按 F6 键插入关键帧,并将“跑车”移到舞台右侧。两帧间创建传统补间。

在第 39 帧处按 F7 键插入空白关键帧,从库中将“救护车”拖到舞台右侧。在第 48 帧处按 F6 键插入关键帧,并将“救护车”移到舞台左侧。两帧间创建传统补间。

在第 49 帧处按 F7 键插入空白关键帧,复制第 28～38 帧,将其粘贴到第 49 帧处,并将第 59 帧移到第 55 帧处。通过“属性”面板,更改第 49 帧和第 55 帧处“跑车”的颜色。

在第 56 帧处插入空白关键帧,将“赛车”从库中拖到舞台右侧。在第 68 帧处插入关键帧,将“赛车”拖到舞台左侧。两帧间创建传统补间。

(11) 新建图层“车停”。在第 45 帧处插入空白关键帧,将“卡车”从库中拖到舞台左侧,并进行水平翻转。在第 64 帧处插入关键帧,将“卡车”移到斑马线的左侧。两帧间创建传统补间。

在第 125 帧和第 140 帧处插入关键帧,将第 140 帧处的“卡车”拖到舞台右侧。两帧间创建传统补间。

(12) 新建图层“男”。将影片剪辑“男走”拖到图层的第 1 帧,并将原件放在舞台上方。在第 49 帧处插入关键帧,将元件拖到斑马线之外。两帧间创建传统补间。在第 75 帧、第 105 帧中插入关键帧,并将第 105 帧处的元件移到舞台下方。两帧间创建补间动画。

在第 50 帧处插入空白关键帧。将图形元件“男静”拖入其中,位置和大小与第 49 帧处“男走”元件一致。

(13) 新建图层“女”。将影片剪辑“女走”拖到图层的第 1 帧,并将原件放在舞台下方。在第 65 帧处插入关键帧,将元件拖到斑马线之下。两帧间创建传统补间。在第 78 帧、第 140 帧中插入关键帧,并将第 140 帧处的元件移到舞台上方。两帧间创建补间动画。

在第 66 帧处插入空白关键帧。将图形元件“女静”拖入其中,位置和大小与第 65 帧处“女走”元件一致。

(14) 新建图层“文本”。在斑马线的下面输入“人人遵守交通规则!”文字,在第 26 帧处插入关键帧,在红绿灯的左侧写上“宁停三分,不抢一秒!”字样。

(15) 在各图层的第 140 帧处按 F5 键插入帧。

(16) 如图 3-60 所示,依次是第 1、32、42、60、85 和 132 帧处的舞台对象及其相对位置。

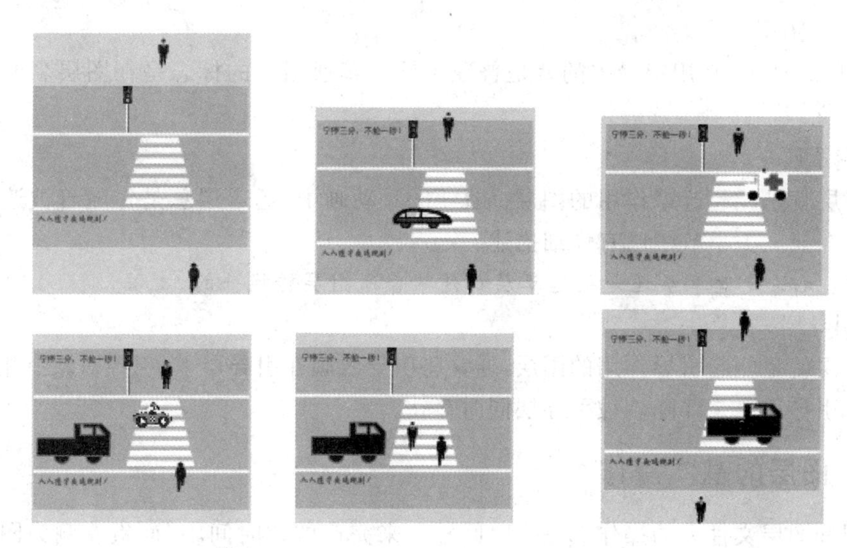

图 3-60　第 1、32、42、60、85、132 帧处的舞台对象及其相对位置

(17) 测试动画。会发现实现了红灯时行人停在路边等待汽车开过，绿灯时汽车停在斑马线边等待行人过马路等人人遵守交通规则的和谐画面。

任务总结

本任务主要通过红绿灯的指示状态来设置动作对象的先后顺序，通过对时间轴上各对象所在图层关键帧的设置来实现动作效果。对象在人物对象的走动状态与停止等待状态应该是不同的元件，在任务中分别用影片剪辑和图形元件来表示，但从走动到停止的过程中，在停止的位置插入关键帧将用图形元件替代影片剪辑，两元件实例的大小与位置应一致。

3.3.2　图层的概念、作用及类型

当 Flash 动画制作需要涉及多个对象时，为了不影响各对象之间的编辑，需要将各对象放在不同的图层上进行处理。本小节介绍图层的相关知识。

1. 图层的概念与作用

图层就好像一层层透明纸相互叠加在一起。在编辑和制作动画时，可以将不同的对象放置在不同的图层中，编辑制作时就不会互相影响了。每个图层都有自己独立的时间轴，包含自己独立的多个帧，各图层中的内容也可以相互联系。使用图层可以清楚地将不同的图形和素材分类。

图层与图层之间可以相互掩映、相互叠加，但是不会相互干扰，图层与图层之间可以毫无联系，也可以创建联系，如遮罩动画、引导动画就是多个层之间相互联系而产生的效果。

创建一个新的 Flash 文档时，默认有一个图层。在制作动画的过程中，可以通过增加新图层来组织动画。

2. 图层的类型

Flash 中的图层分为普通图层、遮罩层和引导层 3 类。

1）普通图层

在 Flash 动画中，用得最多的就是普通图层。普通图层的标志是在图层名的左边有一个图标。

2）遮罩层

遮罩层就是能起遮罩作用的图层。在 Flash 动画中，遮罩层总是伴随着被遮罩层同时出现。在 3.2.1 小节中已有详细描述。

注意：无论是遮罩层还是被遮罩层都是从普通图层转换来的。

3）引导层

引导层就是能起引导作用的图层，通常将引导线画在引导层上，引导对象沿相应的路径运动。引导层总是伴随着被引导层同时存在。

3.3.3 图层的基本操作

图层和图层文件夹的操作都是在时间轴上来完成的，"时间轴"面板左侧为图层控制区，如图 3-50 所示。下面来讲一下图层的新建、删除、选择、复制、移动、重命名、显示、隐藏与锁定等管理操作。

1. 新建、删除图层

单击"时间轴"面板上的"新建图层"按钮，即可新建图层。选择"插入"→"时间轴"→"图层"命令也可插入新图层。

删除图层的方法有以下两种。

（1）选中要删除的图层后，单击"时间轴"面板上的删除图层按钮。

（2）用鼠标将要删除的图层拖到"时间轴"面板上的删除图层按钮处后，松开鼠标。

2. 选择图层

要对图层进行操作，必须先选择图层，也可以说是激活图层。被选中的图层会呈蓝色，同时显示铅笔图标，表明该图层目前处于可编辑状态。

在图层控制区单击想要选择的图层，或在想要选择的图层中的任一帧上单击即可选中图层；单击舞台上的某个对象，则该对象所在的图层即被选中。

按住 Ctrl 键的同时，单击需要选择的图层名，可以选择多个不连续的图层。

按住 Shift 键的同时，先后单击起始图层和终止图层的图层名，即选中了两图层之间的所有图层。

3. 复制图层

在 Flash 中没有直接的复制图层命令，一般通过帧的复制粘贴来达到复制图层的效果。

1）运用弹出菜单复制图层

单击要复制的图层的图层名，此时该层的所有帧都处于选中状态，再用鼠标右击该图层上被选中的任一帧，在弹出的菜单中选择"复制帧"命令，然后新建图层，用鼠标右击新图层的第 1 帧，在弹出的菜单中选择"粘贴帧"命令，此时就完成了图层的复制。

由复制得到的图层不仅内容跟原图层一致，而且图层名也相同。

2）通过"编辑"菜单复制图层

选中要复制的图层，选择"编辑"→"时间轴"→"复制帧"命令，再新建图层，在新图层的第 1 帧，选择"编辑"→"时间轴"→"粘贴帧"命令同样能实现图层的复制。

4. 移动图层

移动图层实现的是图层前后顺序的调整。移动图层的方法是将光标置于要移动的图层上，按住鼠标左键拖动它到目标位置松开鼠标即可。

5. 重命名图层

Flash 在创建新图层时，按照默认的名称为图层依次命名，为了更好地区分每一个图层的内容，可以根据图层的内容为图层重命名。

在原图层名上双击鼠标，图层名称就变成可编辑状态，重新输入新的名称就完成了图层的重命名。

也可以通过"图层属性"对话框为图层重命名。

6. 显示、隐藏图层

在制作动画时，有时候在对某一图层的对象进行编辑时，其他图层对象的显示会给编辑操作带来不便，此时可以选择将影响操作的图层隐藏。

单击"时间轴"面板中的"显示或隐藏所有图层"按钮 可隐藏所有图层。选择要隐藏的某一图层，单击"时间轴"面板上"显示或隐藏所有图层"按钮 下方当前图层处的实心圆点，即可隐藏当前图层，被隐藏的图层显示 ✕ 图标。单击 ✕ 图标即可将被隐藏的图层显示出来。

7. 锁定图层

当设计者已经完成了某些图层的内容，而这些内容在一段时间内需要被编辑时，为了避免对这些内容的误操作，可以将这些图层锁定。

选择要锁定的图层，单击"时间轴"面板上"锁定或解除锁定所有图层"按钮 下方当前图层上的实心圆点，即可将当前图层锁定，被锁定的图层显示 图标，单击该图标即可解除图层的锁定状态。

8. 以轮廓方式显示图层内容

编辑图层内容时，为了既不让其他图层的对象挡住视线，又可以看到其他图层上对象的相对位置，可以通过显示图形轮廓作为参考以方便编辑，经常会用到以轮廓线方式显示图层内容的方法。

选择要显示轮廓的图层，在"时间轴"面板中单击"将所有图层显示为轮廓"按钮 下方该图层上的彩色小矩形，即可将当前图层设置为以轮廓线显示，再次单击，可恢复为正常显示。双击彩色小矩形则可以重新设置当前图层轮廓线的颜色。

9. 设置图层属性

用鼠标右击图层名称，在弹出的菜单中选择"属性"命令，或者双击图层名称前的 图标，即可弹出如图 3-61 所示"图层属性"对话框。

从该对话框中可以看出我们可以对图层的下列属性进行重新设置。

（1）"名称"文本框：可修改图层名称。

（2）"显示"复选框：可以将图层设置为可见或隐藏。

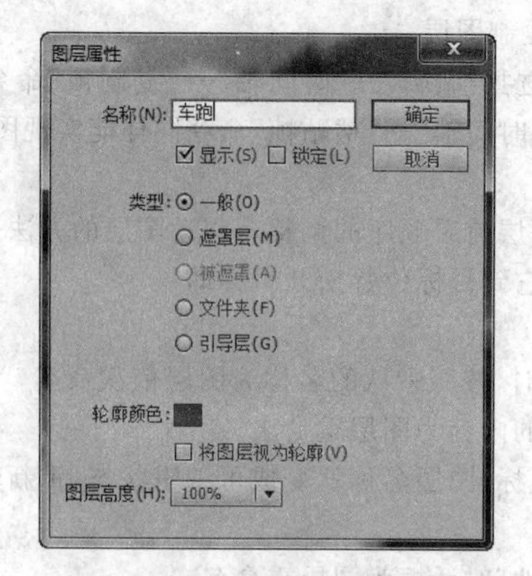

图 3-61 “图层属性”对话框

(3)“锁定”复选框：可以将图层设置为锁定或解锁图层。

(4)“类型”选项组：可以改变图层类型，实现图层类型的转换。

(5)“轮廓颜色”选项：可以通过拾色器重新设置图层上图形的轮廓线颜色。

(6)“将图层视为轮廓”复选框：可以确定本图层上的图形是否只显示轮廓线。

(7)“图层高度”下拉列表框：可以调整图层显示的高度。

由此可以看出，要系统地修改图层属性，运用“图层属性”对话框操作应该是比较方便的。

3.4 单元小结

本单元结合 3 个具体任务对元件、实例、库进行了剖析讲解；同时还结合具体任务讲解了在时间轴上利用图层管理、控制动作对象，利用帧控制动作状态及动作顺序的方法，还引入了遮罩动画的概念，并结合具体实例讲解了遮罩动画的制作方法。

元件是 Flash 动画中最基本的动作对象，有图形元件、影片剪辑元件、按钮元件 3 种基本类型。时间轴包括图层和帧两部分内容，它按照时间顺序组织和控制动画内容。

通过本单元的学习，掌握 3 类元件的使用方法，掌握用图层来组织管理动画对象的方法，掌握用帧来控制动作状态及动作顺序的方法，能在设计制作 Flash 作品时灵活地应用这些方法。

3.5 习题与思考

一、填空题

1. 创建新元件的快捷方式是________，将选定对象转换为元件的快捷方式是________。

2. 在 Flash 中，插入帧的快捷键是________，插入关键帧的快捷键是________，插入空白关键帧的快捷键是________。

3. 在Flash中有两种特殊的图层，它们是________和________。

4. 在Flash中元件分为________、________和________3种类型。

5. 要选取多个不连续的图层，可在按住________键的同时在“时间轴”面板中单击它们的名称。

6. 在图层操作中，为了避免误编辑其他图层中的内容，可以将该图层________。

二、思考题

1. 熟悉元件的各种编辑方法，并试着采用这些方法对现有元件进行编辑。

2. 如何利用遮罩层实现放大镜效果？

三、上机操作题

1. 在两个不同图层上分别插入不同的对象，建立遮罩，看看遮罩与被遮罩之间有什么关系。解除遮罩，调整图层顺序重新建立遮罩看看与第一次创建的遮罩有什么区别。

2. 如图3-62所示，在库中创建内容，包括位图、文件夹、各种元件等。

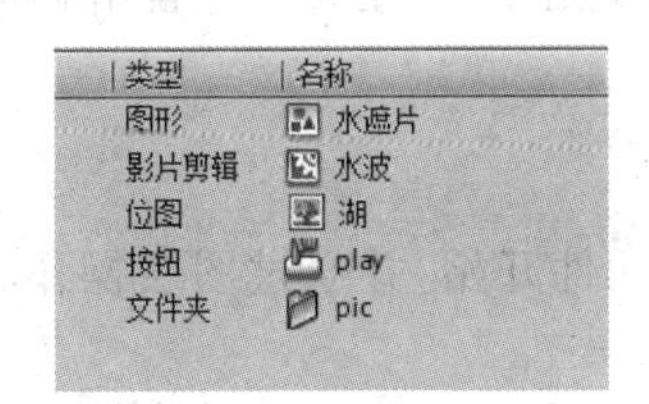

类型	名称
图形	水遮片
影片剪辑	水波
位图	湖
按钮	play
文件夹	pic

图3-62　完成后的库

第 4 单元

复杂动画的制作

4.1 任务 8 手绘图形制作“思绪飞扬”

任务介绍

手工绘制一个动画场景，表现出海鸥在大海上自由翱翔的画面，并且使画面整体效果看起来美观有意境。

任务分析

制作该动画先从绘制各个元件开始，并通过图层操作将各个元件组合起来构成一个整体的画卷。

相关技能

(1) 熟悉元件、实例和“库”面板应用。

(2) 掌握插入关键帧等帧操作。掌握图层的操作。

相关知识

(1) 普通遮罩层，引导动画的控制。

(2) 图形对象的优化和修改。

(3) 选择对象，移动、复制和删除对象，变形对象等操作方法。

任务实施

(1) 启动 Flash 程序。

(2) 创建一个新文件，设置文档大小为 600 像素×350 像素，背景色为淡蓝色或自定一种颜色，其文档属性默认或自定。将新文件保存为“思绪飞扬.fla”。

(3) 将图层 1 命名为“天空”，绘制一个 600 像素×350 像素的无边框矩形，填充为由上至下的蓝白渐变，如图 4-1 所示。锁定图层。

(4) 新建“水波”图层，用绘图工具绘制一波纹形状，转换为影片剪辑“波”。双击进入影片剪辑“波”，在第 40 帧处插入关键帧，并将波形自左向右平移，在第 1 帧处创建补间形状，做出波移动的效果，如图 4-2 所示。

(5) 回到场景中，从库中再拖入两个影片剪辑“波”，分别调整 3 个波的位置和颜色及大小，水平翻转其中的一个波，并调整其运动方向和其他两个波的方向相反，得到波纹的

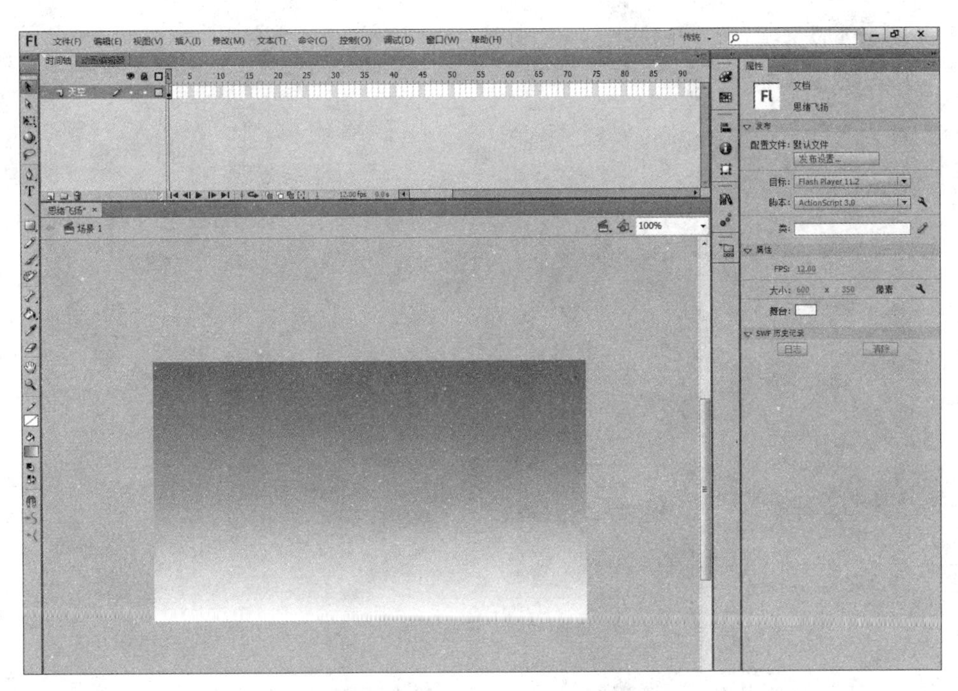

图 4-1　渐变无边框矩形效果

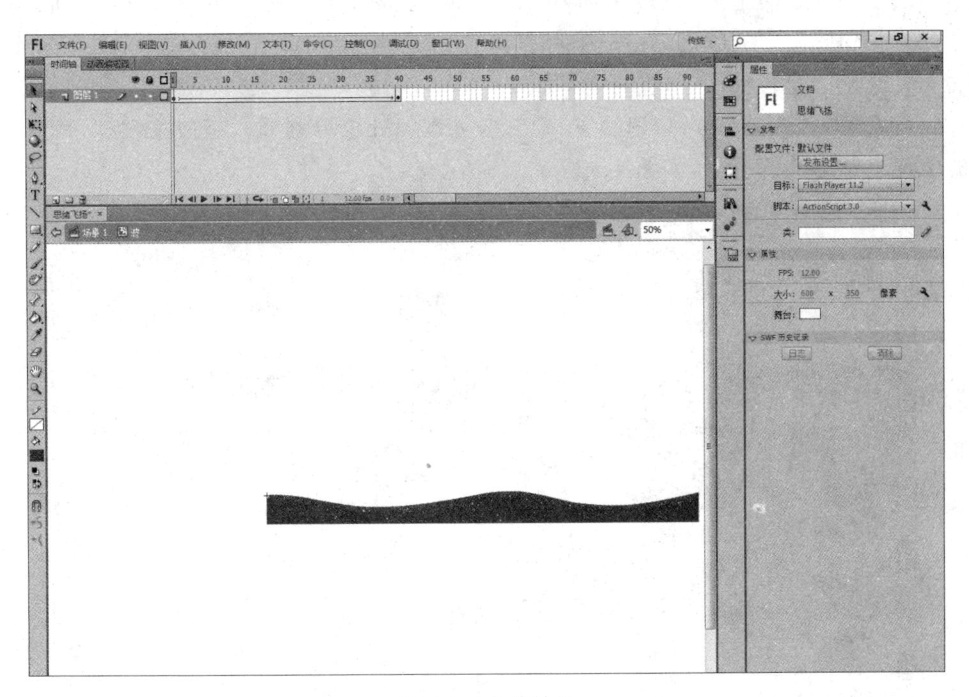

图 4-2　水波效果

效果，如图 4-3 所示。

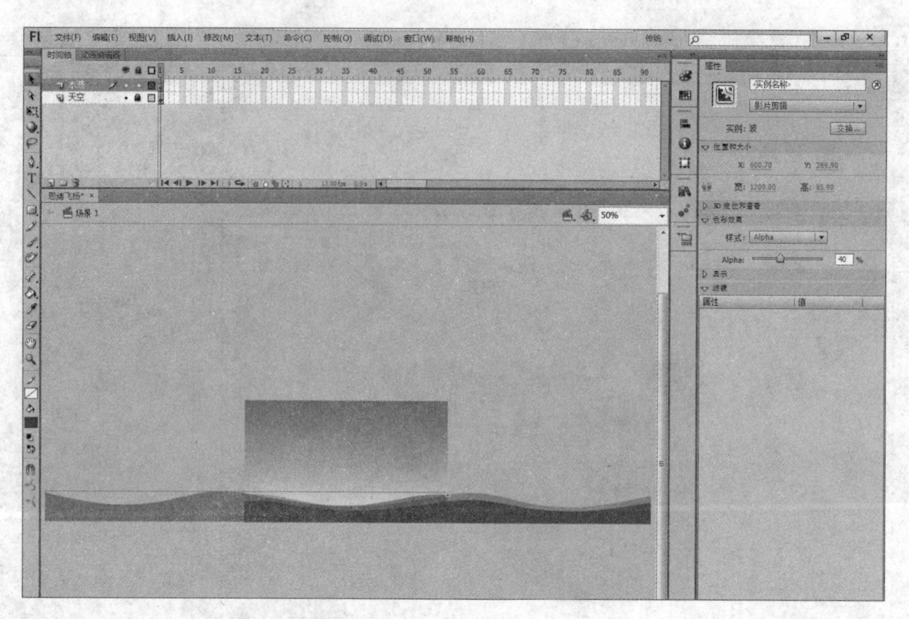

图 4-3 波形位置

(6) 新建一个影片剪辑“挥翅的海鸥”。舞台背景填充颜色，将图层 1 命名为“翅膀”，在第 1 帧绘制翅膀向上的状态，在第 10、20、50 帧处插入关键帧，在第 5、15 帧处插入空白关键帧绘制翅膀向下的状态，在第 25 帧插入空白关键帧绘制翅膀展开的状态，在第 45 帧处插入关键帧。在各帧间创建补间形状。

(7) 新建图层“躯干”，在“翅膀”层中的各关键帧处也分别插入空白关键帧，在翅膀对应的位置绘制海鸥的躯干，如图 4-4 所示。

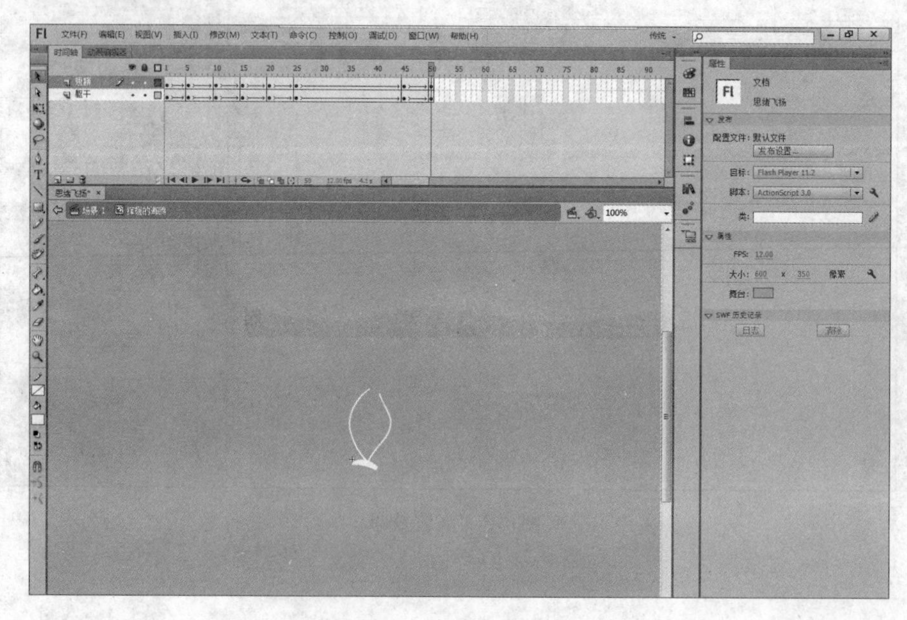

图 4-4 海鸥各帧状态

(8) 回到场景 1，新建“海鸥”图层，将库中“挥翅的海鸥”拖到舞台右侧，右击“挥翅的海鸥”，在弹出的快捷菜单中选择“转换为元件”命令，转换成影片剪辑“飞翔的海鸥”，双击进入，将图层 1 命名为“挥翅的海鸥”。

(9) 右击“飞翔的海鸥”图层，在弹出的快捷菜单中选择“添加传统运动引导层”命令，命名为“曲线”，在“曲线”图层中随意绘制一条曲线，在第 200 帧处插入普通帧。单击“挥翅的海鸥”图层，将影片剪辑“挥翅的海鸥”元件中心对准曲线的右端点。在第 200 帧处插入关键帧，将元件移到曲线的左端点。创建传统补间。

(10) 经测试，可发现海鸥沿着曲线移动，如图 4-5 所示。

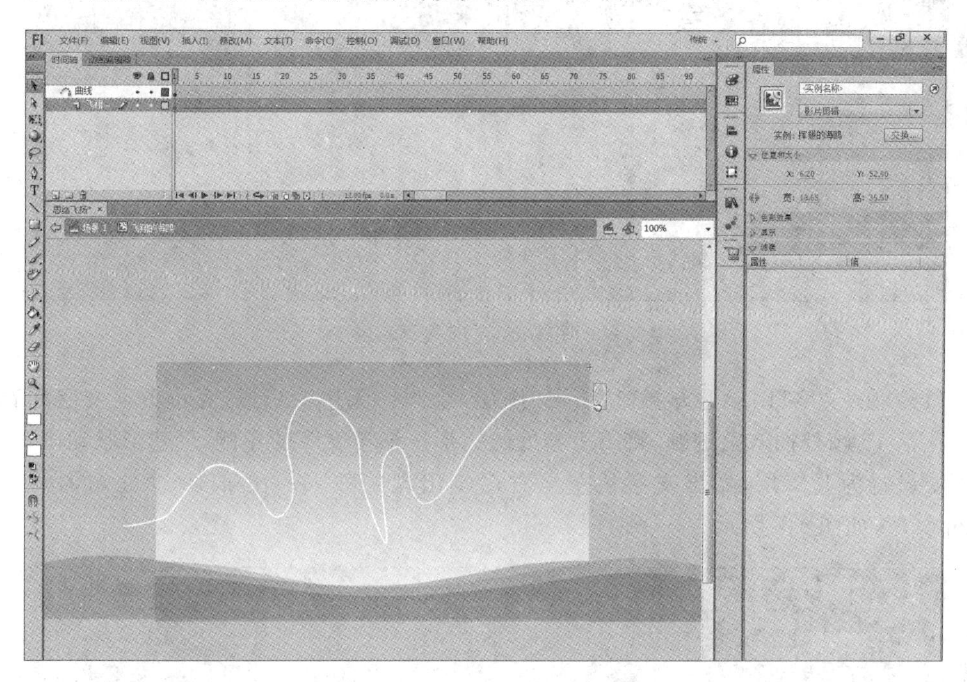

图 4-5　运动引导海鸥飞翔轨迹

为了使效果更好，可以用同样的方法制作“飞翔的海鸥 2”，使它的飞行轨迹有所不同。

(11) 新建“线”图层，用矩形工具绘制一无边框白色细长矩形(此处不要用直线工具绘制)，转换为影片剪辑“走线”。双击进入“走线”，选中白色细长矩形，将它转换为图形元件“线”。分别在第 20、40、70 帧处插入关键帧，并调整各关键帧的矩形位置，创建传统补间，做出线左右快速晃动的效果。

(12) 新建图层 2、图层 3，分别在第 20 帧和第 15 帧处插入空白关键帧，从库中拖入图形“线”，并做出各线的不同的运动轨迹，再调整各线的粗细、位置及透明度，如图 4-6 所示。

(13) 新建“文字”图层，在舞台上输入“思绪飞扬”文字，转换为影片剪辑“思绪飞扬”，双击进入，将图层 1 命名为“文字”，在“文字”图层的下方新建“背景”图层，绘制一黑色边框的矩形作为背景。

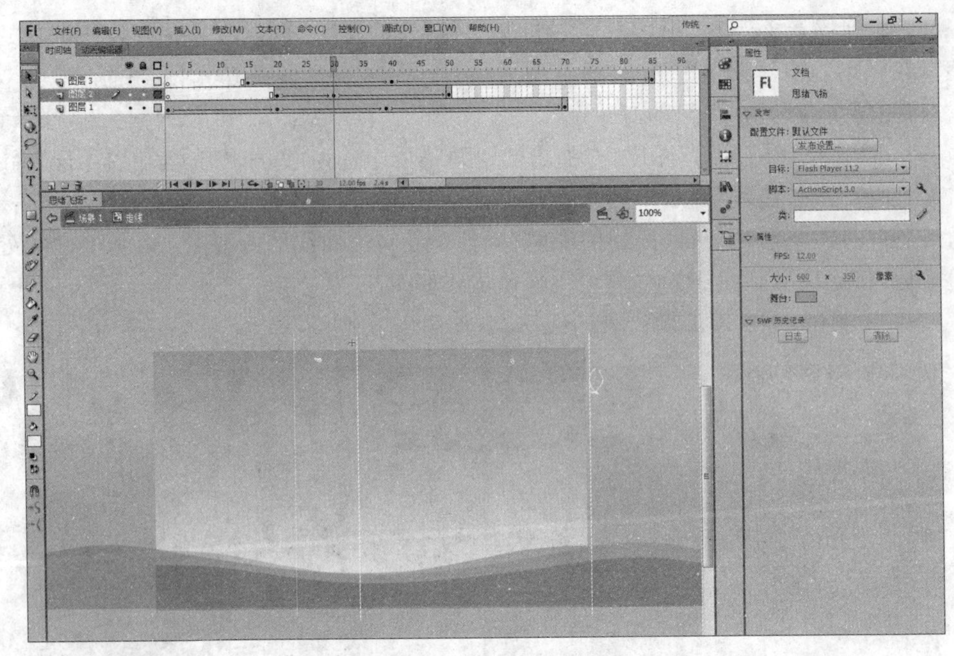

图 4-6 走线效果

(14) 在“文字”图层上方新建“矩形”图层，绘制一无边框矩形，大小覆盖文字和背景层。在第 15 帧处插入关键帧，将第 1 帧处的矩形压缩至文字的左侧，创建形状动画，并将矩形层设置为遮罩层，做出文字从左至右逐步出现的效果。在第 15 帧处添加帧动作“stop();”，如图 4-7 所示。

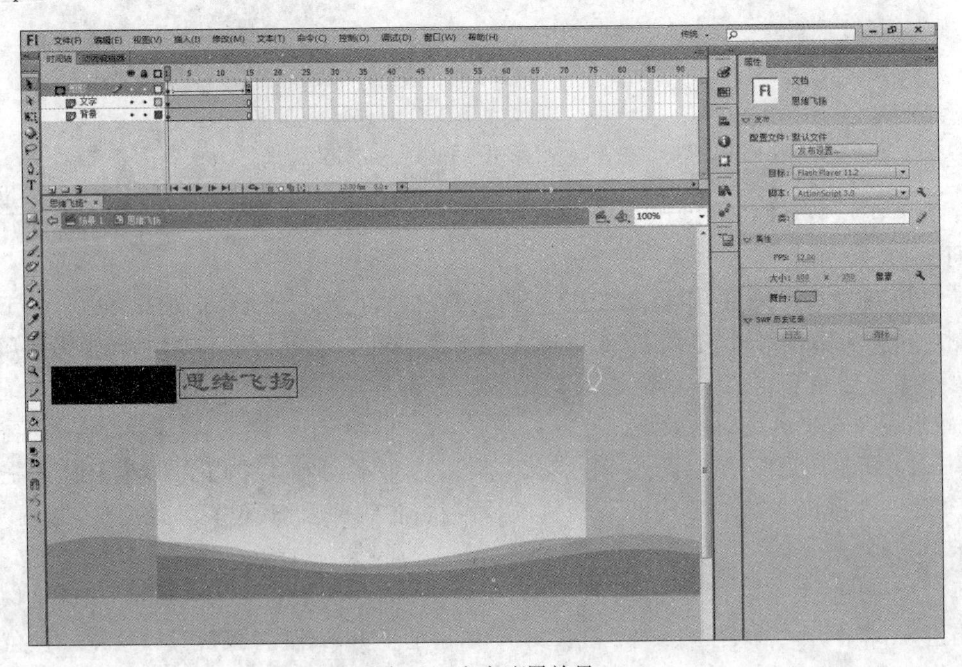

图 4-7 文字遮罩效果

(15) 回到场景 1 中,调整元件“思绪飞扬”的大小和位置。

(16) 新建“边框”图层,尝试为动画做一个电视框。

(17) 测试、修改、调整动画,进行发布设置并保存动画。

任务总结

本任务主要依靠元件的绘制和使用,并通过图层的操作使各个对象有层次感,其中重点在于补间、遮罩和运动引导的综合应用。

4.2　任务 9　应用骨骼工具制作“奔跑的人”

4.2.1　任务综述与实施

任务介绍

在本任务中,运用骨骼工具调整每帧内图形元件的位置,来制作一个“奔跑的人”动画。

任务分析

建立一个骨骼动画,利用骨骼工具可以将一系列元件实例通过骨骼连接在一起,然后通过旋转或移动相应骨骼或元件实例来创建人物奔跑的骨骼动画。在绘制各元件时,要注意符合人体比例特点,不要过长或过短。

相关知识

(1) 骨骼工具的作用。

(2) 制作骨骼动画需要注意的问题及技巧。

任务实施

(1) 启动 Flash 程序。

(2) 创建一个新文件,设置文档大小为 400 像素×550 像素,其余属性默认。将新文件保存为“奔跑的人.fla”。

(3) 新建一个名称为“头”的图形元件。单击工具箱中的椭圆工具和矩形工具,在舞台中绘制头部。

(4) 再创建一个名称为“身”的图形元件,用矩形工具在舞台中绘制身体,并用选择工具进行局部微调,如图 4-8 所示。

图 4-8　身

(5) 依次建立并绘制“臀”“大腿左”“大腿右”“小腿左”“小腿右”“上臂左”“上臂右”“前臂左”“前臂右”“左脚”“右脚”等元件。

(6) 回到场景 1,分别拖放各元件进入场景 1,如图 4-9 所示。

(7) 选择工具,从“身”开始,为人物添加骨骼,如图 4-10 所示。

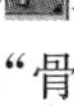

(8) 右击“骨架”图层的第 5 帧,插入姿势,调整骨骼及各个元件位置,如图 4-11 所示。

(9) 陆续在第 10、15、20、25 帧处插入姿势,完成一组奔跑的连续动作,如图 4-12 所示。

图 4-9 奔跑第 1 帧状态

图 4-10 添加骨骼

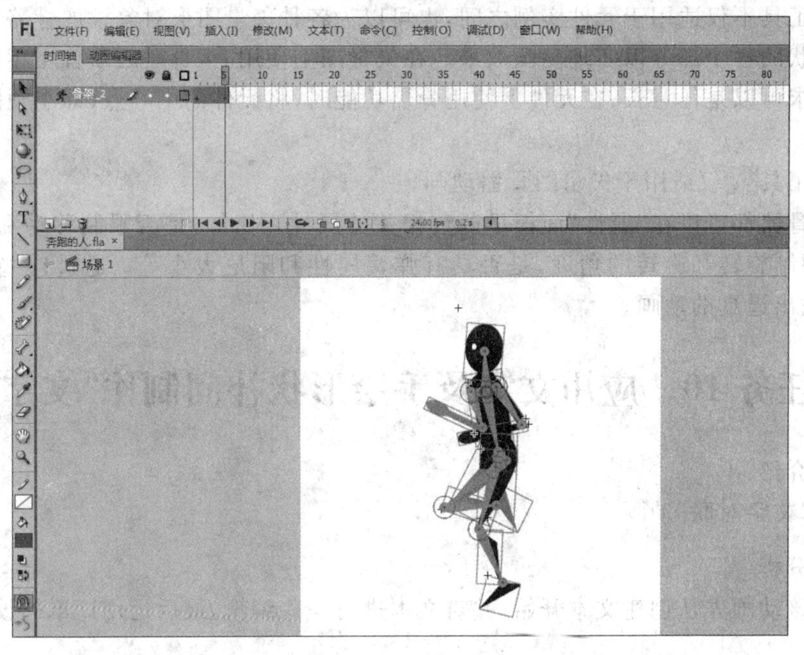

图 4-11　插入姿势后的调整效果

图 4-12　奔跑过程的动作分解

(10) 完成本任务制作，按 Ctrl+Enter 组合键观看效果。

任务总结

本任务是一个很典型的快速跑动的动画，不只是正常比例的人物，Q 版的人物或拟人化的小动物的跑动都可以参照本任务来制作。

4.2.2　骨骼工具

1. 骨骼工具的作用

Flash 的骨骼工具提供了对骨骼动力学的有力支持，采用反动力学原理，利用骨骼工具实现的多个符号或物体的动力学连动状态就构成骨骼动画。骨骼工具的最大功能就是体现人物或动物运动的姿势，对于体现动作具有一定的逼真效果。

2. 制作骨骼动画需要注意的问题及技巧

骨骼工具只能和 ActionScript 3.0 文档配合使用。

骨骼工具不仅适用于元件实例之间，也可以为各种矢量图形对象添加骨骼，通过骨骼来移动形状的各个部分以实现动画效果。在矢量图上使用时，骨骼必须首尾相接，骨骼的长度按需求可以是任意长；在元件上使用骨骼功能时，将元件的中心点(即小圆圈)移动到关节点上。

绑定工具仅适用于矢量图骨骼动画。

每根骨骼都可以在“属性”面板里调整相关的属性。比如，是否限制移动和移动的范围，是否限制旋转和旋转的角度，是否具有弹簧属性和阻尼大小等。通过这些属性的设置，可以做出逼真的动画。

4.3 任务10 应用文字及手绘形状补间制作“文字对联”

任务介绍

制作“文字对联”动画。

任务分析

制作该动画先从创建文本开始，并对文本进行一些编辑，最后运用遮罩的技术做出对联的效果。

相关技能

(1) 熟悉文本创建和文本区域属性的设置。

(2) 掌握插入关键帧等帧操作。

(3) 掌握图层的操作。

相关知识

了解静态文本、输入文本和动态文本的区别。

任务实施

(1) 启动 Flash 程序。

(2) 创建一个新文件，设置文档大小为 270 像素×430 像素，背景色自定，其文档属性默认或自定。

(3) 将新文件保存为“文字对联.fla”。

(4) 选择文本工具，在“属性”面板中设置文本字体、大小及颜色，选择静态文本，垂直，字符间距自动调整。

(5) 将其转换为元件“对联”，类型为“影片剪辑”，如图 4-13 所示。

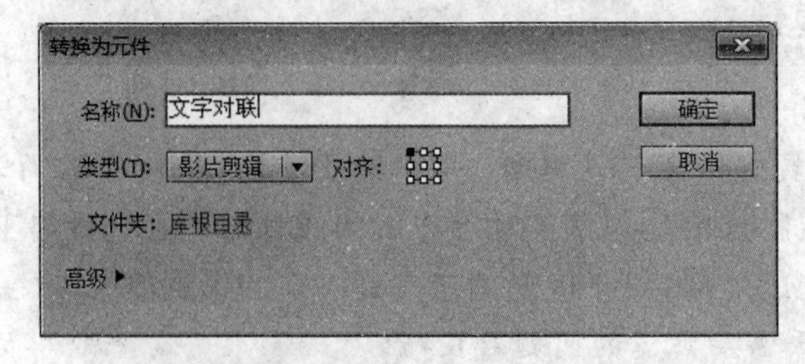

图 4-13 “转换为元件”对话框

(6) 进入“对联”元件编辑窗口，设置文字投影、发光等效果，如图 4-14 所示。

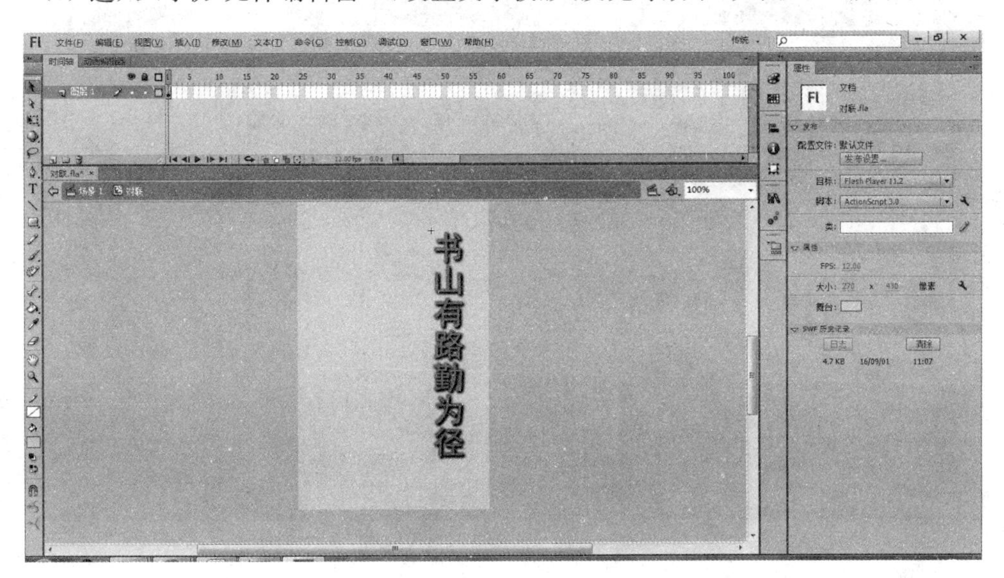

图 4-14　文字效果

(7) 在文字层下方新建另外几个图层，绘制不同颜色的矩形，为文字做出对联卷轴的效果，如图 4-15 所示。

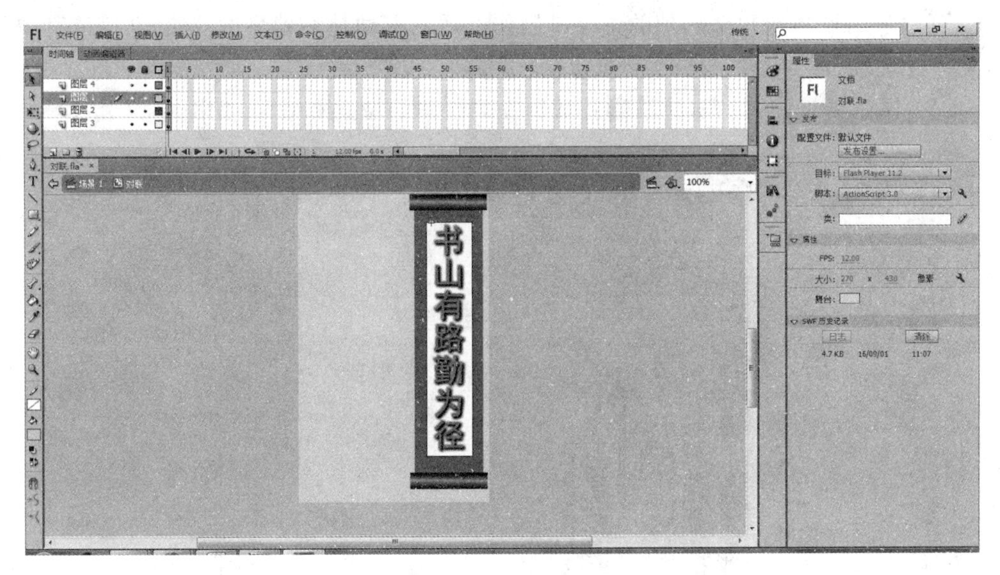

图 4-15　对联卷轴效果

(8) 在文字层上方，新建一遮罩层，绘制一矩形，大小位置以覆盖住对联为准。在第 20 帧处插入关键帧，将第 1 帧处的矩形压缩到上联的上方，在第 1 帧和第 20 帧间创建形状补间。将本层设置为遮罩层。

(9) 将其他各层设置为被遮罩层。在各层的第 80 帧处插入帧(使对联展开后停留一些时间)，如图 4-16 所示。

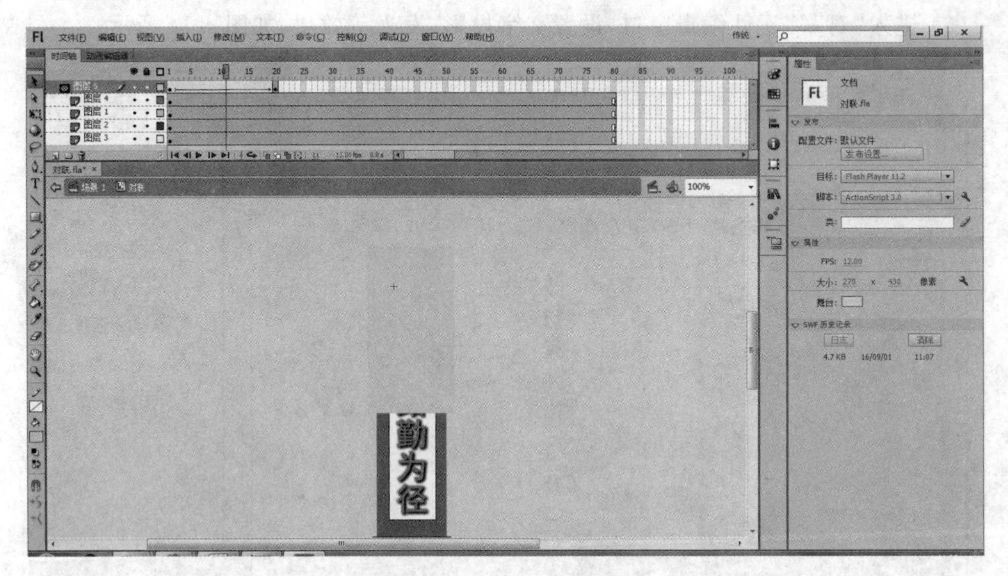

图 4-16 为对联设置遮罩

(10) 同样的方法制作"下联"的遮罩效果。为了错开上下联的展开顺序，下联从第 35 帧处开始制作。

(11) 新建图层，在第 35 帧处插入空白关键帧，用同样的方法制作"下联"。为了方便起见，可以采用复制帧和粘贴帧的方法来制作。适当移动粘贴帧后的位置，并修改其中的文本为"学海无涯苦作舟"。

(12) 回到场景中，调整、测试影片剪辑在舞台中的位置和效果，如图 4-17 所示。

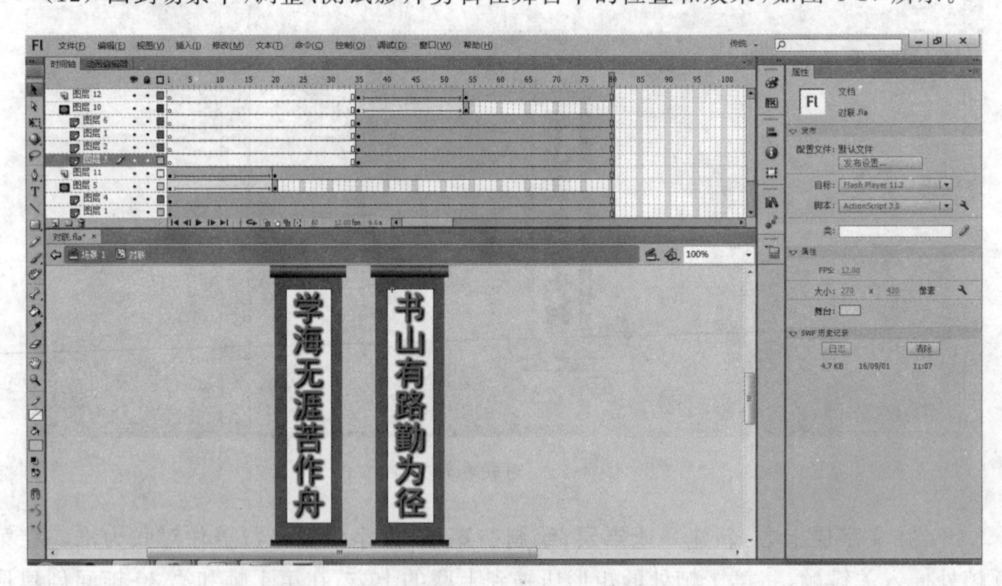

图 4-17 最终效果

任务总结

本次任务主要是文本的应用，读者可以根据自己的喜好设置文本的滤镜效果，通过遮罩层的应用使文字表现出不同的动画效果。

4.4 任务 11 制作形状补间动画“杜鹃花开”

任务介绍

制作“杜鹃花开”动画。

(1) 在 Flash 中绘制杜鹃花。

(2) 应用形状补间动画制作杜鹃花慢慢开放的效果。

任务分析

首先要在舞台上绘制花的各种形状，还要绘制枝、叶等。然后制作相应的元件，花生长并开放的效果用形状补间动画来实现。每一朵花分别由花托和花组成，各自放在不同的图层上，分别制作出形状补间动画效果，注意两者在时间上的关系。

相关技能

(1) 掌握 Flash 绘图工具的使用方法。

(2) 掌握形状补间动画的制作方法。

相关知识

(1) 常用的绘图修图方法。

(2) 影片剪辑元件的创建、编辑。

(3) 形状补间动画的制作。

任务实施

(1) 启动 Flash 程序，选择“文件”→“新建”命令，在弹出的对话框中选择 ActionScript 3.0 选项，单击“确定”按钮，并将文件保存为“杜鹃花开. fla”文件，文档属性默认。

(2) 新建一 550 像素×400 像素大小的 Flash 文件，背景白色。

(3) 新建影片剪辑元件“花”。

(4) 进入影片剪辑“花”编辑区。从下至上依次创建“后右花瓣”“后中花瓣”“后左花瓣”“花蕊”“花蕾”“花托”“前右花瓣”“前左花瓣”8 个图层，效果如图 4-18 所示。

图 4-18 “花”元件的图层

(5) 在“花蕾”图层的第 1 帧绘制一椭圆，在第 10、20、30、40、50 帧上用选择工具将椭圆依次调整为如图 4-19 所示轮廓。

(6) 为“花蕾”图层的第 1、10、20、30、40、50 帧上依次填充颜色，并删除轮廓线，得到如图 4-20 所示效果。

图 4-19 “花蕾”图层各帧形状　　图 4-20 “花蕾”图层各帧效果

(7) 将“花蕾”图层设置为只显示图层轮廓。

(8) 在“后左花瓣”图层的第 10 帧处插入空白关键帧绘制椭圆，第 20、30、40、50 帧处依次用选择工具调整为如图 4-21 所示紫色轮廓。

(9) 为“后左花瓣”图层的第 10、20、30、40、50 帧上依次填充颜色，并删除轮廓线，得到如图 4-22 所示效果。

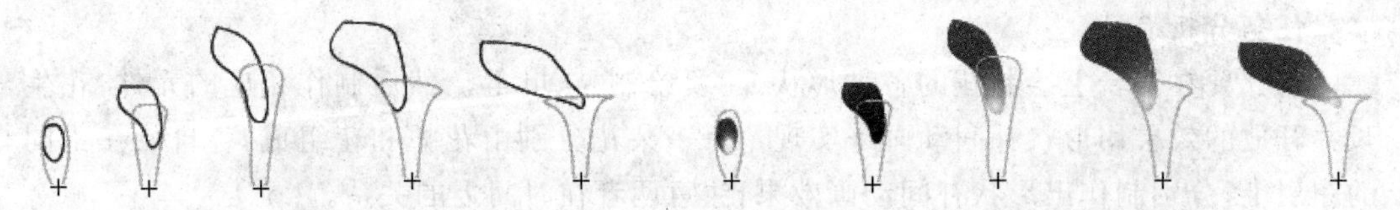

图 4-21 “后左花瓣”图层各帧轮廓　　图 4-22 “后左花瓣”图层各帧效果

(10) 在“后中花瓣”图层的第 10、20、30、40、50 帧处依次用钢笔工具绘制如图 4-23 所示黑色轮廓。

(11) 为“后中花瓣”图层的第 10、20、30、40、50 帧上依次填充颜色，并删除轮廓线，得到如图 4-24 所示效果。

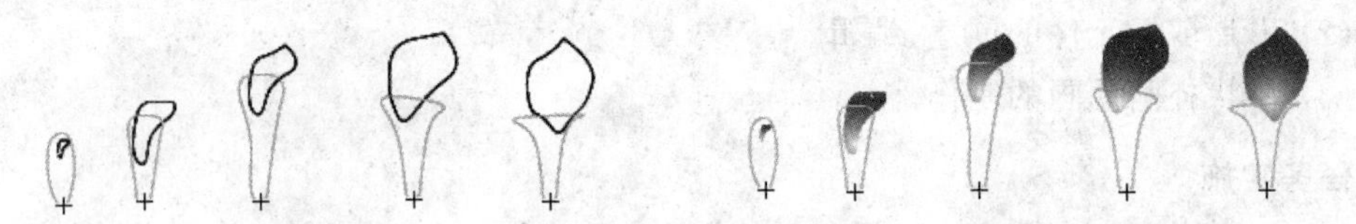

图 4-23 “后中花瓣”图层各帧轮廓　　图 4-24 “后中花瓣”图层各帧效果

(12) 在“后右花瓣”图层的第 10、20、30、40、50 帧处依次用钢笔工具绘制如图 4-25 所示粉色轮廓。

(13) 为“后右花瓣”图层的第 10、20、30、40、50 帧上依次填充颜色，并删除轮廓线，得到如图 4-26 所示效果。

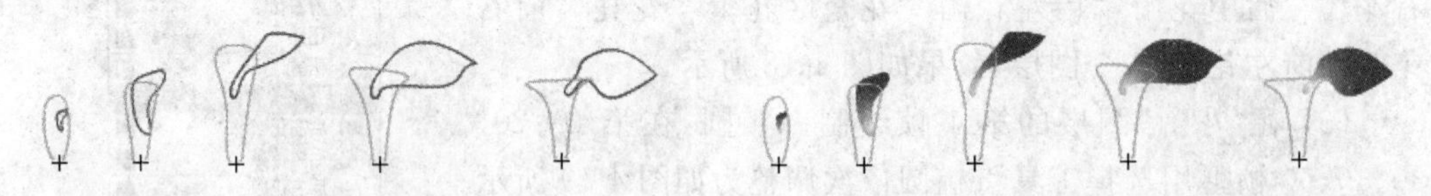

图 4-25 “后右花瓣”图层各帧轮廓　　图 4-26 “后右花瓣”图层各帧效果

(14) 在“前左花瓣”图层的第 20、30、40、50 帧处依次用钢笔工具绘制如图 4-27 所示红色轮廓。

(15) 为“前左花瓣”图层的第 20、30、40、50 帧上依次填充颜色，并删除轮廓线，得到如图 4-28 所示效果。

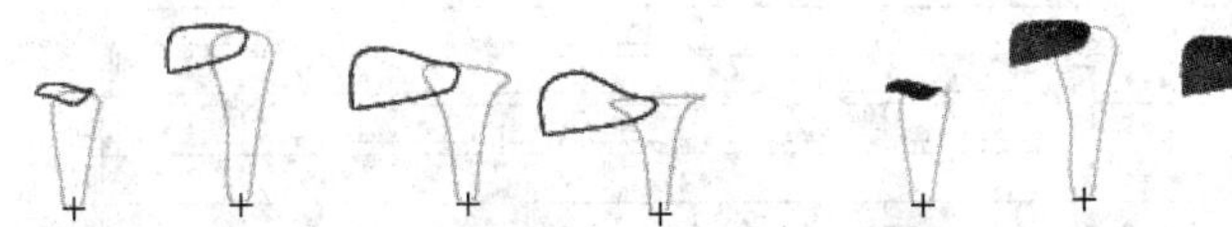

图 4-27　“前左花瓣”图层各帧轮廓　　　图 4-28　“前左花瓣”图层各帧效果

(16) 在“前右花瓣”图层的第 20、30、40、50 帧处依次用钢笔工具绘制如图 4-29 所示黑色轮廓。

(17) 为“前右花瓣”图层的第 20、30、40、50 帧上依次填充颜色，并删除轮廓线，得到如图 4-30 所示效果。

图 4-29　“前右花瓣”图层各帧轮廓　　　图 4-30　“前右花瓣”图层各帧效果

(18) 在“花托”图层的第 1 帧与第 50 帧处绘制如图 4-31 所示花托。

(19) 在“花蕊”图层的第 30 帧绘制如图 4-32 所示花蕊。

图 4-31　花托　　　图 4-32　花蕊

(20) 在“后右花瓣”图层的第 10 帧和第 20 帧之间右击，在弹出的快捷菜单中选择“创建补间形状”命令，如图 4-33 所示。

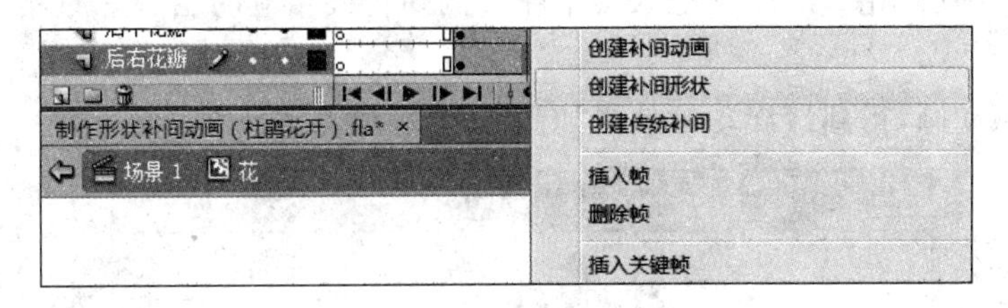

图 4-33　创建形状补间动画

(21) 使用同样的方法，在各图层各关键帧间创建形状补间动画，创建后的时间轴显示如图 4-34 所示。

(22) 此时花影片剪辑中第 1、10、20、30、40、50 帧的效果如图 4-35 所示，完成了杜鹃从花蕾到开放的全过程。

(23) 任选一图层，在第 50 帧处创建帧动作“stop()；”。

(24) 新建图形元件“叶”。

(25) 进入图形“叶”编辑区。自下至上依次创建“叶色”“叶脉”“花蕾”3 个图层。

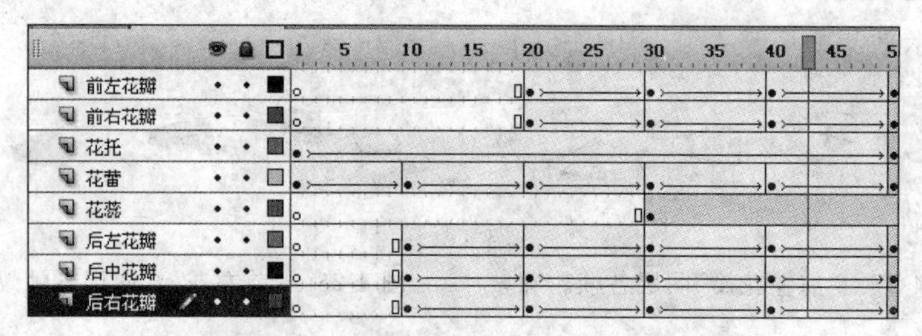

图 4-34 设置完形状补间动画后的时间轴

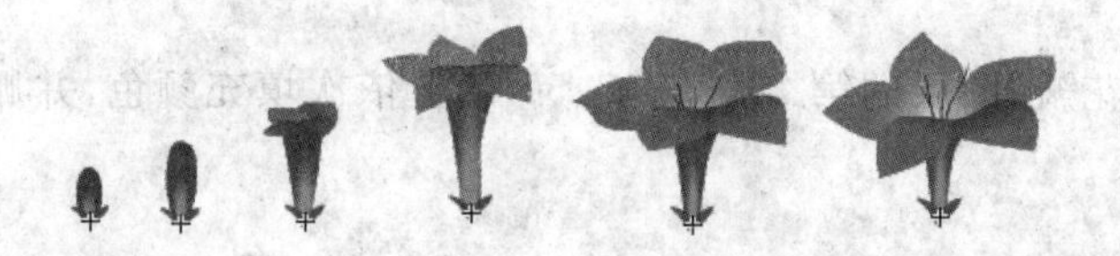

图 4-35 杜鹃开放过程

(26) 在 3 个图层上分别绘制,得到如图 4-36 所示效果。

(27) 返回场景,将图层 1 命名为“枝”,用刷子工具在舞台上绘制如图 4-37 所示花枝。

图 4-36 绘制“叶”元件　　　　图 4-37 绘制花枝

(28) 新建图层“叶”,从库中拖入多个叶实例到花枝相应的位置并调整实例属性。

(29) 新建图层“花”,从库中拖入多个花实例到花枝相应的位置并对实例属性作相应调整。

(30) 测试动画,得到最终动画效果如图 4-38 所示。

图 4-38 制作形状补间动画杜鹃花开

技巧：在做杜鹃花开的时候，会发现有时候花瓣的变形并不能按我们的设想来变。此时，可以使用“添加形状提示”命令来控制几何变化的过程，让动画按我们的设想来变形。形状提示将标识起始形状和结束形状中相对应的点。

为了让花瓣按我们的需要变化，选择起始帧，选择“修改”→“形状”→“添加形状提示”命令。此时，变化前后的两个形状上都会出现标有 a 的红色圆点，如图 4-39 所示。

分别将两个状态上的提示点 a 移到相应的位置，如图 4-40 所示。

可以为动画添加多个形状提示点，分别标识不同的位置，如图 4-41 所示。

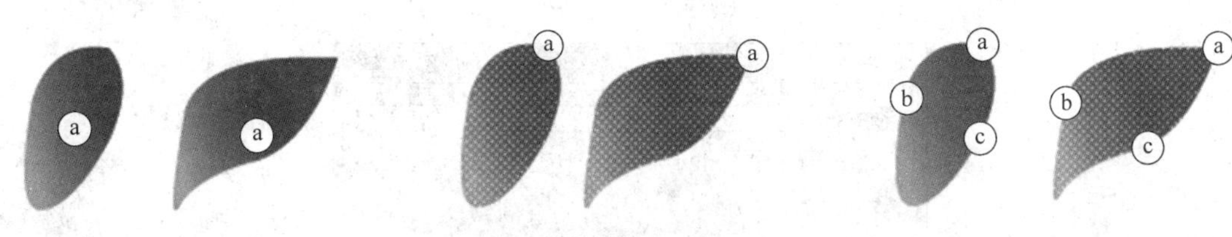

图 4-39　形状提示标识　　图 4-40　设置形状提示点的相应位置　　图 4-41　设置多个形状提示点

此时再测试动画，会发现形状补间动画的变形过程已经按照我们希望的效果实现了。

任务总结

本任务主要通过形状补间动画来实现杜鹃花慢慢开放的效果，由于舞台上需要不同方向开出的花，所以将花开放的过程做成影片剪辑元件，可供方便调用。

注意：形状补间动画的前后两个关键帧只能是形状，不能是组合、元件、位图等。

4.5　任务 12　文字动作补间制作“旋转立体字”

任务介绍

制作“旋转立体字”动画。

任务分析

在制作本任务前应先熟悉文字的变形、分离、填充等基本操作，并运用动画补间技术做出旋转文字的效果。

任务实施

(1) 启动 Flash 程序。

(2) 创建一个新文件，文档属性默认或自定。

(3) 将新文件保存为“旋转立体字. fla”。

(4) 制作立体字部分。

(5) 在舞台上输入任意一个文字，内容、字体、大小、颜色自定。

(6) 将文字转换为图形元件，如图 4-42 所示。

(7) 再将图形元件转换为影片剪辑元件，如图 4-43 所示。

(8) 双击影片剪辑元件，进入“影片剪辑元件”编辑窗口。

(9) 插入两个新图层，将图层 1 的文字色调改为黑色。

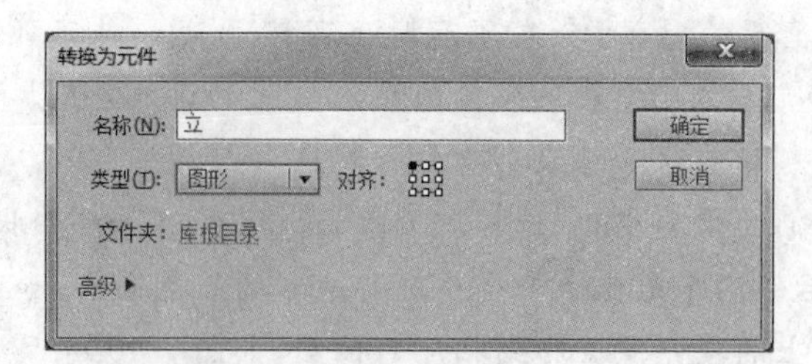

图 4-42 文字转换为图形元件

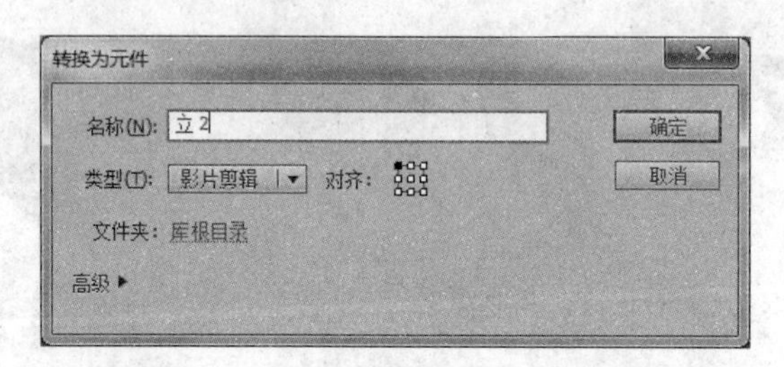

图 4-43 图形元件转换为影片剪辑

(10) 在图层 2、图层 3 插入文字图形元件，分别设置黄色和红色。调整文字位置，形成立体字效果，如图 4-44 所示。

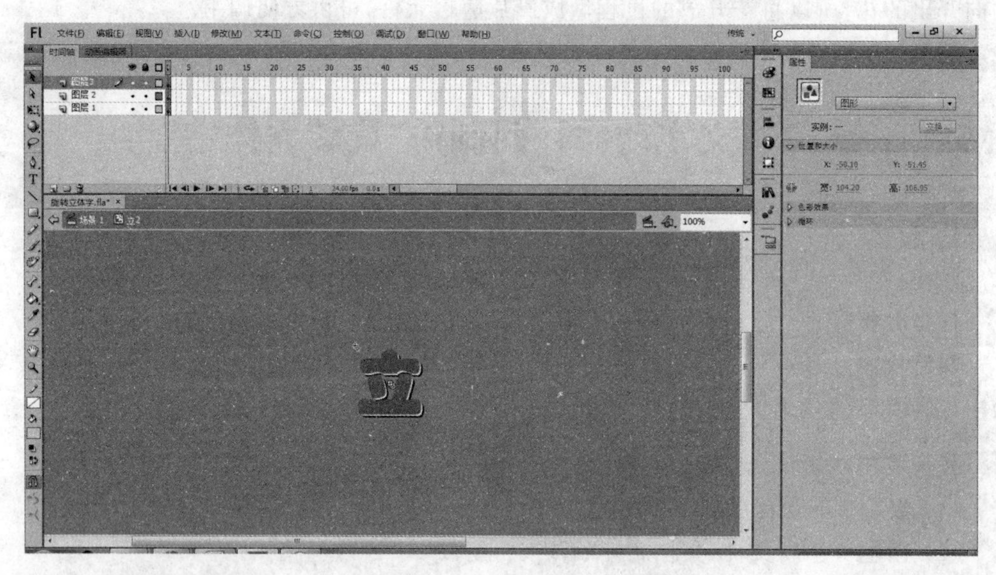

图 4-44 立体字效果

(11) 在 3 个图层的第 15 帧分别插入关键帧。利用“变形”面板，将其宽度分别设为 10%，并插入补间动画，如图 4-45 所示。

(12) 在第 15 帧将顶层红字向左偏移，同时将底层黑字向右偏移。

(13) 在 3 个图层的第 17 帧分别插入关键帧，并将其水平翻转。

(14) 在第 30 帧处插入关键帧，将其宽度还原为 100%，并插入补间动画，如图 4-46 所示。

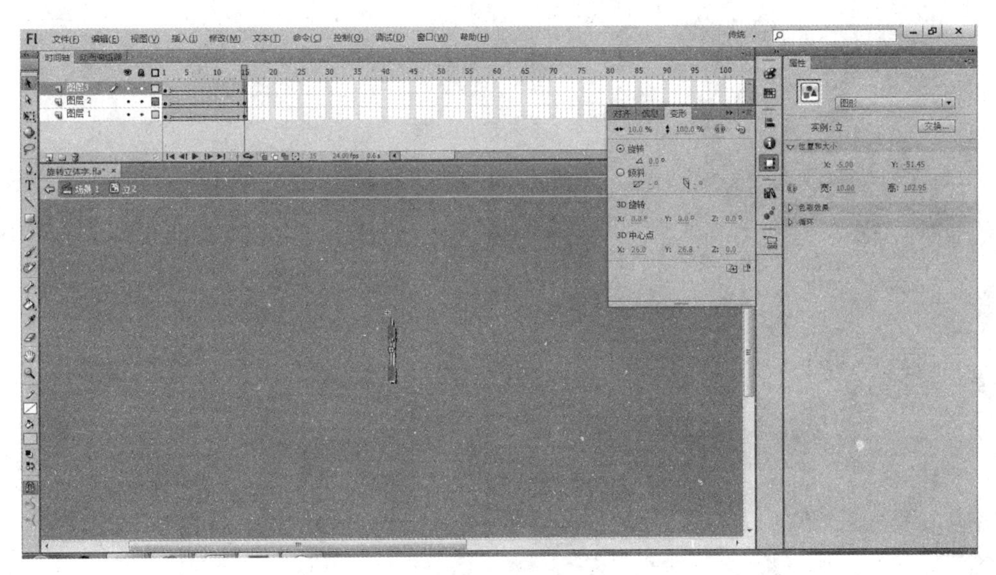

图 4-45　第 15 帧效果

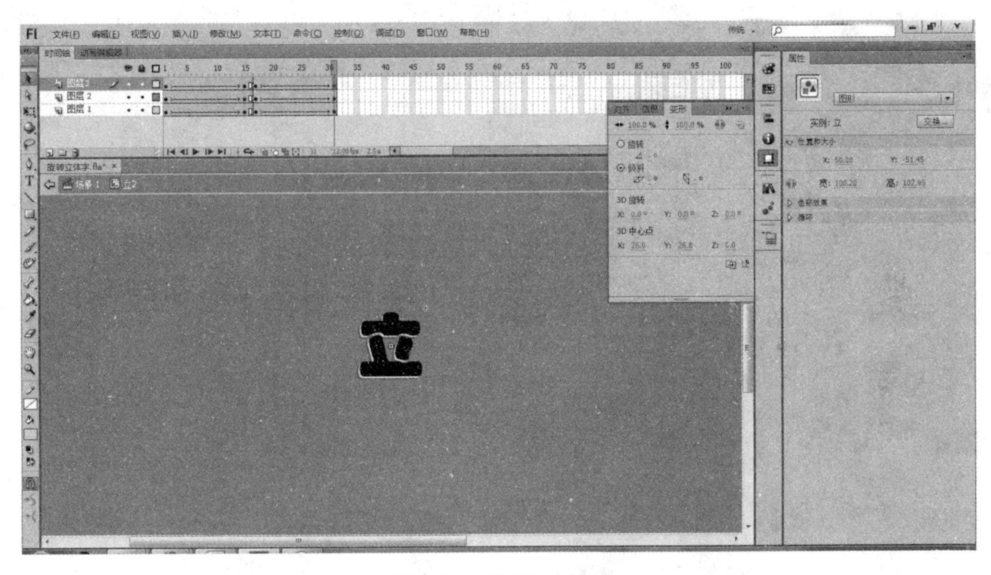

图 4-46　第 30 帧效果

(15) 在第 31 帧插入关键帧，又在第 45 帧处插入关键帧，再将宽度设为 10%。添加补间动画，效果如图 4-47 所示。

(16) 在第 47 帧插入关键帧，并将其水平翻转。再在第 60 帧插入关键帧，并将宽度还原为 100%。添加补间动画，可根据情况调整前后的颜色，效果如图 4-48 所示。

(17) 为了使文字在旋转后有一个停顿，可以在第 60 帧之后添加普通帧到第 80 帧。

(18) 复制、修改文字。

(19) 在“库”面板中分别复制图形元件和影片剪辑元件，并对复制后的元件进行相应的文字编辑修改，如图 4-49 所示。

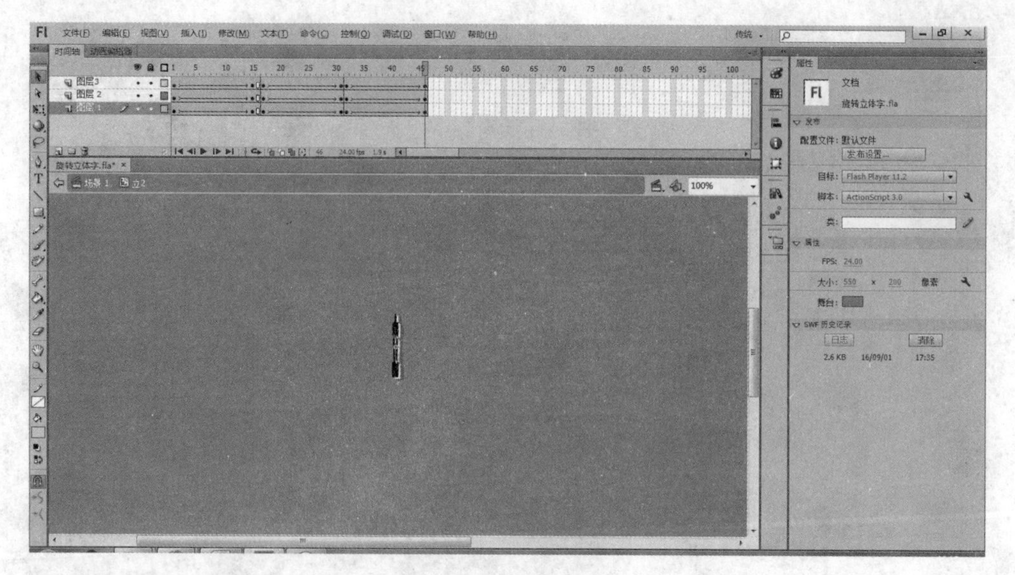

图 4-47　第 45 帧效果

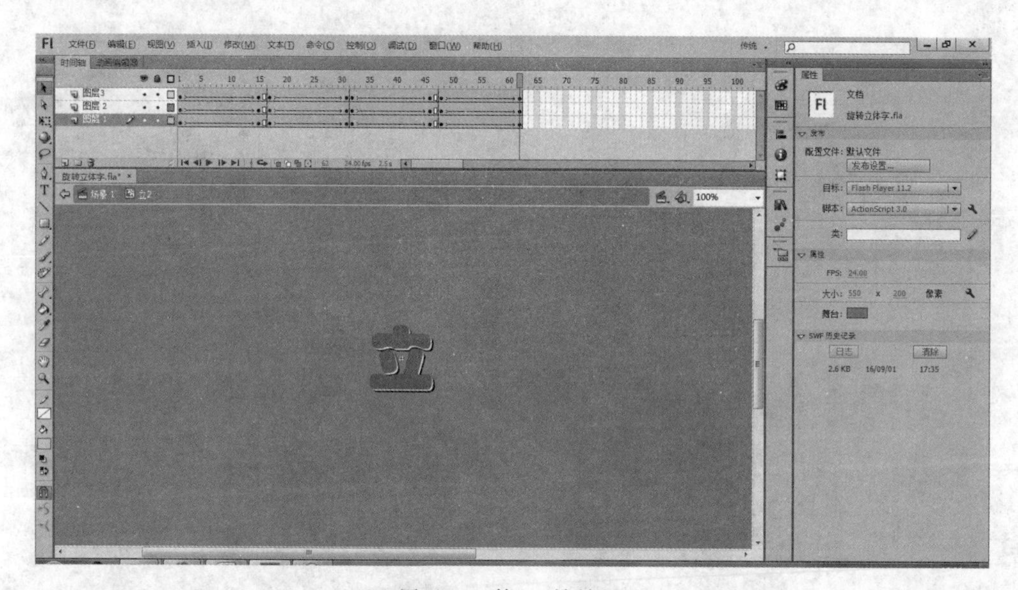

图 4-48　第 60 帧效果

直接复制元件
名称(N): 体2
确定
类型(T): 影片剪辑
取消
文件夹: 库根目录
高级

图 4-49　直接复制元件

(20) 在场景中布置立体字实例,如图 4-50 所示。

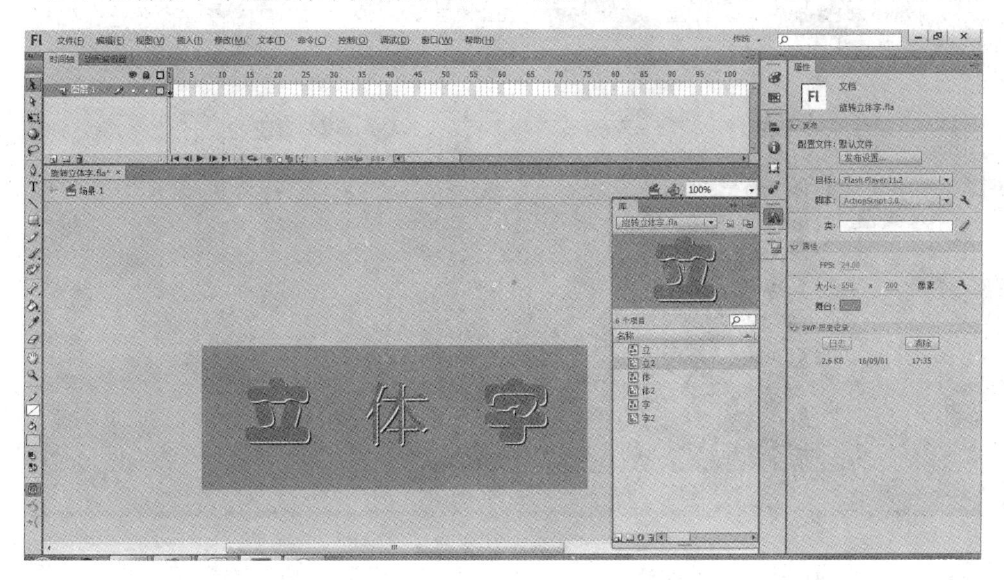

图 4-50　立体字完成效果

任务总结

本任务主要是通过文字的变形和对补间动画的应用实现立体和旋转的效果。读者也可以尝试用类似的方法制作其他文字特效。

4.6　任务 13　引导动画制作“飞鹰”

任务介绍

本任务是应用引导动画来制作“飞翔的雄鹰”效果。

任务分析

制作该动画先从导入外部 GIF 动画开始,利用现成的素材,通过引导动画来达到老鹰飞翔的效果。

相关技能

(1) 掌握外部 GIF 动画的导入。

(2) 掌握运动引导动画的制作过程。

任务实施

(1) 启动 Flash 程序。

(2) 创建一个新文件,文档属性默认。将新文件保存为“飞鹰.fla”。

(3) 导入背景图片到舞台,设置图片大小为 550 像素×400 像素,居中对齐,如图 4-51 所示。

(4) 导入“雄鹰.gif”文件到库,这时,除了有一个“元件 1”影片剪辑外,还有 30 张位图文件,这些便是构成 GIF 动画的每一帧图片了,如图 4-52 所示。

图 4-51　导入图片

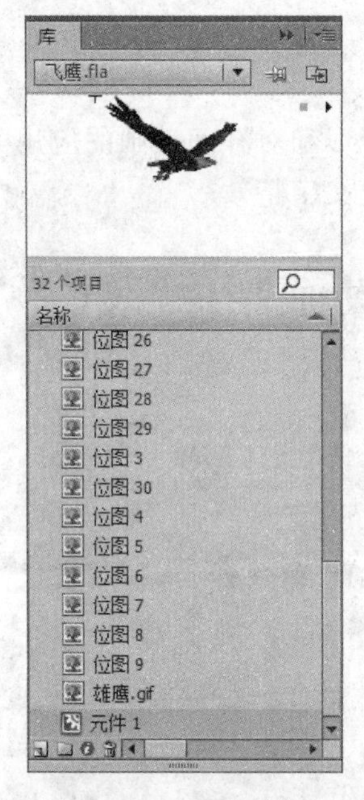

图 4-52　GIF 动画分解

(5) 新建图层 2,将元件 1 拖到舞台上,调整大小和位置,如图 4-53 所示。

(6) 添加运动引导层,画出鹰的运动轨迹,如图 4-54 所示。

(7) 在图层 2 的第 33、34、63、64、100 帧处插入关键帧,其余图层补足 100 帧。分别在各帧上修改飞鹰的位置、大小和状态(注意元件的中心位置要始终在引导线上),并在各帧上创建补间,如图 4-55 所示。

图 4-53　飞鹰位置

图 4-54　飞鹰的运动轨迹

图 4-55 飞鹰在各帧上的位置、大小和状态

(8) 新建图层 4,添加文字说明“飞翔的雄鹰”,文字的制作可以参考任务 12,如图 4-56 所示。

图 4-56 “飞鹰”最终效果

(9) 测试、发布并保存动画。

任务总结

运动引导层动画是在制作 Flash 动画影片时经常用到的一种动画方式。使用引导层,可以使指定的元件沿引导层中的路径运动。一条引导路径可以对多个对象同时使用,一个影片中可以存在多个引导层,引导层中的内容在最后输出的影片文件中不可见。

4.7 任务 14 遮罩动画制作“礼花”

任务介绍

用遮罩动画制作一个焰火绽放的效果。

任务分析

制作该动画先要分别绘制焰火的外形和颜色，并通过动画补间和遮罩将焰火绽放的效果表现出来。

相关技能

(1) 熟练地使用绘图工具。

(2) 掌握“颜色”面板的使用。

(3) 掌握时间轴对影片剪辑的控制。

(4) 掌握遮罩动画的制作方法。

任务实施

(1) 启动 Flash 程序。

(2) 创建一个新文件，文档属性默认或自定。

(3) 将新文件保存为“礼花. fla”。

(4) 导入背景图片，调整图片大小为 550 像素×400 像素，X、Y 轴位置分别设置为 0，作为背景，如图 4-57 和图 4-58 所示。

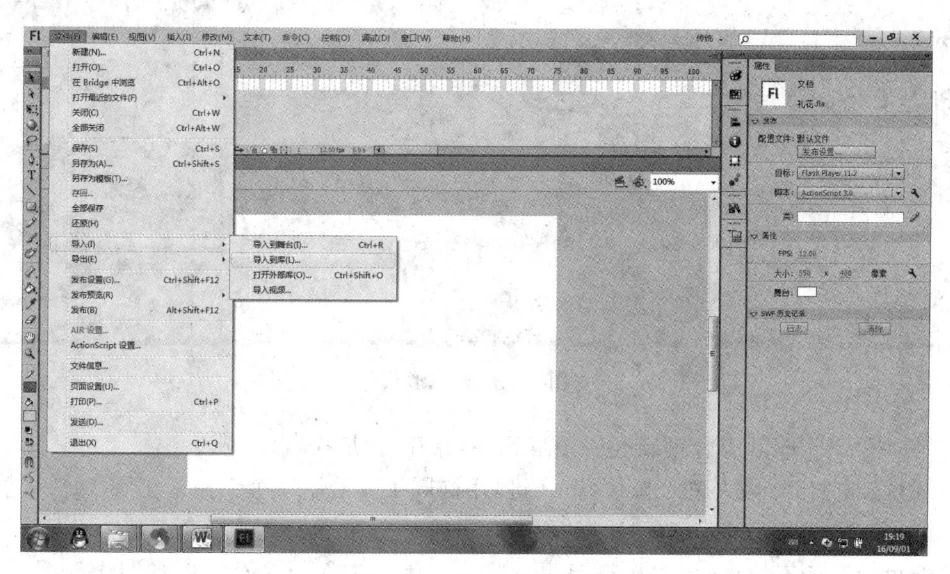

图 4-57 导入图片菜单

(5) 按 Ctrl+F8 组合键新建一图形元件，保存为“焰火形”。

(6) 双击打开“焰火形”，用刷子工具绘制焰火的形状。绘制时可以将工作区放大为 200%，刷子大小用最小的为宜，如图 4-59 所示。

图 4-58 导入图片

图 4-59 焰火形状

(7) 按 Ctrl+F8 组合键新建一图形元件,保存为"焰火色"。

(8) 双击打开"焰火色",按住 Shift 键,用椭圆工具绘制一个无边框正圆。

(9) 打开"颜色"面板,类型选择"放射状",第 1 个和第 3 个色标颜色值为 #FFFF00,第 2 个色标颜色值为 #FF0000,并且设置第 1 个色标的 Alpha 值为 0,如图 4-60 所示。

(10) 填充好颜色之后,用渐变变形工具将填充色的中心点位置做略微的移动,最终"焰火色"效果图如图 4-61 所示。

(11) 按 Ctrl+Enter 组合键可观察动画效果,根据情况可进行修改、调整。

(12) 新建一影片剪辑元件,保存为"放焰火"。

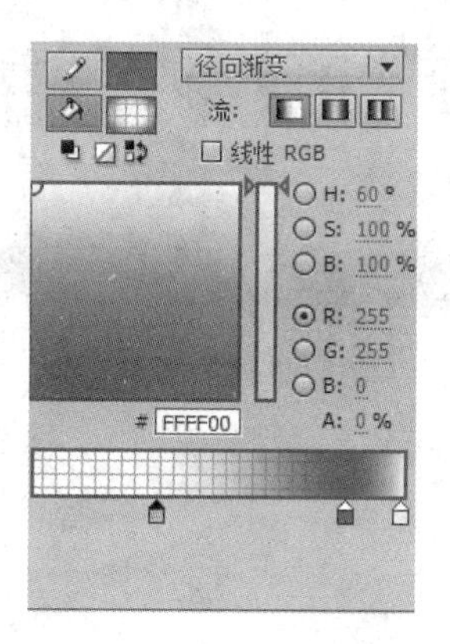

图 4-60　“颜色”面板

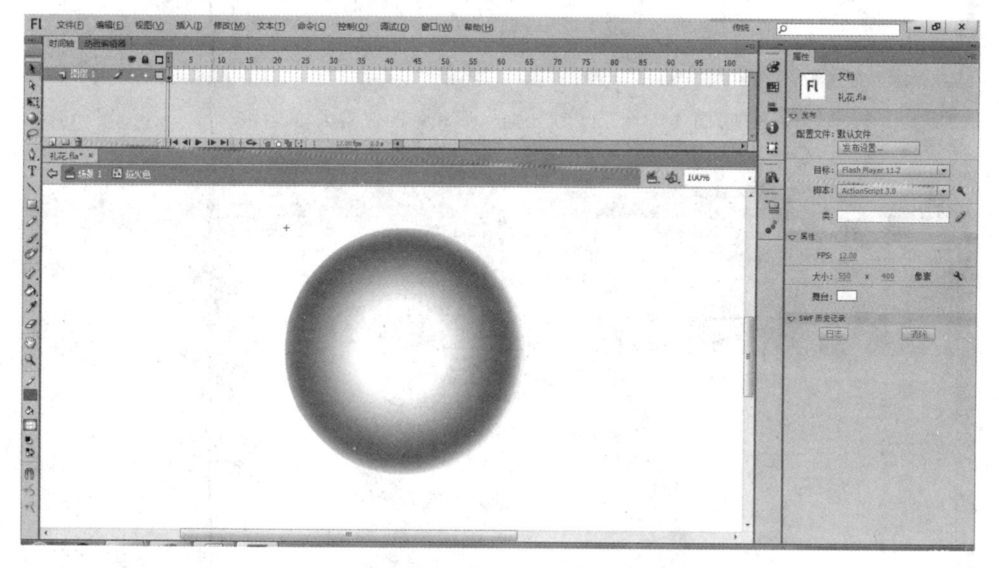

图 4-61　焰火颜色

(13) 双击打开“放焰火”，在图层 1 中拖入“焰火形”。

(14) 新建图层 2，拖入“焰火色”。将“焰火色”的圆心位置和“焰火形”的中心位置基本重叠，按住 Shift 键，用任意变形工具缩小“焰火色”，如图 4-62 所示。

(15) 分别在图层 1 和图层 2 的第 60 帧处插入关键帧，在图层 1 的第 60 帧处选中“焰火形”，略微向上调整一下位置。在图层 2 的第 60 帧处选中“焰火色”，按住 Shift 键，用任意变形工具放大至完全覆盖“焰火形”，并在图层 1、图层 2 的第 1 帧处创建动画补间，如图 4-63 所示。

(16) 将图层 1 设置为遮罩层。

(17) 到此一个焰火的效果已经制作完成。为了使焰火看起来更真实，在焰火绽放的时候应该有时间上的先后顺序，这时可以做一个“焰火群”的影片剪辑，建立 3 个图层，其中第 2、第 3 个图层的起始帧分别在第 15 帧和第 30 帧处，每个图层上拖入库中的“放焰火”影片剪辑。为了使焰火色彩和大小不同，可以分别设置 3 个图层上的“放焰火”剪辑的

图 4-62　第 1 帧处焰火形和色的位置大小

图 4-63　第 60 帧处焰火形和色的位置大小

颜色和大小，如图 4-64 所示。

(18) 回到场景，新建图层 2、图层 3 布置焰火，如图 4-65 所示。

(19) 测试、修改、调整动画，进行发布设置并保存动画。

任务总结

本任务是遮罩的一种应用。要注意焰火的播放效果，让其有时间的延时，在时间轴上要空出相应的帧，并且要注意时间的先后顺序。

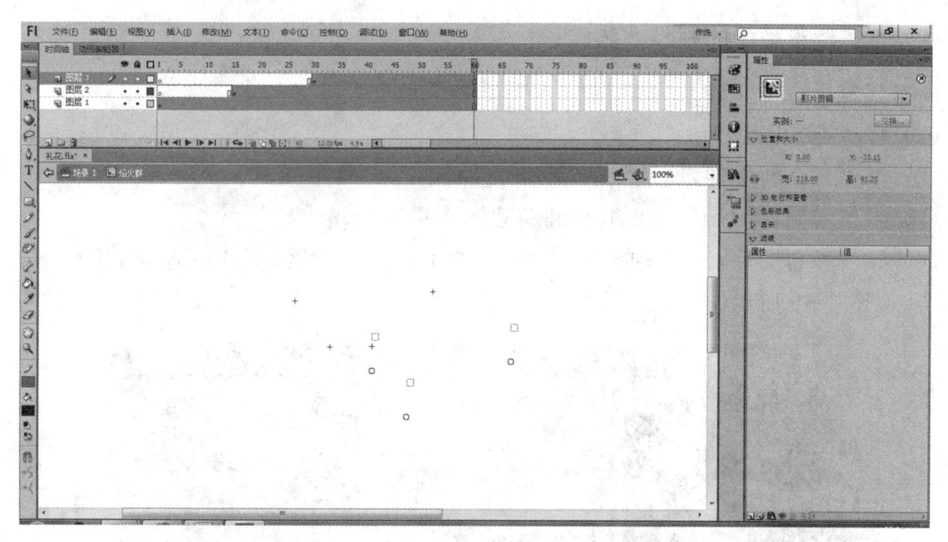

图 4-64　焰火群

图 4-65　“礼花”最终效果

4.8　任务 15　遮罩动画制作“瀑布”

任务介绍

制作一个瀑布的特效，使瀑布看起来有动感。

任务分析

制作该动画先导入背景图片，然后做一个水遮片，利用遮罩达到瀑布水流的效果。

相关技能

（1）掌握魔术棒工具的使用。

(2) 掌握遮罩动画的制作方法。

任务实施

(1) 启动 Flash 程序。

(2) 创建一个新文件,属性默认,将新文件保存为“瀑布.fla”。

(3) 制作实例,按 Ctrl+F8 组合键新建瀑布影片剪辑。

(4) 导入瀑布图片,X、Y 轴坐标都为 0,图片宽 550 像素、高 400 像素,压缩图片,锁定图层,如图 4-66 所示。

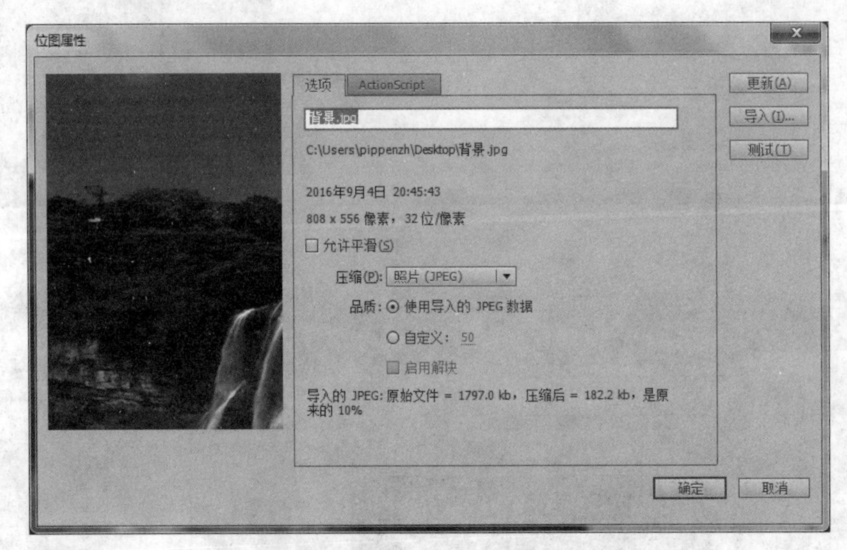

图 4-66 压缩图片

(5) 插入新图层并复制原图。将图片右移 1 像素,按 Ctrl+B 组合键分离位图,编辑水图片,用魔术棒工具选中并擦除图片中的非水部分后锁定图层,如图 4-67 所示。

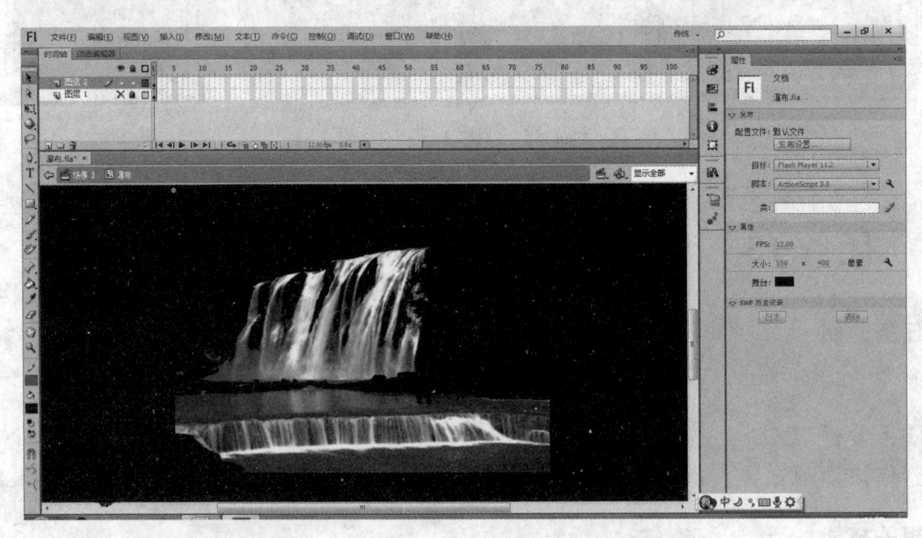

图 4-67 编辑图片

（6）制作水遮片元件。插入新图层，用矩形工具绘制一个比舞台略宽，高 4 像素的矩形。复制数片矩形，将其一并转换为图形元件，如图 4-68 和图 4-69 所示。

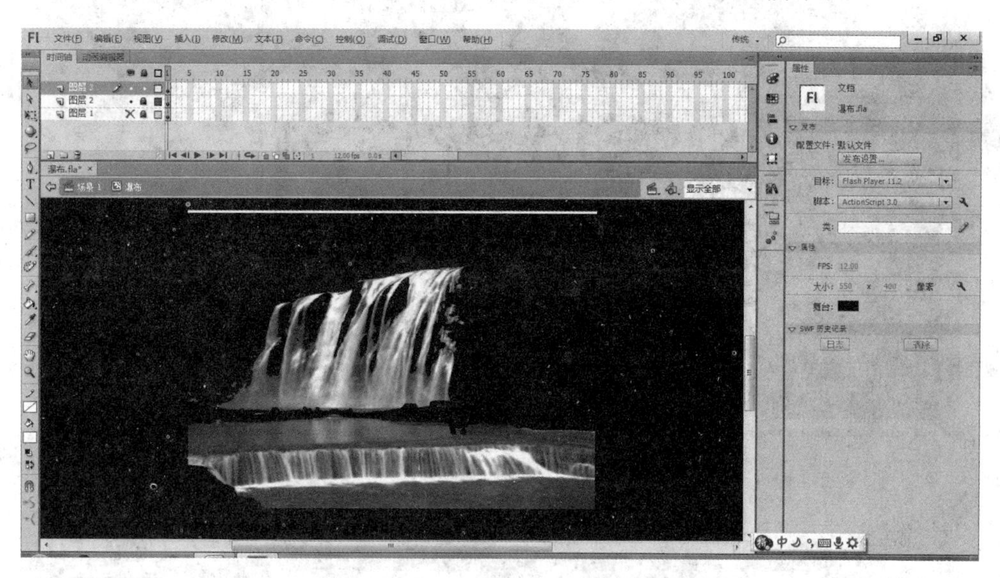

图 4-68　制作水遮片一

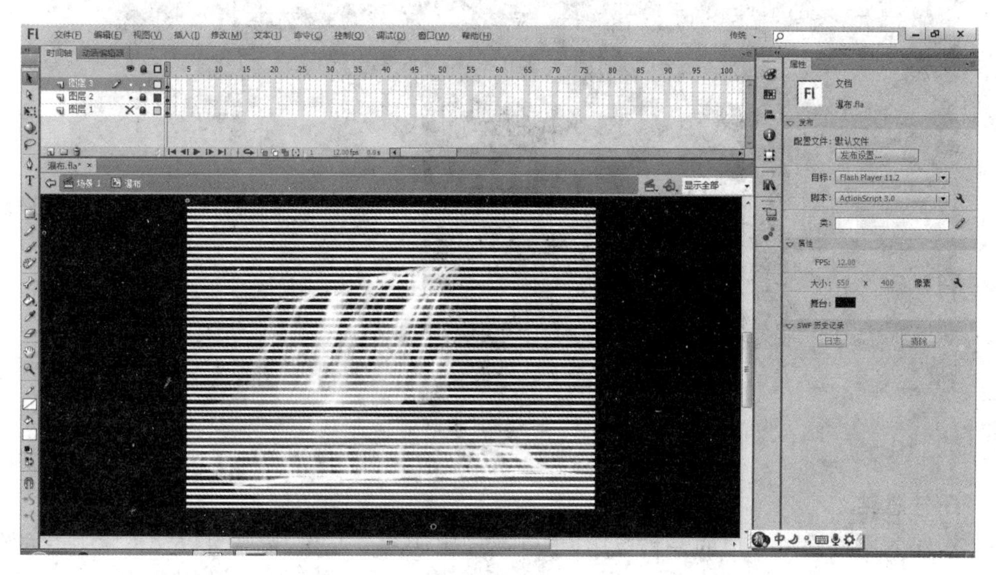

图 4-69　制作水遮片二

（7）在图层 3 的第 20 帧处插入关键帧，并将水遮片图形往下移动若干像素。添加动画补间。将图层 3 设为遮罩层，图层 2 设为被遮罩层，如图 4-70 所示。

（8）回到场景，将制作好的瀑布影片剪辑拖到场景，并调整位置，如图 4-71 所示。

（9）测试、发布并保存动画。

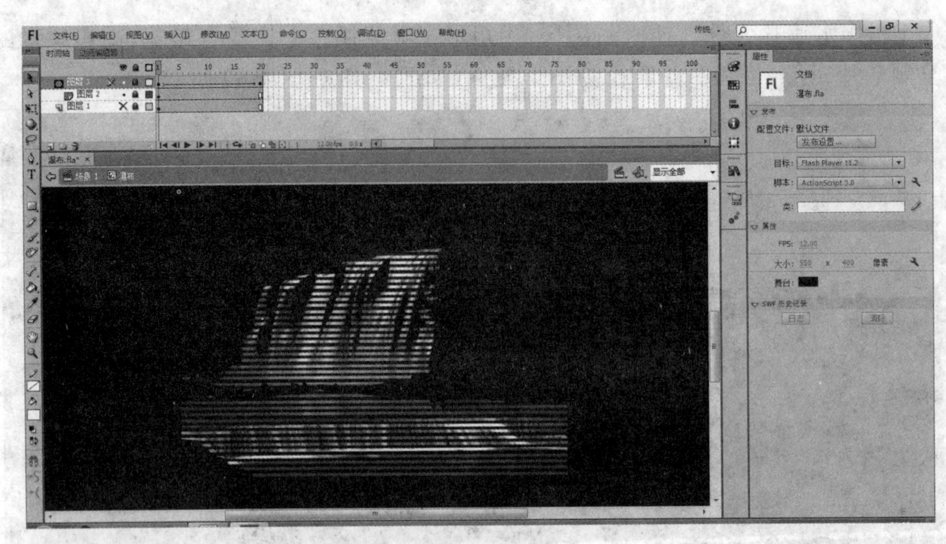

图 4-70 设置水遮片

图 4-71 “瀑布”最终效果

任务总结

本任务主要是遮罩层的一种应用，重点在于水遮片的制作，读者可以调整水遮片的外观，尝试不同水遮片的效果。

4.9 任务 16 制作动画“贺卡”

任务介绍

我们经常可以在网络上看到很多用 Flash 制作的贺卡，现在不要羡慕，自己动手做一张吧。

任务分析

制作该动画先导入一张背景图片，对图片进行抠图修改，制作水中倒影的效果，还可以增加星星、月亮等元素，使整个画面看起来更生动，并添加文字说明。

相关技能

(1) 熟悉 Flash 图形图像的属性设置方法。

(2) 掌握图形的修改编辑操作。

(3) 熟练运用运动引导和遮罩的方法。

任务实施

(1) 启动 Flash 程序。

(2) 创建一个新文件，设置文档大小为 800 像素×600 像素，其余属性默认。

(3) 将新文件保存为"贺卡.fla"。

(4) 在场景背景图层，导入图片文件到舞台，设置其大小为 800 像素×600 像素，X、Y 均为 0。

(5) 新建图层 2 重命名称为"星星"，新建图形元件，名称为"星星"，设置放射状渐变填充，颜色自定。

(6) 选取工具栏上的多角星形工具绘制一个无轮廓的四角星形，注意控制形状大小，如图 4-72 所示。绘制一个无轮廓的正圆，移至四角星中心位置。

(7) 将其转换为"星星"图形元件，注册点居中。再将其转换为"星闪"影片剪辑元件，如图 4-73 所示。

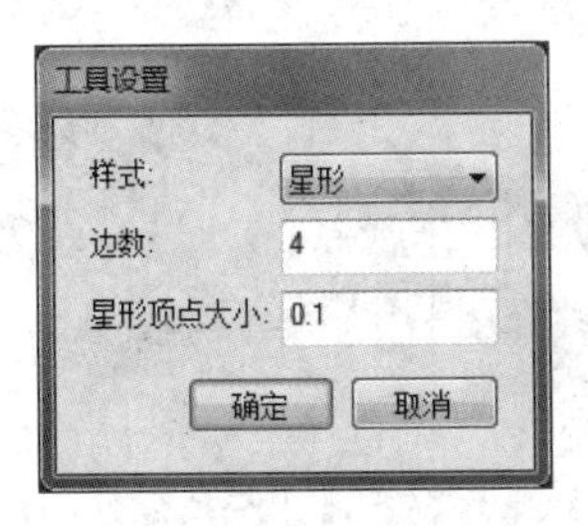

图 4-72　星形工具设置

图 4-73　转换为"星闪"影片剪辑元件

(8) 双击元件进入编辑窗口，分别在第 10 帧和第 20 帧插入关键帧，用任意变形工具调整第 10 帧处星星的大小(调整大小时按 Shift 键)，用传统补间做出星星闪动的效果，如图 4-74 所示。

(9) 将元件"星闪"拖到舞台中，在星空中调整合适大小、位置和数量，如图 4-75 所示。

(10) 新建"月亮"图层，制作圆月在天空运行的效果。月亮图形可以从原图上用椭圆工具截取并水平翻转，如图 4-76 所示。

(11) 将月亮图形转化为月行影片剪辑，用动画引导做出月亮运动的效果，如图 4-77 所示。

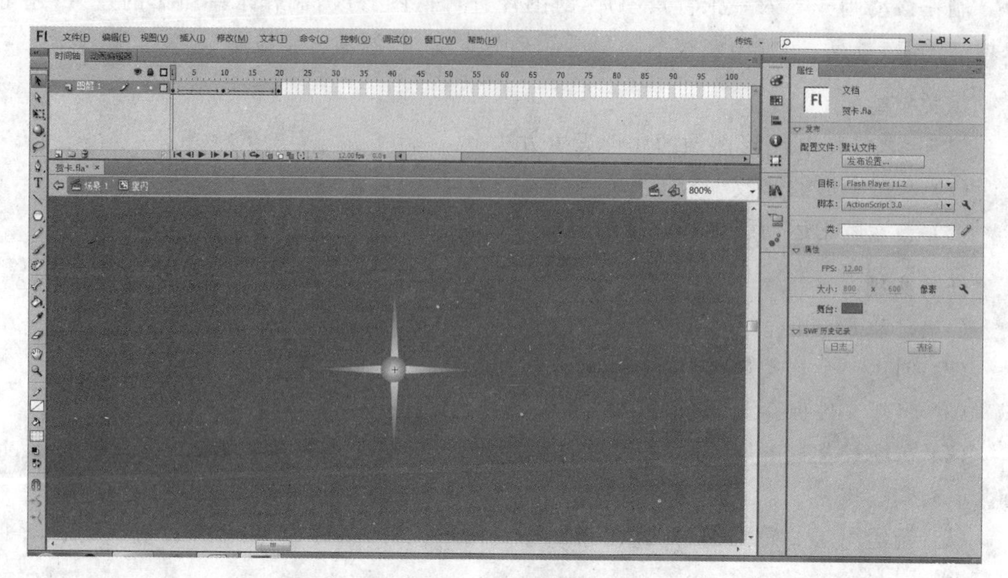

图 4-74 制作“星闪”元件

图 4-75 “星闪”的布局

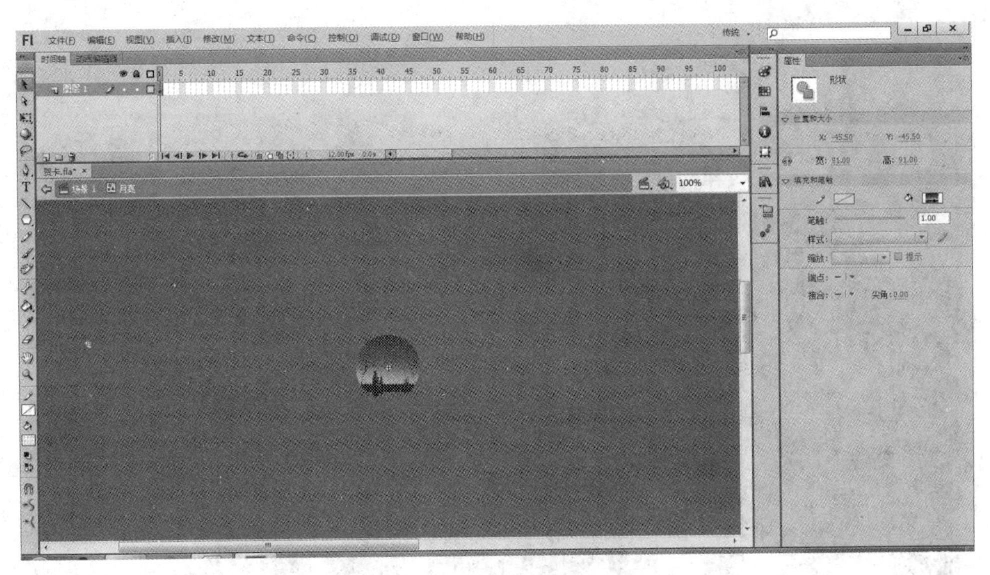

图 4-76　截取月亮

图 4-77　月亮运动效果

(12) 制作水中倒影效果。回到背景图层，选中背景图片，按 Ctrl＋B 组合键分离成形状，用矩形工具选中人物部分，复制粘贴并垂直翻转制作倒影，再略微改变形状，保存为"水影"图形，如图 4-78 所示。

(13) 将"水影"转化成"水影动"影片剪辑。用水遮片制作水波的效果。注意图层 2(被遮罩层)与图层 1(背景层)要有略微的位置及大小的区别，如图 4-79 所示。

(14) 在场景中新建"文字"图层，创建文字效果动画。文字效果可以由半透明转为不透明，并用遮罩制作逐字显示效果，可以根据自己的喜好来设置，如图 4-80 所示。

(15) 测试、进行发布设置并保存动画。

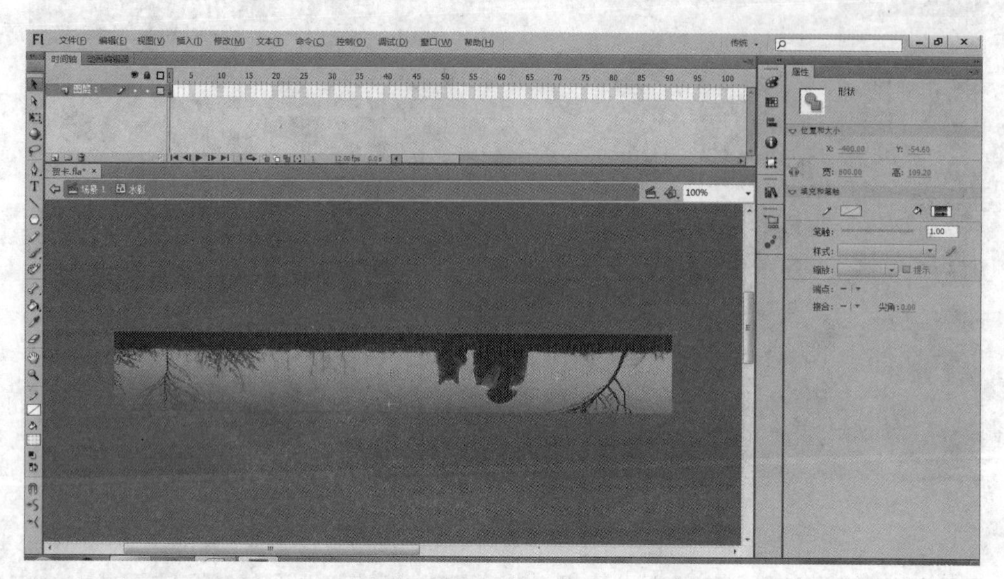

图 4-78 “水影”图形

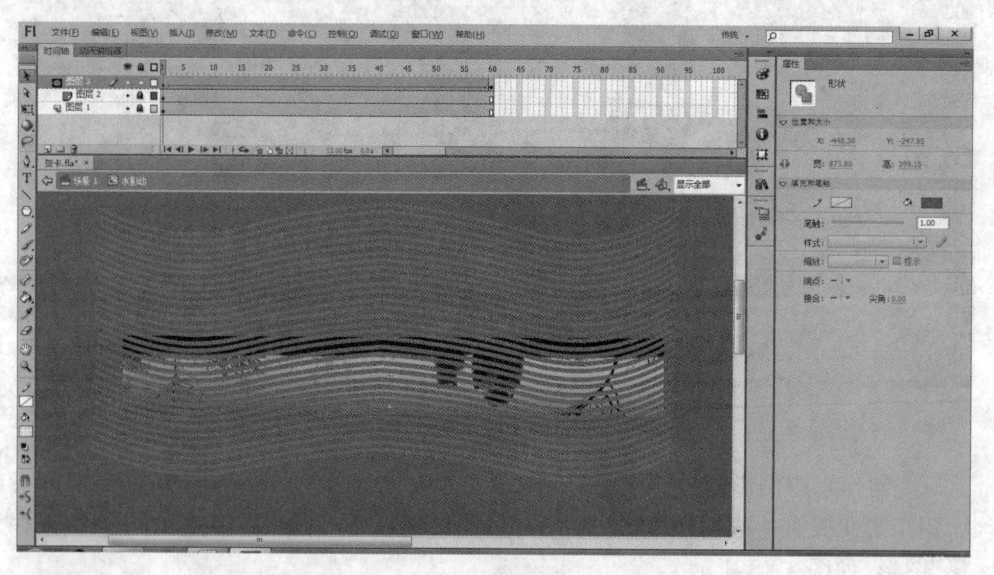

图 4-79 “水影动”影片剪辑

图 4-80　文字遮罩

任务总结

本任务主要讲述了贺卡的制作过程,其实还是图片处理,补间、遮罩和运动引导的综合应用。

4.10　任务 17　应用位图制作“花景观赏”

任务介绍

制作一个类似于电子相册的“花景观赏”动画。

任务分析

制作该动画运用了两个场景,通过时间轴的控制对不同的图片进行切换。在制作过程中运用了简单的按钮动作来控制场景间的切换。

相关技能

(1) 了解场景的意义及其在动画中的作用。

(2) 熟悉场景的管理和切换。

(3) 了解利用按钮切换场景的方法。

任务实施

(1) 启动 Flash 程序。

(2) 创建一个新文件,脚本选择 ActionScript 2.0,文档大小、背景色自选,其余属性默认。将新文件保存为“花景观赏.fla”。

(3) 创建场景 1。将图层 1 命名为“花 1”,将花图片导入舞台,并转换为图形元件“花 1”。与舞台垂直水平对齐,在第 40 帧处插入关键帧,并将图片缩小于舞台中心,创建动画补间,如图 4-81 所示。

图 4-81　场景 1

(4) 新建图层“圆”,用椭圆工具在第 1 帧处绘制一无边框的椭圆,大小能覆盖盛开的菊花,在第 40 帧处插入关键帧,并将椭圆相应缩小于舞台中心,创建形状补间。

(5) 将“圆”图层设为遮罩层,遮罩“花 1”图层,如图 4-82 所示。

图 4-82　遮罩层

(6) 新建“矩形”图层,在舞台的上下两侧分别绘制一黑色矩形并调整、对齐。

(7) 新建“文字”图层,分别在第(6)步绘制的黑色矩形中写上相应的文字,如图 4-83 所示。

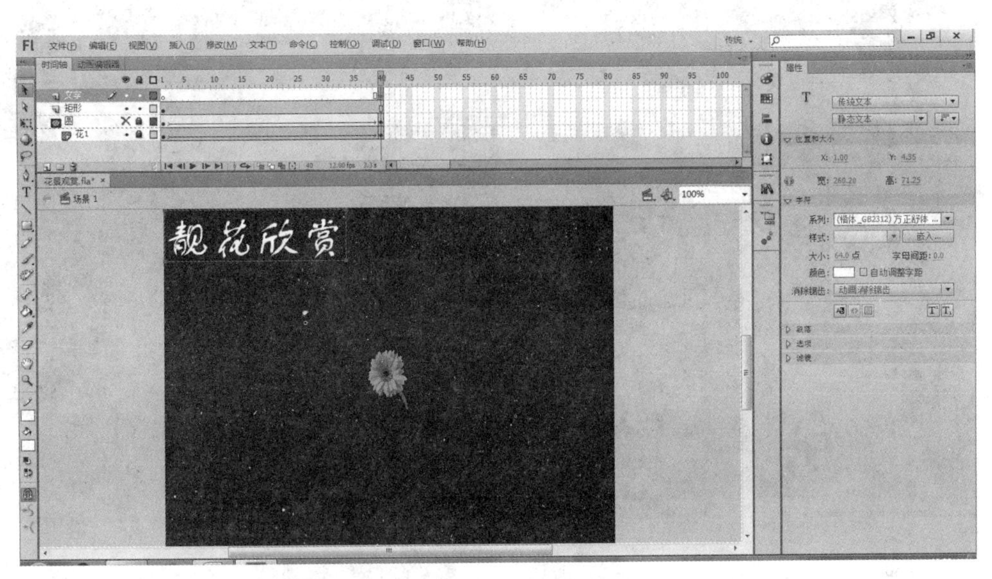

图 4-83　设置文字

(8) 新建“花瓣”图层，在第 40 帧处插入空白关键帧，并在第 40 帧处添加帧动作“stop()；”，如图 4-84 所示。用绘图工具绘制一个花瓣，并填上相应颜色。将其转换为元件“花瓣”，类型为影片剪辑，在“花瓣”影片剪辑窗口中编辑。调出“变形”面板，将花瓣沿一定的角度复制并旋转一周，制成花朵状，并在时间轴上进行相应设置，使花瓣逐片显示，如图 4-85 所示。

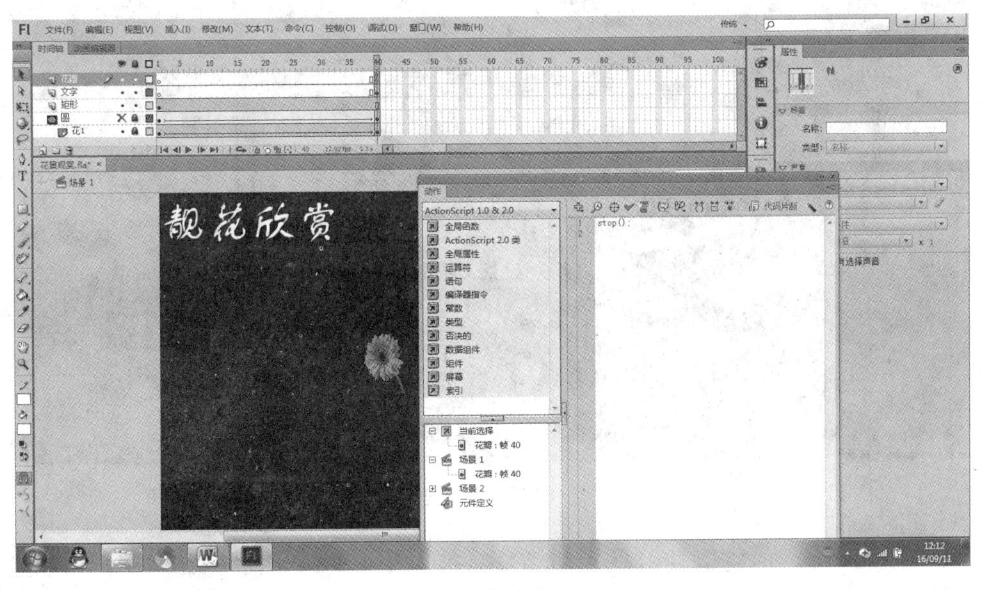

图 4-84　添加帧动作“stop()；”

图 4-85 设置花瓣

(9) 在“文字”图层,添加 play 静态文本,将 play 转换为按钮 play。双击按钮 play,编辑按钮(为了方便按钮的使用,给按钮添加一个背景图层 2,背景色为透明或和原底色相同,并为不同的鼠标状态设置不同的文本颜色。),如图 4-86 所示。返回场景,为按钮添加动作“on(release){Play();}”,如图 4-87 所示。

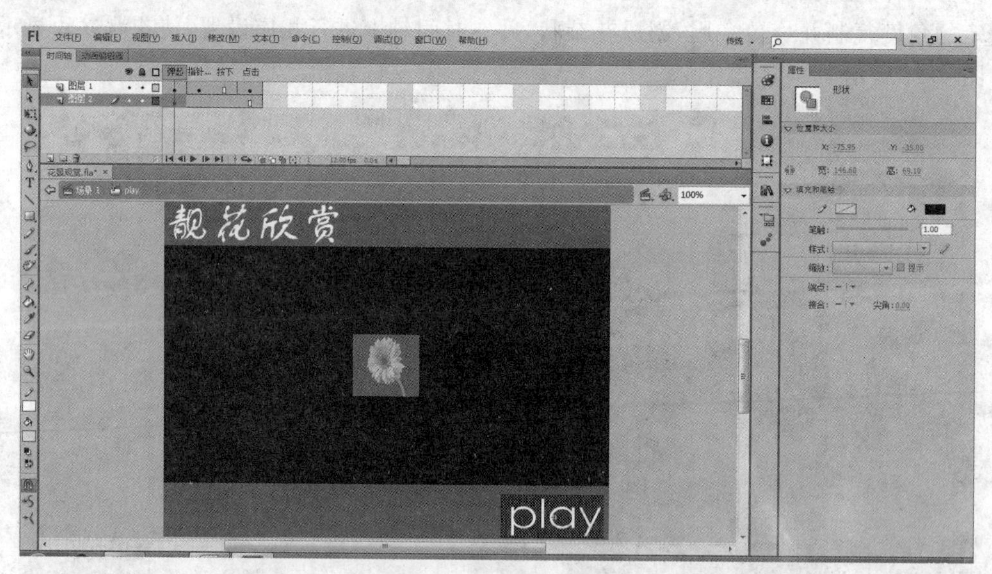

图 4-86 play 按钮

(10) 插入场景 2,将图层 1 命名为“花 2”,拖入库中的某张图片,相对于舞台垂直水平居中,并将其转换为图形元件。分别在第 30、45、60 帧处插入关键帧,并将第 1 帧和第 60 帧处的“花 2”元件的 Alpha 值设置为 0,并在第 1 帧和第 45 帧处创建补间动画,做出淡入/淡出的效果,如图 4-88 所示。

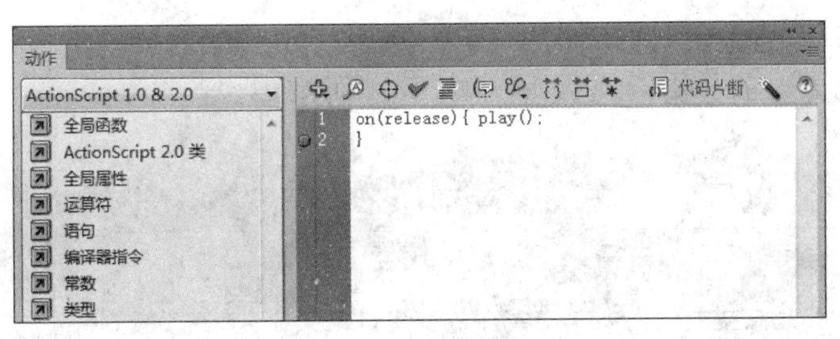

图 4-87　为按钮添加动作

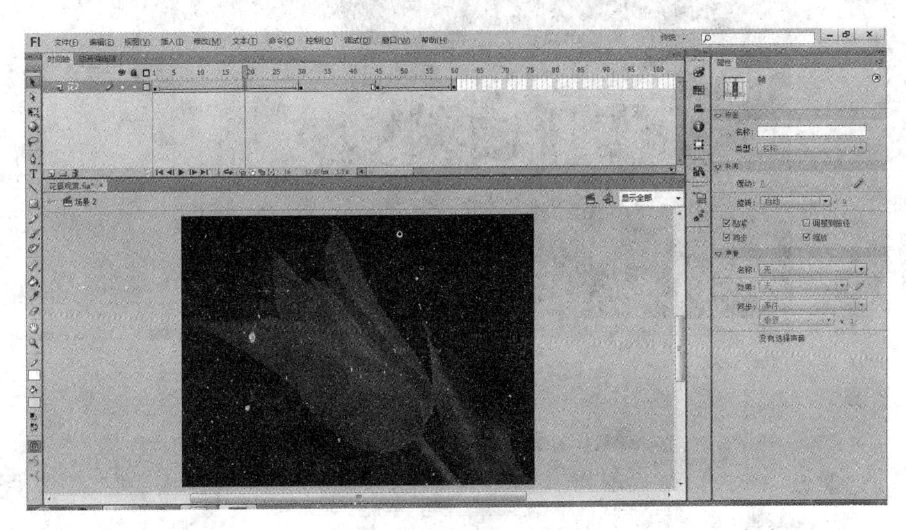

图 4-88　设置“花 2”效果

(11) 新建“花 3”图层，在第 45 帧处插入空白关键帧，拖入库中的某张图片，相对于舞台垂直水平居中，并将其转换为图形元件。分别在第 60、80、100 帧处插入关键帧，并将第 45 帧和第 100 帧处的“花 3”元件分别移至舞台的右侧和上方，并在第 45 帧和第 80 帧处创建补间动画，做出右入上出的效果，如图 4-89 所示。

图 4-89　设置“花 3”效果

(12) 使用同样的方法，设置“花 4”(下入左出)、“花 5”(右入淡出)、“花 6”(中心位置由小变大，淡出)图层的效果，如图 4-90～图 4-92 所示。

图 4-90　设置“花 4”效果

图 4-91　设置“花 5”效果

(13) 新建“矩形”图层，在“花 6”图层图片将退出的帧处插入空白关键帧，在舞台两边各绘制一个黑色矩形，并为其做形状变化，做出谢幕的效果。

(14) 新建“文字”图层，在最后一帧处写上相应文字，并添加帧动作“stop();”。

(15) 输入文字 replay 并转换为按钮，添加按钮动作“on(release){gotoAndPlay("场景 1",1);}”，如图 4-93 所示。

(16) 测试、进行发布设置并保存动画。

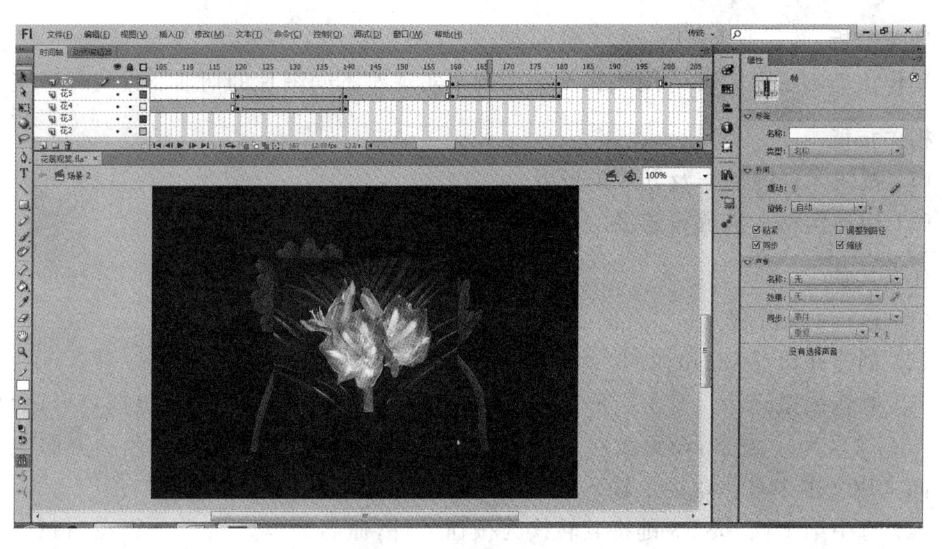

图 4-92　设置“花 6”效果

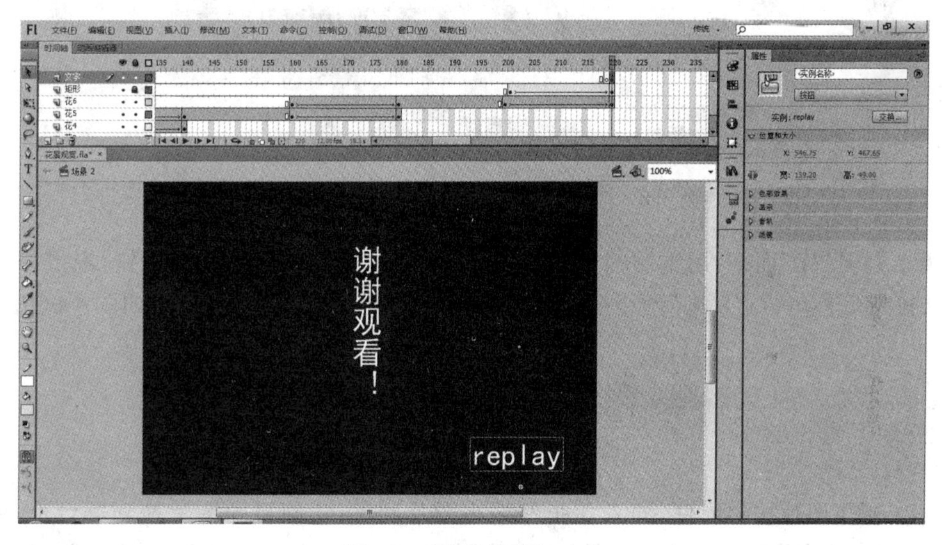

图 4-93　为按钮添加动作

任务总结

本任务主要讲述了一个简单电子相册的制作过程，读者可以结合以前学习的知识，为自己制作一个漂亮的电子相册。

4.11　任务 18　制作“网站导航”

任务介绍

制作一个简易的网站导航条。

任务分析

制作该动画主要掌握应用按钮及动作脚本实现对不同图片的切换及设置超链接。

相关技能

(1) 按钮元件的制作及其效果设置。

(2) 用动作脚本实现超链接。

任务实施

(1) 运行 Flash 程序。

(2) 创建并保存 Flash 文件“网站导航.fla”。

(3) 制作按钮元件。双击矩形工具,调整边角半径为 10,画一个无边框矩形,大小调整为 120 像素×40 像素,设置线性填充色,通过填充变形工具将线形颜色的方向变成垂直方向。用文本工具在矩形上输入“网易”,如图 4-94 所示。

(4) 选中第 1 帧,按 F8 键将其转换为按钮元件,命名为 wy,然后分别在“指针经过”和“按下”帧上插入关键帧,文字分别设置不同颜色,如图 4-95 所示。

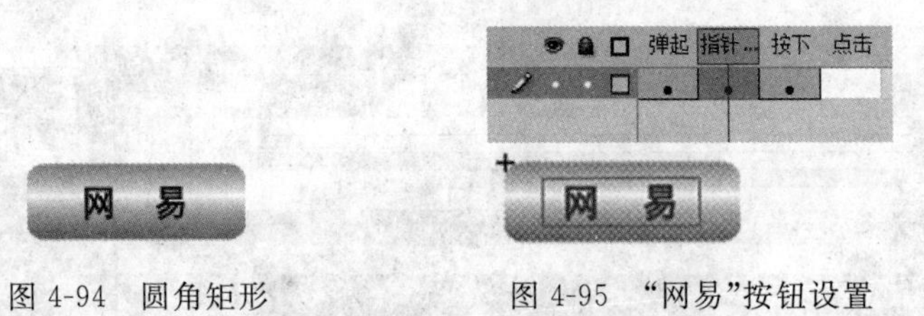

图 4-94 圆角矩形　　图 4-95 “网易”按钮设置

(5) 打开“库”面板,用重制的方法,重制 wy 按钮为 bd 和 gg 两个按钮,通过修改文字,改制成 Google 和“百度”两个按钮,并将 3 个按钮布置在舞台中上部,如图 4-96 所示。

图 4-96 舞台中的 3 个按钮

(6) 制作图片按钮元件,导入 3 张网站小图片到库,将网易的图片拖到舞台上,调整位置,按 F8 键将其转换为按钮元件,命名为 wy2,分别在“指针经过”和“按下”等帧插入关键帧。用同样的方法制作 bd2 和 gg2 两个图片按钮,如图 4-97 所示。

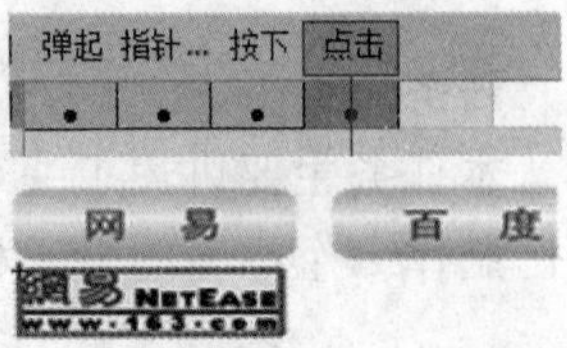

图 4-97 图片按钮

(7) 回到场景 1。将库中的各按钮在舞台中布置好,如图 4-98 所示。

(8) 分别选择 3 个图片按钮,分别命名实例名称为 wy2、bd2、gg2,如图 4-99 所示。

(9) 先将图片按钮隐藏起来,方法是打开“动作”面板,在第 1 帧添加以下代码(注意这里动作脚本是用 ActionScript 2.0 版本的,发布设置时请选用 ActionScript 2.0)。

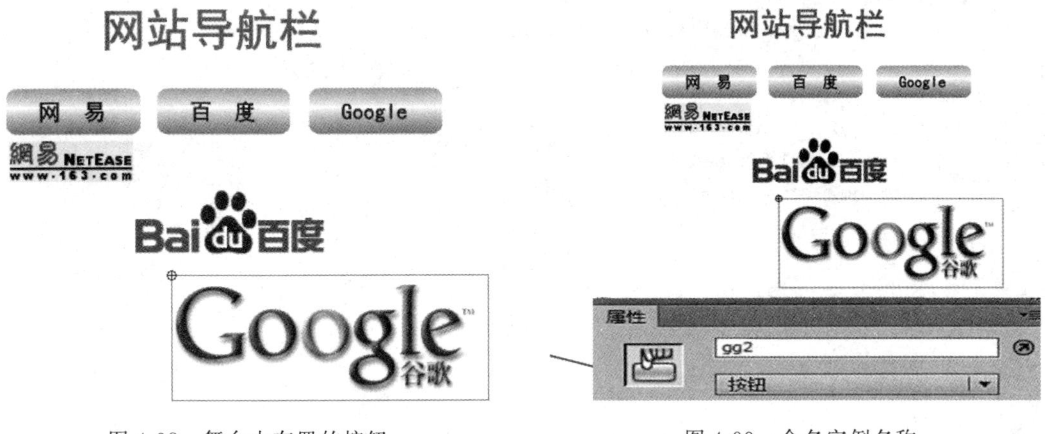

图 4-98　舞台中布置的按钮　　　　　图 4-99　命名实例名称

```
_root.wy2._visible=0;                    //设置显示属性为隐藏。
_root.bd2._visible=0;
_root.gg2._visible=0;
```

(10) 在导航栏的 3 个按钮和 3 个图片按钮上各插入代码，如图 4-100 和图 4-101 所示。

图 4-100　在各按钮上添加代码

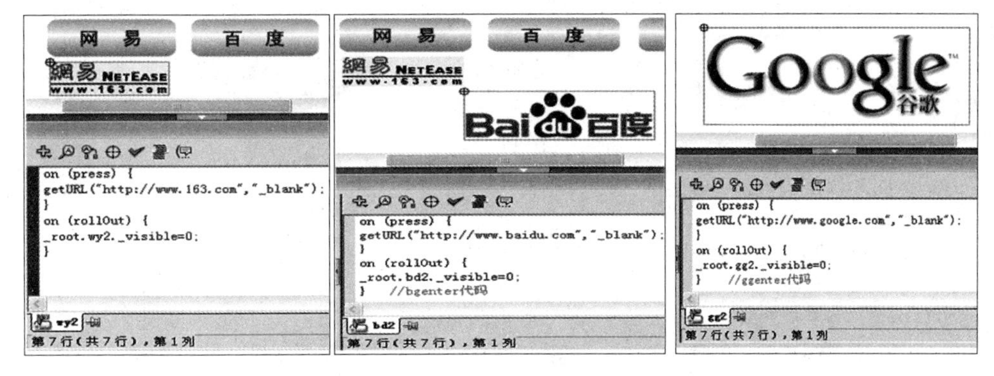

图 4-101　在各图片按钮上添加代码

各按钮代码如下。

```
//wy 按钮
```

```
on(press){
    getURL("http://www.163.com","_blank");
}
on(rollOver){
    _root.wy2._visible=100;
    _root.bd2._visible=0;
    _root.gg2._visible=0;
}
on(rollOut){
    _root.wy2._visible=100;
}

//bd 按钮
on(press){
    getURL("http://www.baidu.com","_blank");
}
on(rollOver){
    _root.bd2._visible=100;
    _root.wy2._visible=0;
    _root.gg2._visible=0;
}
on(rollOut){
    _root.bd2._visible=100;
}

//gg 按钮
on(press){
    getURL("http://www.google.com","_blank");
}
on(rollOver){
    _root.gg2._visible=100;
    _root.wy2._visible=0;
    _root.bd2._visible=0;
}
on(rollOut){
    _root.gg2._visible=100;
}

//wy2 图片按钮
on(press){
    getURL("http://www.163.com","_blank");
}
on(rollOut){
    _root.wy2._visible=0;
}

//bd2 图片按钮
on(press){
    getURL("http://www.baidu.com","_blank");
```

```
}
on(rollOut){
    _root.bd2._visible=0;
}

//gg2 图片按钮
on(press){
    getURL("http://www.google.com","_blank");
}
on(rollOut){
    _root.gg2._visible=0;
}
```

(11) 按 Ctrl+Enter 组合键可观察动画效果，根据情况可进行修改、调整。

(12) 进行发布设置并保存动画。

任务总结

本任务主要讲述了一个简单网站导航的制作过程，主要涉及的知识点是按钮的制作和设置，以及应用 ActionScript 2.0 动作脚本进行图片的隐藏或显示以及超链接的实现。

4.12　单元小结

本单元以实例为主，巩固 5 类基础动画的制作方法。逐帧动画是最基本的动画，且它的表现力特别强。形状补间动画和动作补间动画属于过渡动画，用这两种形式制作动画可以节省很多时间和精力。引导线动画是建立在动作补间动画基础上的，创建引导线动画时必须格外细心地编辑好始、末两个关键帧。遮罩动画可以产生许多特别吸引人的动画效果，是常用的动画手段。

元件的制作和编辑是 Flash 动画制作中的重头戏。本单元的另一重点就在于元件的制作、编辑和管理，介绍了元件、实例库和它们之间的关系。元件分为图形元件、影片剪辑元件和按钮元件 3 类，它们之间可以互相转化。元件的编辑是在独立的元件编辑窗口中进行的。在舞台中使用元件即称为实例。对实例的编辑不影响元件本身，而对元件的重新编辑则会影响所有应用了它的实例。

4.13　习题与思考

一、选择题

1. 形状补间动画两个关键帧上的图形关系是(　　)。

   A. 必须是同一个图形　　B. 必须是两个不同的图形
   C. 可以是不同大小的同一个图形　　D. 可以是不同颜色的同一个图形

2. 动作补间动画两个关键帧上的元件关系是(　　)。

   A. 必须是同一个元件　　B. 必须是两个不同的元件
   C. 可以是不同大小的同一个元件实例　　D. 可以是不同颜色的同一个元件实例

3. 元件的类型分为(　　)。

A. 图形元件　　B. 图像元件

C. 影片剪辑元件　　D. 按钮元件

4. 按钮元件中使用的对象可以是(　　)。

A. 位图　　B. 矢量图　　C. 组合体　　D. 文本

二、判断题

1. 逐帧动画是最简单的动画，却又是表现力最强的一类动画。(　　)
2. 骨骼工具只适用于元件实例之间，矢量图对象不能添加骨骼。(　　)
3. 遮罩动画里的遮片是固定不动的。(　　)
4. 影片剪辑元件至少要有两个关键帧。(　　)
5. 元件的类型和名称是可以改变的。(　　)
6. 可以从老文档上将元件复制到新文档上。(　　)

第 5 单元

应用其他工具制作动画

5.1 任务 19 制作动画“奔驰的汽车”

5.1.1 任务综述与实施

任务介绍

制作一个“奔驰的汽车”动画。

任务分析

本任务主要是通过动画编辑器的使用来制作生动的动画效果。

相关技能

(1) 了解动画编辑器的作用。

(2) 掌握动画编辑器的操作。

任务实施

(1) 启动 Flash 程序。

(2) 创建一个新文件，设置文档大小为 600 像素×400 像素，帧频为 12fps，其余属性默认。

(3) 将新文件保存为“奔驰的汽车. fla”。

(4) 在舞台中同时导入 3 张图像。选择“车轮”，将其转换为图形元件，按 F8 键，将元件命名为“车轮”，然后删除。同样选择“车身”，将其转换为图形元件，元件命名为“车身”，然后删除。此时舞台中只留下背景，调整其位于舞台中心。

(5) 将图层 1 重新命名为“背景”。新建图层 2，重新命名为“车身”。打开“库”面板，从“库”面板中拖入元件“车身”，应用任意变形工具调整大小，并使其位于舞台外侧，如图 5-1 所示。然后选择“车身”图层第 1 帧右击，创建补间动画，再选择补间范围的最后一帧，在舞台中选择“车身”，将其移至舞台左侧，如图 5-2 所示。

(6) 新建图层 3，重新命名为“前轮”。从“库”面板中拖入元件“车轮”，应用任意变形工具调整大小，使其大小与“车身”相当。“车轮”也创建补间动画，选择补间范围的最后一帧，将“车轮”移至左侧“车身”处，如图 5-3 所示。

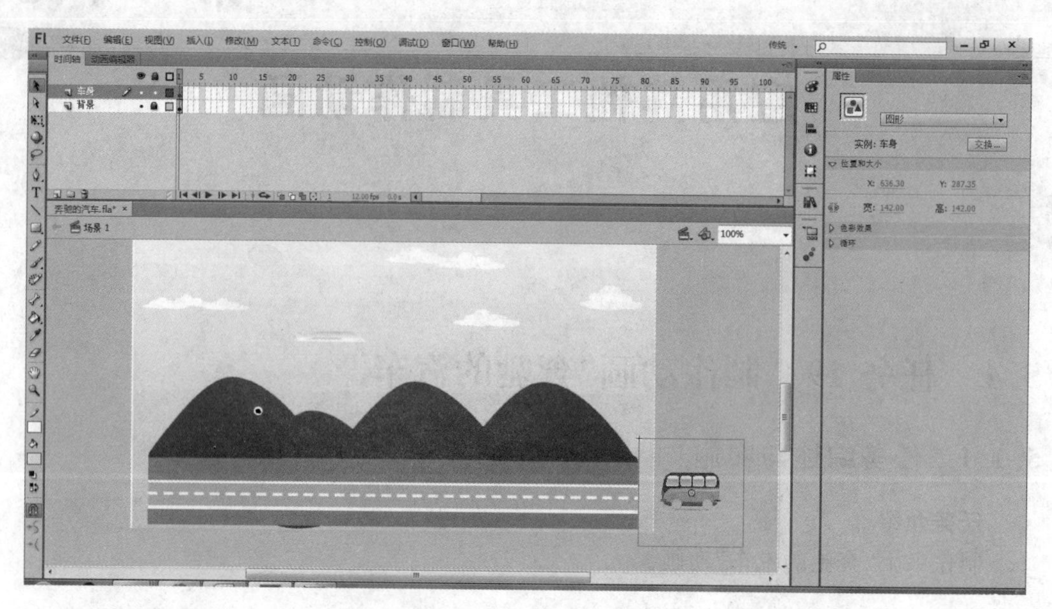

图 5-1　车身

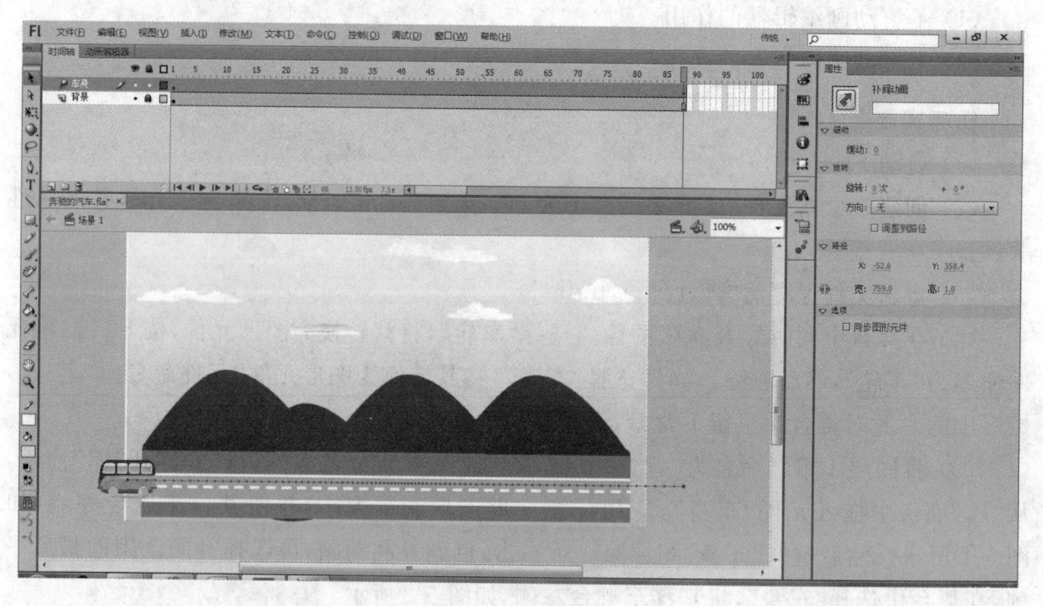

图 5-2　车身补间

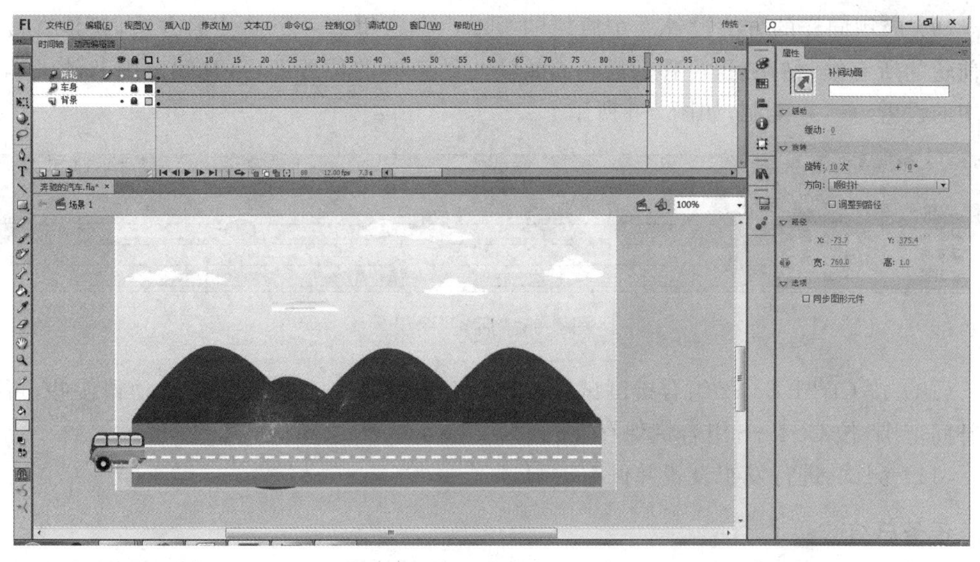

图 5-3　前轮补间

(7) 选择“车身”图层，打开“动画编辑器”面板，在添加“缓动”栏中选择“停止并启动（慢）”命令，然后在“基本动画”栏中选择“停止并启动（慢）”命令，如图 5-4 所示。

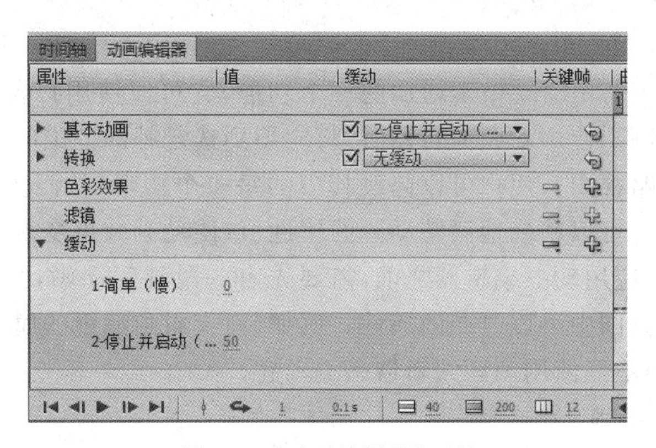

图 5-4　“动画编辑器”面板

(8) 选择“车轮”图层，打开“动画编辑器”面板，在添加“缓动”栏中选择“停止并启动（慢）”命令，然后将“旋转 Z”选项设置为 3600°，再在“基本动画”栏中选择“停止并启动（慢）”命令，如图 5-5 所示。

属性	值	缓动	关键帧
基本动画		2-停止并启动（...	
X	-73.7 像素	2-停止并启动（...	
Y	375.4 像素	2-停止并启动（...	
旋转 Z	3600 °	2-停止并启动（...	

图 5-5　“前轮”的缓动旋转设置

(9) 应用同样的方法设置汽车后轮的缓动。在这里有一个简便的方法，就是直接复制前轮的所有帧，粘贴后，再移动后轮起始帧与结束帧的位置即可，补间范围及动画编辑器中的设置也一并复制，如图 5-6 所示。

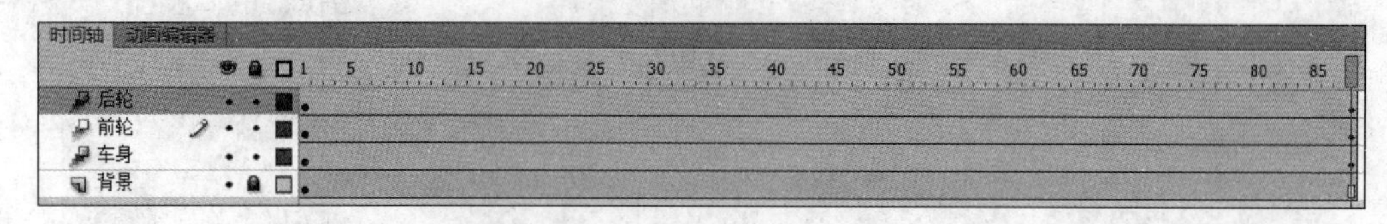

图 5-6 “后轮”图层

(10) 按 Ctrl+Enter 组合键测试影片，观察动画效果，若想要汽车运动得慢些，可延长补间范围，按 Ctrl+S 组合键保存文档。

(11) 测试、进行发布设置并保存动画。

任务总结

本任务是动画编辑器的使用，读者也可尝试用其他缓动效果进行不同设置，看看有什么不同的效果。

5.1.2 动画编辑器

1. 动画编辑器的应用

动画编辑器是 Flash CS6 中新增加的一个功能，它可以使用户花很少的精力就可以创建复杂的补间动画。使用动画编辑器时，将应用到选定补间范围的所有属性，显示为由二维图形构成的缩略视图。用户可以修改其中的每一个图形，从而实现单独修改其相应的各个补间属性。它可以精确地调整动画的属性值，使动画效果变得丰富多彩。

值得注意的是，应用动画编辑器之前，需要先有一段补间动画，并且动画编辑器只允许编辑那些在补间范围中可以改变的属性。例如，渐变斜角滤镜的属性，在补间范围中只能被指定一个值，而不能使用动画编辑器来编辑它。

2. 动画编辑器属性

动画编辑器包含 5 种可调项目，分别是基本动画、转换、色彩效果、滤镜以及缓动。每一种属性中又可以重新设置属性值、缓动、关键帧和曲线。

1) 改变属性值

将鼠标指针悬停在属性值上面可以看到双向箭头，单击并拖动可以调整数值，或者单击文字，直接输入数值。如果属性关键帧在当前播放头的位置不存在，系统将用用户设置的数值创建一个新的关键帧插入当前位置。

2) 添加、移除和重置关键帧

在关键帧一栏中，有两个方向相反的小三角形，它可以用来跳转到前一个或后一个关键帧，中间的黄色菱形按钮可以添加和移除关键帧。若操作失误，可以用上面的“重置值”按钮重置关键帧。如图 5-7 所示为添加、移除和重置关键帧按钮。

3) 曲线

用户通过编辑曲线，可以对补间进行精确控制。曲线的横轴(从左至右)表示时间，纵轴表示属性值的改变。为了更好地控制曲线，可以在曲线上添加锚点，来精确地控制曲线的形状。锚点在网格中显示为一个正方形，如图 5-8 所示。

图 5-7　添加、移除和重置关键帧按钮

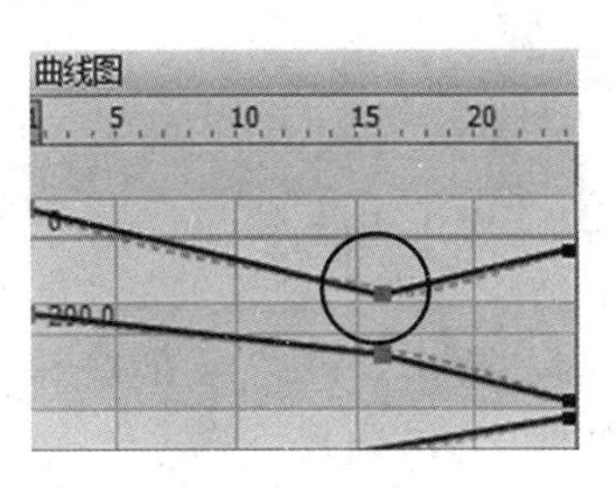

图 5-8　曲线上的锚点

对于锚点的操作说明如下。

(1) 添加锚点：按住 Ctrl 键，单击曲线。

(2) 移除锚点：按住 Ctrl 键，单击锚点。

(3) 移动锚点：按住 Alt 键，移动锚点。

4) 提供缓动

动画编辑器的“缓动”栏里，允许用户使用菜单给实例属性添加缓动。这些缓动将利用菜单添加到每个属性或者一类的属性。添加属性缓动后，图表将更新点画线来显示动画值。

要使用缓动效果，需先在面板下部的“缓动”栏内添加缓动，单击右上角的“＋”号，在弹出的菜单中选择内置好的缓动效果，如图 5-9 所示。

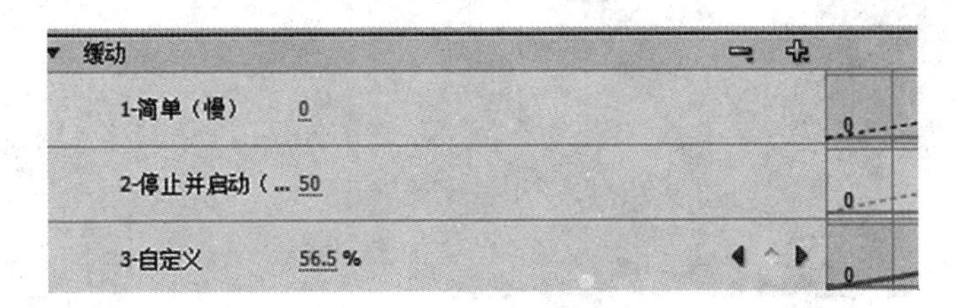

图 5-9　添加的缓动

5.2　任务 20　制作“动态电子相册”

5.2.1　任务综述与实施

任务介绍

应用动画预设，制作动态效果的电子相册。

任务分析

本任务主要是通过动画预设效果来制作电子相册的动画。

相关技能

(1) 掌握动画预设的基本知识。

(2) 熟悉"动画预设"面板的功能。

(3) 掌握动画预设的具体操作方法。

任务实施

(1) 新建 Flash 文档,设置舞台尺寸为 550 像素×400 像素,其他参数保持默认,保存文档为"动态电子相册.fla"。

(2) 选择"文件"→"导入"→"导入到库"命令,在弹出的对话框中选择要导入的文件,在这里选择"菊花 1.jpg""菊花 2.jpg""菊花 3.jpg""菊花 4.jpg"和"菊花 5.jpg"5 张图像。

(3) 打开"库"面板,将"菊花 1.jpg"图片拖入图层 1 第 1 帧。拖入图像后,使其位于舞台中心。

(4) 将图片"菊花 1"转换为影片剪辑元件"菊花 1"。

(5) 选择图层 1 第 1 帧右击,在弹出的快捷菜单中选择"创建补间动画"命令,如图 5-10 所示。

图 5-10 创建补间动画

(6) 选择图层 1 第 1 帧,选择"窗口"→"动画预设"命令,打开"动画预设"面板,选择"2D 放大"效果,单击"应用"按钮。

(7) 新建图层 2～图层 5,重复步骤(3)～(5)的方法,分别将"菊花 2.jpg"图片拖入图层 2 第 1 帧,"菊花 3.jpg"图片拖入图层 3 第 1 帧,"菊花 4.jpg"图片拖入图层 4 第 1 帧,"菊花 5.jpg"图片拖入图层 5 第 1 帧,并分别创建补间动画,如图 5-11 所示。

(8) 重复步骤(6)的方法,分别为图层 2、图层 3、图层 4、图层 5 选择一个合适的效果,并应用。

(9) 这些效果中,有的在应用后(如"从底部飞出""从底部飞入"等),会在图像上显示一条线,它指示出图像进入舞台时的起始位置和终止位置,如图 5-12 和图 5-13 所示。可以使用鼠标或光标键调整其位置或方向,如图 5-14 所示。

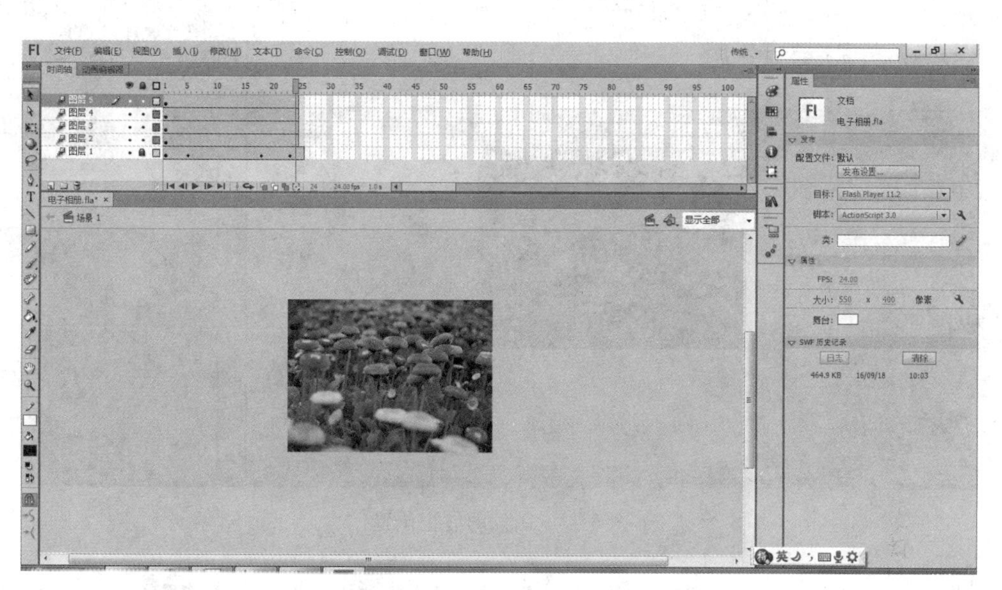

图 5-11　各图层的设置

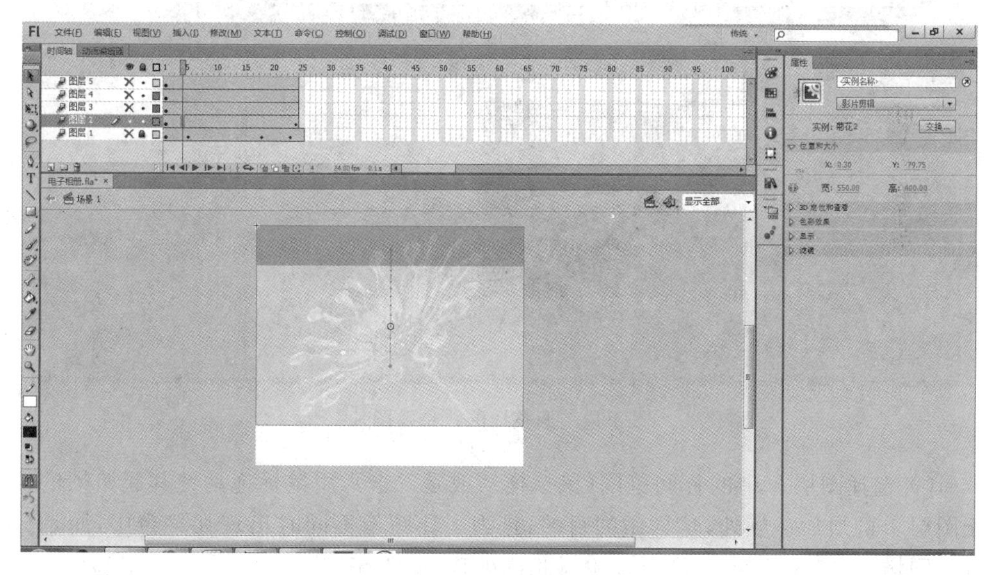

图 5-12　图像的起始位置

图 5-13　图像的终止位置

图 5-14　调整后的线条及图片

(10) 选择图层 2 中的补间范围(鼠标拖动或是双击),用鼠标拖动使其起始帧的位置位于图层 1 的最后一帧处,这样做的目的,是为了让图像不同时出现在舞台中,而是分时出现。同样,图层 3、图层 4、图层 5 也做相同处理,如图 5-15 所示。

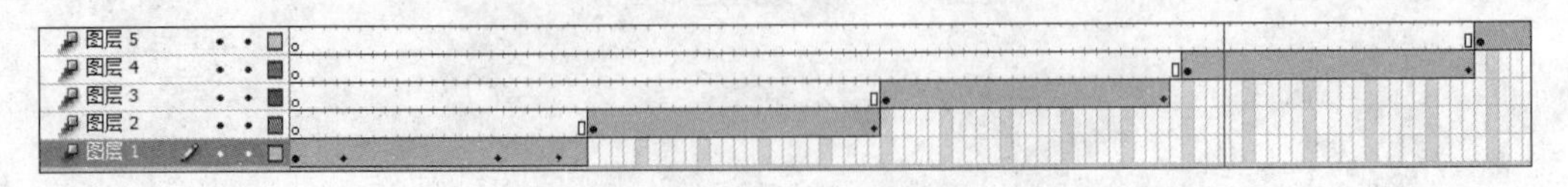

图 5-15　各图层的调整

(11) 按 Ctrl+Enter 组合键测试影片,观看动画效果。按 Ctrl+S 组合键保存文档。

任务总结

本任务是动画预设的使用,通过该功能的应用大大简化了动画制作的步骤,读者也可尝试用其他不同的动画预设效果进行设置,看看会发生什么变化。

5.2.2　动画预设

动画预设是 Flash 中预配置好的补间动画,可以将它们快速地应用于舞台上的对象,从而使用户通过最少的步骤来实现动画效果。用户在应用时,可以使用文件中现有的动画预设;可以将自己做好的动画进行自定义预设后,再在文件中使用;也可以在应用动画预设后,对动画做任意的修改。总之,Flash 动画预设是添加动画效果的基础知识,用户在熟练掌握其工作方式后,制作动画将会变得非常容易。

1. "动画预设"面板

选择"窗口"→"动画预设"命令,打开"动画预设"面板,如图 5-16 所示。在"动画预设"面板里有两大类内容,分别是"默认预设"和"自定义预设",单击"默认预设"左侧的三角形,就打开了所有的默认项目,一共有 32 项默认的动画效果,单击每个项目,在上面的预览窗口中就可以查看其动画效果。

2. 应用动画预设的具体操作方法

(1) 在舞台上选中可补间的对象,这个对象可以是元件实例也可以是文本字段。如果选定的对象无法应用动画预设,则会显示如图 5-17 所示对话框,单击"确定"按钮后允许将该对象转换为元件。

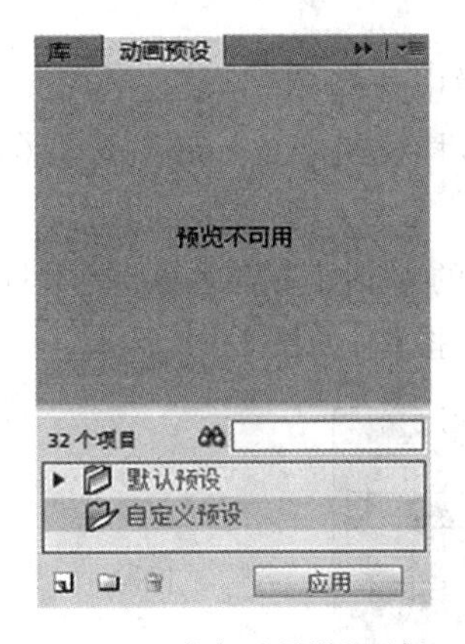

图 5-16　"动画预设"面板

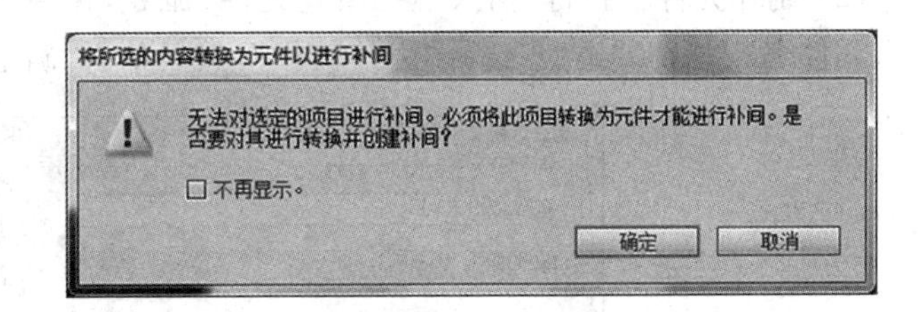

图 5-17　将所选的内容转换为元件以进行补间

(2) 在"动画预设"面板中选择一个项目。

(3) 单击面板中的"应用"按钮,则动画就会应用到舞台上的对象。

3. 应用动画预设的说明

(1) 动画预设需应用在 ActionScript 3.0 以上的文件。

(2) 舞台上的每个对象只能应用一个预设,若再选择一个预设进行应用,则第二个预设会替换第一个预设。

（3）一旦将预设应用于对象后，在时间轴上创建的补间就不再与“动画预设”面板有任何关系了，此时，若在“动画预设”面板中重命名或是删除某个预设，则对以前使用该预设创建的所有补间没有影响。

（4）每一个动画预设都有特定数量的帧数，应用预设后，在时间轴上创建的补间范围将包含此数量的帧，用户可以根据需要调整帧数的多少。

（5）包含3D效果的动画预设只能应用于影片剪辑实例，已补间的3D属性不适用于图形或按钮元件，或是文本字段。

5.3 任务21 制作动画“打开大门”

5.3.1 任务综述与实施

任务介绍

通过3D旋转工具制作“打开大门”动画。

任务分析

制作该动画运用了3D旋转工具，通过工具中对大门旋转的控制来快速实现大门打开的3D效果。

相关技能

（1）熟悉3D工具在二维动画中的作用。

（2）掌握3D工具的使用。

任务实施

（1）启动Flash CS6，创建元件。在欢迎界面的“新建”栏中选择ActionScript 3.0。

注：ActionScript 2.0中不支持3D动画的设计，因此选择使用ActionScript 3.0，然后进入设计场景进行设计。

（2）制作元件。执行“插入”→“新建元件”命令，在弹出的对话框的“名称”文本框中输入元件名“左门”，“类型”选择“影片剪辑”，然后单击“确定”按钮，如图5-18所示。

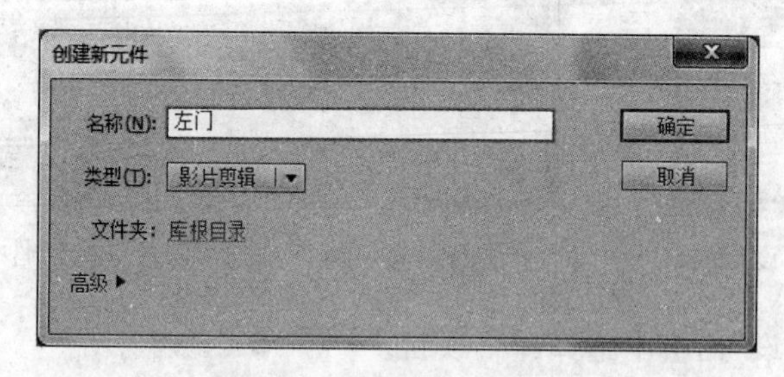

图5-18 新建“左门”元件

（3）进入元件编辑界面，绘制左扇门。首先在“左门”元件中绘制一个矩形，调整好宽、高。按住Alt+Shift+F9组合键将“颜色”面板调出来，在“颜色类型”下拉列表中选择“位图填充”选项，如图5-19所示。

(4) 在弹出的“导入到库”对话框中选中木质纹理位图填充矩形，如图5-20所示。

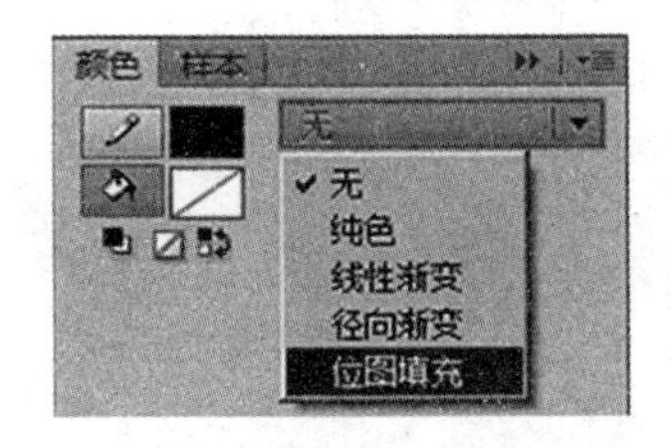

图5-19　设置“左门”的颜色填充

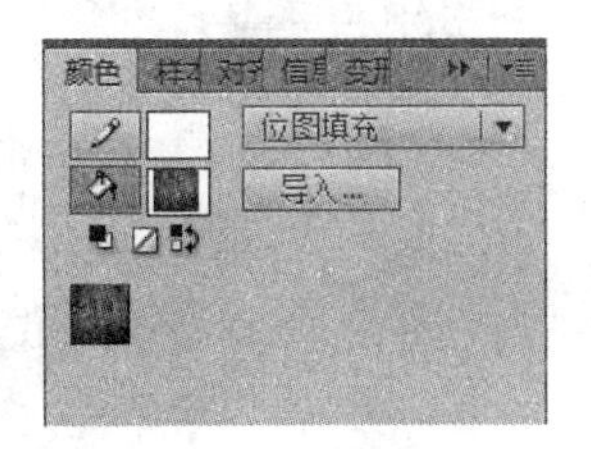

图5-20　木质纹理位图填充矩形

(5) 在该矩形上放置一个门环的PNG图片，调整到合适大小，获得“左扇门”元件，如图5-21所示。使用同样方法制作相同大小的右扇门，如图5-22所示。

图5-21　左扇门

图5-22　右扇门

(6) 制作门框。回到场景1，绘制大小为两个门板的无填充色的黑色矩形框，笔触设置为12。

(7) 开门效果制作。将图层1命名为门框，添加两个图层，将图层2和图层3分别命名为“左门板”“右门板”。选中“左门板”图层将“左门板”元件拖曳到图层中，同样将“右门板”元件拖曳到“右门板”图层中。

(8) 单击任意变形工具，选中“左门板”将中心点移动到“左门板”的左边框上，同样选中“右门板”将中心点移动到“右门板”的右边框上。在3个图层的第50帧处插入帧，在左、右门板图层中创建补间动画，如图5-23所示。

(9) 单击3D旋转工具，选中“左扇门”，将旋转中心点移动到中心点上。选中“左门板”所在图层的第50帧右击，在弹出的快捷菜单中选择“插入关键帧”→“旋转”命令，将“左扇门”向左旋转一定角度，如图5-24所示。

(10) 使用同样的方法制作右扇门，双开大门动画制作完毕。最终效果如图5-25所示。

(11) 按Ctrl+Enter组合键测试影片，观看动画效果。按Ctrl+S组合键保存文档。

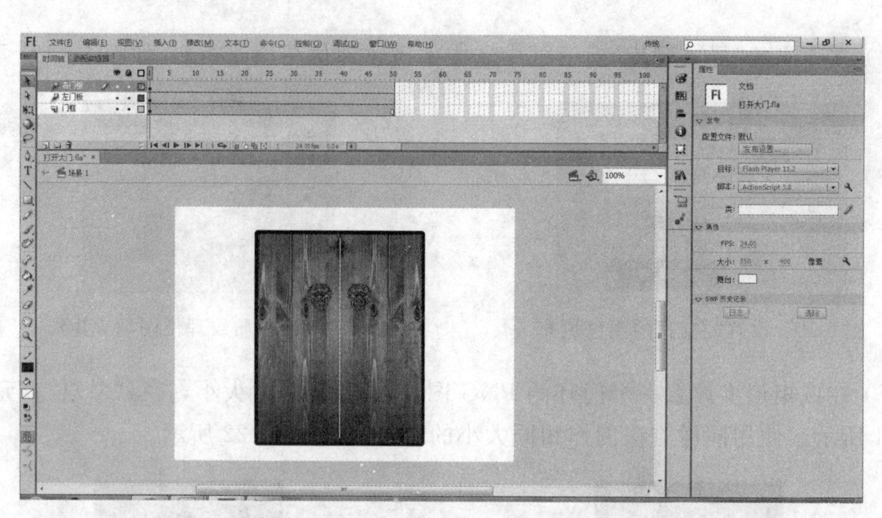

图 5-23 为左、右门板创建补间动画

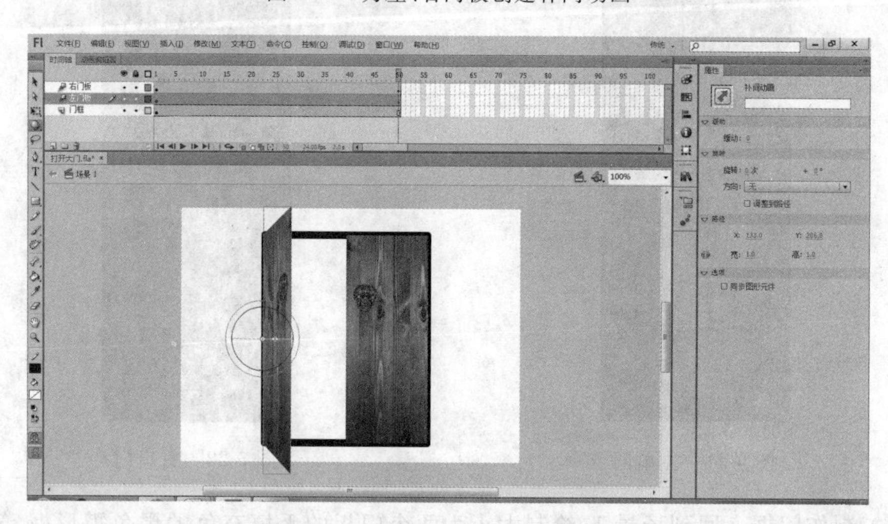

图 5-24 为左门设置 3D 旋转效果

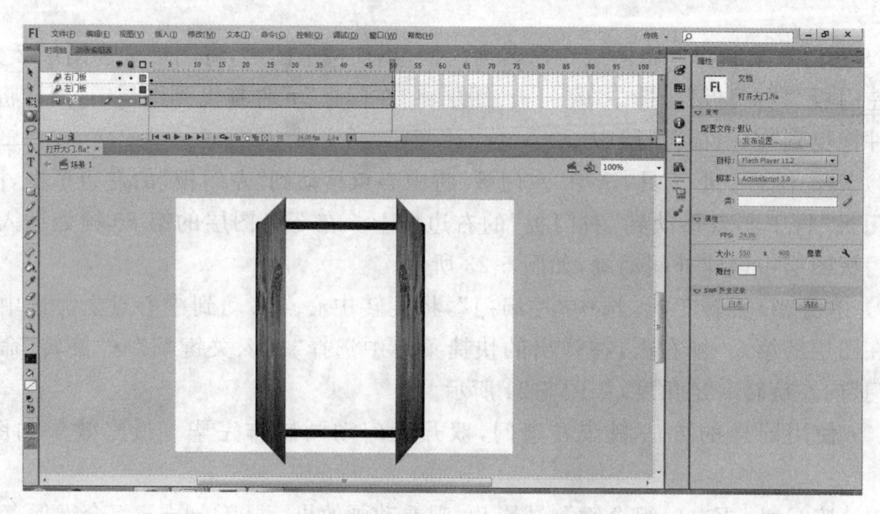

图 5-25 “打开大门”最终效果

任务总结

本任务主要讲述了一个简单的打开大门的制作过程，读者可以结合所学的知识，制作窗户、冰箱、柜子等打开的效果。

5.3.2　3D 工具

Flash CS6 提供了可以制作具有 3D 动画功能的工具。Flash CS6 中的 3D 工具分为以下两种。

1. 3D 旋转工具

3D 旋转工具形状为，其作用是对元件进行旋转。

3D 旋转功能只能对影片剪辑元件产生作用。导入一张图像，并按 F8 键转换为“影片剪辑”元件。

选择 3D 旋转工具，这时在图像中央会出现一个类似瞄准镜的图形，十字的外围是两个圈，并且它们呈现不同的颜色。当鼠标指针移动到红色的中心垂直线时，指针右下角会出现一个“X”；当鼠标指针移动到绿色水平线时，指针右下角会出现一个“Y”；当鼠标指针移动到蓝色圆圈时，指针右下角又会出现一个“Z”。

当鼠标指针移动到橙色圆圈时，可以对图像的 X、Y、Z 轴进行综合调整。

通过“属性”面板中的“3D 定位和查看”卷展栏可以对图像的 X、Y、Z 轴进行数值的调整。

还可以通过“属性”面板对图像的“透视角度”和“消失点”进行数值调整。

2. 3D 平移工具

3D 平移工具形状为，其作用是对元件进行三维平移。

3D 平移功能只能对影片剪辑元件起作用。导入一张图像，并按 F8 键转换为“影片剪辑”元件。

红色为 X 轴，可以对 X 轴横向轴进行调整。

绿色为 Y 轴，可以对 Y 轴纵向轴进行调整。

中间的黑色圆点为 Z 轴，可以对 Z 轴（远近）进行调整。

还可以通过“属性”面板中的“3D 定位和查看”卷展栏来调整图像的 X 轴、Y 轴、Z 轴数值。

通过调整“属性”面板中的“透视角度”数值，可以调整图形在舞台中的位置。

通过调整“属性”面板中的“消失点”数值，可以调整图形中的“消失点”。

3D 工具在工具面板中默认是旋转工具，单击其右下角的下三角按钮可以在两种工具之间进行选择，如图 5-26 所示。

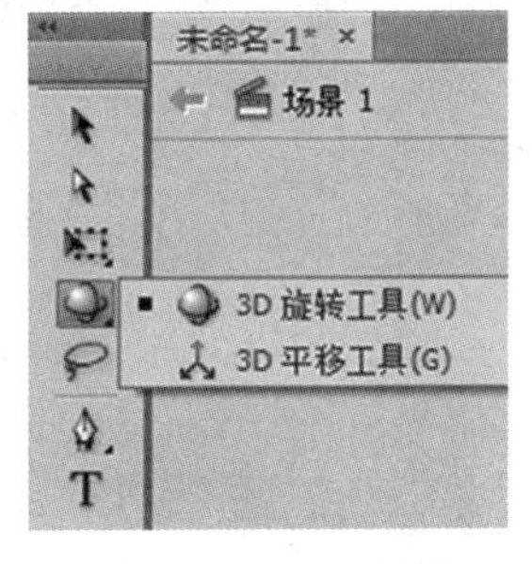

图 5-26　3D 工具栏

5.4　单元小结

本单元介绍了动画编辑器、动画预设工具、3D 工具概念及使用方法。动画编辑器和动画预设工具，不仅可以简化制作过程，更重要的是能使 Flash 作品大为增色，花少量的时间就能制作出复杂的补间动画。

而 3D 功能,给 Flash 二维动画制作加入了三维元素,使二维动画更加生动活泼。

5.5 习题与思考

一、选择题

1. 滤镜的适用对象有(　　)。

A. 文本　　B. 图像　　C. 影片剪辑　　D. 按钮

2. 动画编辑器的可调项目有(　　)。

A. 基本动画　　B. 转换　　C. 色彩效果

D. 滤镜　　E. 缓动

3. 有关动画预设,下面说法正确的是(　　)。

A. 动画预设需应用在 ActionScript 3.0 以上的文件

B. 舞台上的对象可以应用多个预设效果

C. 每一个动画预设都有特定数量的帧数,用户无法调整帧的数量

D. 包含 3D 效果的动画预设只能应用于影片剪辑实例

4. Flash CS6 提供了可以制作具有 3D 动画功能的工具,分为(　　)。

A. 3D 旋转工具　　B. 3D 变形工具

C. 3D 平移工具　　D. 3D 翻转工具

二、判断题

1. ActionScript 2.0 中不支持 3D 动画的设计。(　　)

2. 用户在应用动画预设后,不能对动画做任意的修改。(　　)

3. 应用动画编辑器之前,需要先有一段补间动画,并且动画编辑器只允许编辑那些在补间范围中可以改变的属性。(　　)

第 6 单元

声音、视频、行为、组件及 Flash 演示文稿应用

6.1 任务 22 制作“音乐动画”

6.1.1 任务综述与实施

任务介绍

制作一个“音乐动画”。

(1) 在 Flash 动画中添加声音并设置声音效果和同步方式。

(2) 应用动画预设设置有声画面的动画效果。

任务分析

制作音乐动画首先应导入声音，根据音乐的长短、节奏等特征插入关键帧并添加相关文字和画面，然后给画面设计相应的动画效果。

相关技能

(1) 掌握 Flash 动画声音的导入、编辑及属性设置方法。

(2) 掌握压缩并导出声音，给单个声音设置导出属性。

相关知识

(1) Flash 动画支持的声音格式(MP3、WAV、AIFF 格式)。

(2) 添加声音(为关键帧添加声音、为按钮添加声音)。

(3) 声音效果、同步编辑，声音压缩与输出(在“属性”面板中编辑声音，在“编辑封套”对话框中编辑声音，压缩声音文件，输出音频)。

(4) 设置动画预设。

任务实施

(1) 启动 Flash 程序，创建 Flash 新文件并保存为“音乐动画. fla”，文档属性默认。

(2) 从菜单栏选择“文件”→“导入”→“导入到库”命令，将 you_and_me. mp3 声音文件导入库中。

(3) 在库中双击声音文件，打开“声音属性”对话框设置声音属性。清除“使用导入的

MP3 品质”复选框，压缩声音后单击“确定”按钮（对于一个以 MP3 格式导入的文件，导出时也可以使用该文件导入时的相同设置。选择“使用导入的 MP3 品质”来导出此文件），如图 6-1 所示。

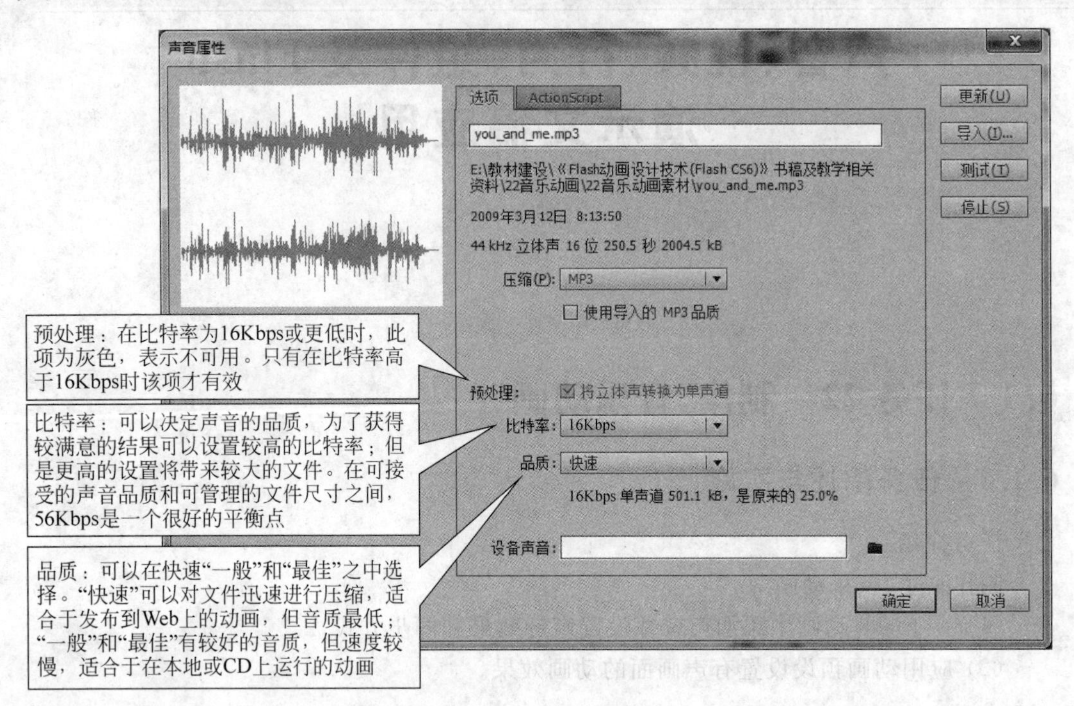

图 6-1　“声音属性”对话框

（4）将图层 1 重命名为“音乐”，选中第 1 帧，在“属性”面板中选择 you_and_me.mp3，“同步”选择“数据流”，如图 6-2 所示。

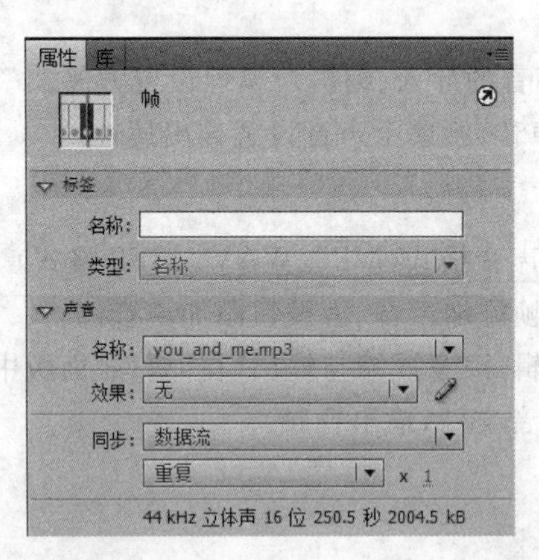

图 6-2　在“属性”面板中设置声音

（5）单击“属性”面板中的编辑按钮（“效果”选项右边的铅笔状按钮），打开声音“编辑封套”对话框，可观察和编辑音乐。调节声音“编辑封套”对话框中的“缩小”或“放大”、“秒”或“帧”按钮，可观察该音乐的长度为几帧或几秒，可见该音乐总长约 6000 帧（当帧频为 24fps 时，音乐总长约 250 秒）；移动调节中间的滑块，可编辑裁剪声音的长短；单击“播放”“停止”按钮可试听声音，如图 6-3 所示。

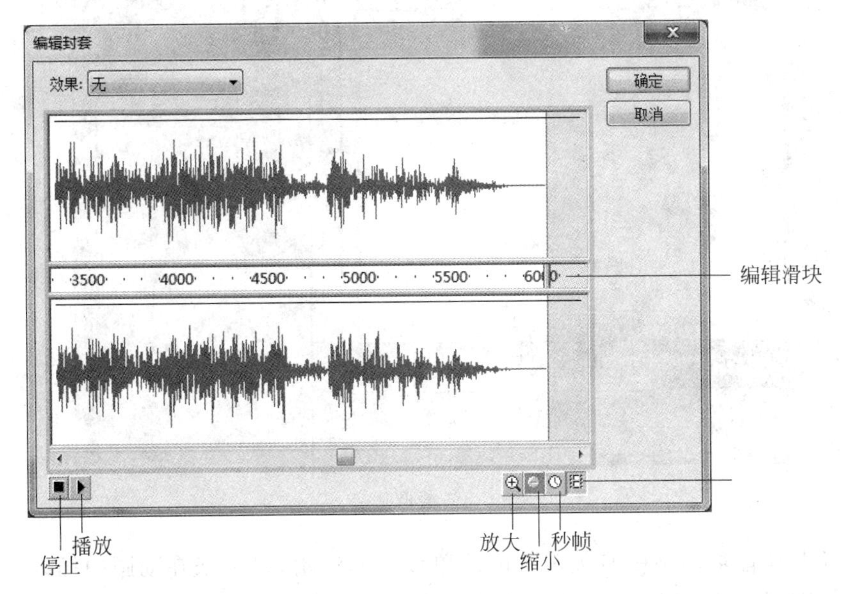

图 6-3　“编辑封套”对话框

（6）在“属性”面板中调整帧频为 12fps，在第 3000 帧按 F5 键插入帧，这样可在时间轴中让声音延续到结束，按 Enter 键可试听声音播放效果，如图 6-4 所示。

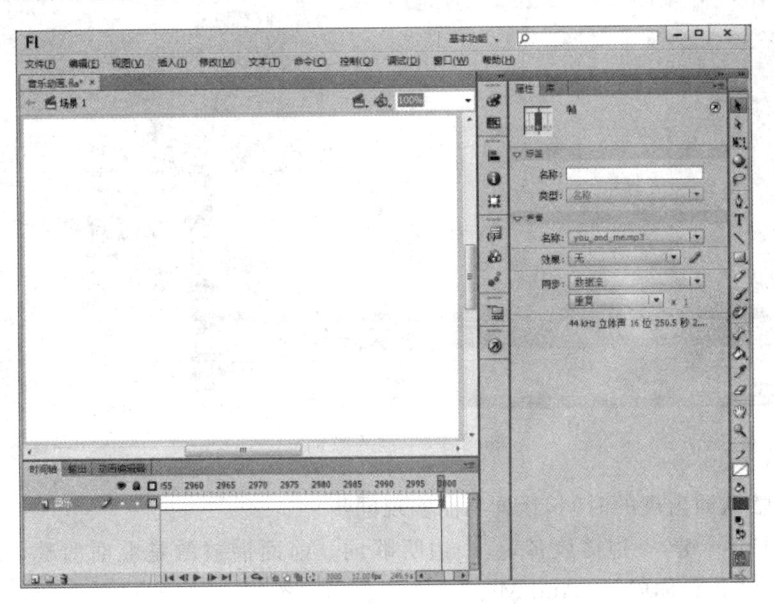

图 6-4　延续声音至 3000 帧

（7）如要截取其中演唱的第一部分，可在第 920 帧插入关键帧，并将其后的帧删除，让音乐在所演唱的第一段处结束，如图 6-5 所示。

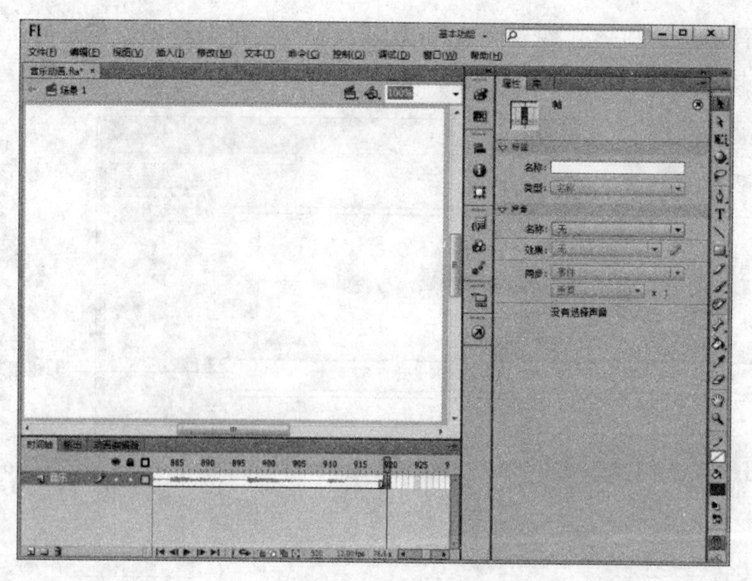

图 6-5　截取声音

(8) 以上是音乐动画中有关声音的简单设置和编辑，接下来在动画中插入歌词。在场景 1 新建图层 2，并重命名为“歌词”，选中第 1 帧，用文本工具在舞台下方正中输入歌词，文本类型为静态文本，其他属性自定，具体如图 6-6 所示。

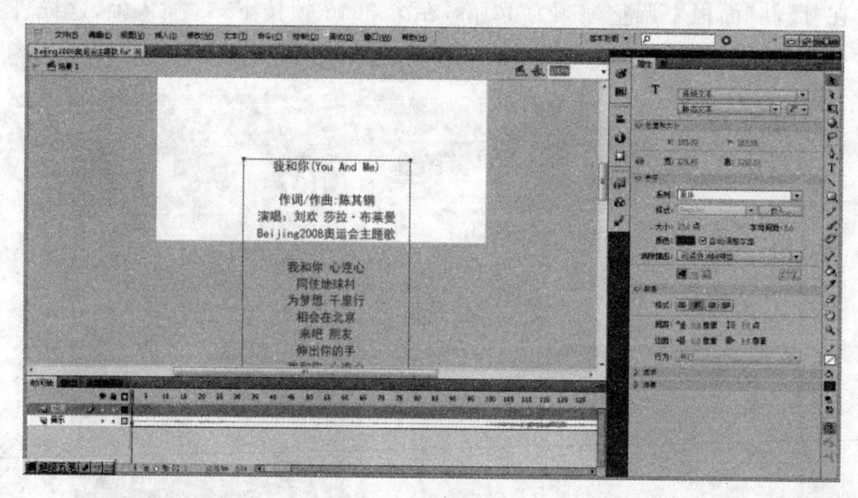

图 6-6　插入歌词

下面调整歌词出现的时间，让词与曲实现同步。

(9) 按 Enter 键，一边播放音乐，一边听歌词。前面播放的是歌曲前奏，在舞台上显示的是歌曲名“我和你(You And Me)”。

(10) 在第一句歌词的第一个字出现时(约在第 95 帧)，按 Esc 键暂停，并在第 95 帧处插入关键帧。将歌名“我和你(You And Me)”删除，将第一句词放在上面调整到位，后一句词与前一句词空开一行，即让后面的词不要出现在舞台上，如图 6-7 所示。其他歌词的设置方法类似，播放一句设置一句直至结束，如图 6-8 和图 6-9 所示。

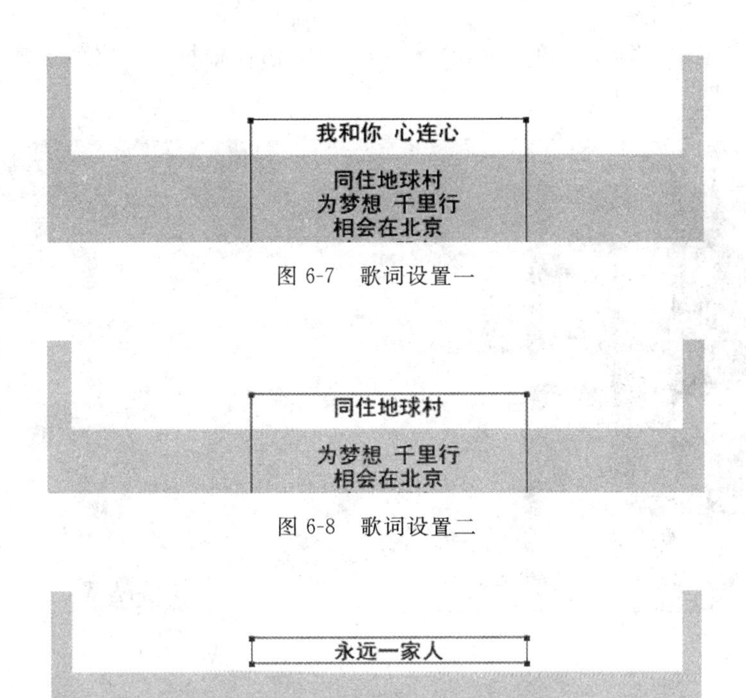

图 6-7　歌词设置一

图 6-8　歌词设置二

图 6-9　歌词设置三

(11) 全部歌词设置完后，按 Enter 键试听，观察歌词与曲是否同步。如有偏差可移动相应的关键帧，调整歌词出现的时间让词与曲实现同步。

(12) 接下来，制作与音乐相关的动态画面。导入一些与音乐相关的图片到库，如图 6-10 所示。

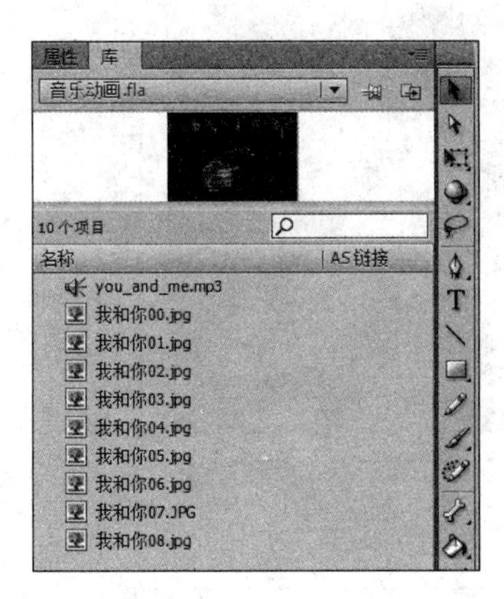

图 6-10　导入图片

(13) 压缩位图可以使播放的 SWF 文件相对较小些。在库中双击图片小图标，打开“位图属性”对话框，设置每一张位图的属性，清除“使用导入的 JPEG 数据”选项，选择“自定义”，设置“自定义”值为 50 以压缩位图。用同样方法设置每一张位图的属性，对位图进行压缩处理，如图 6-11 所示。

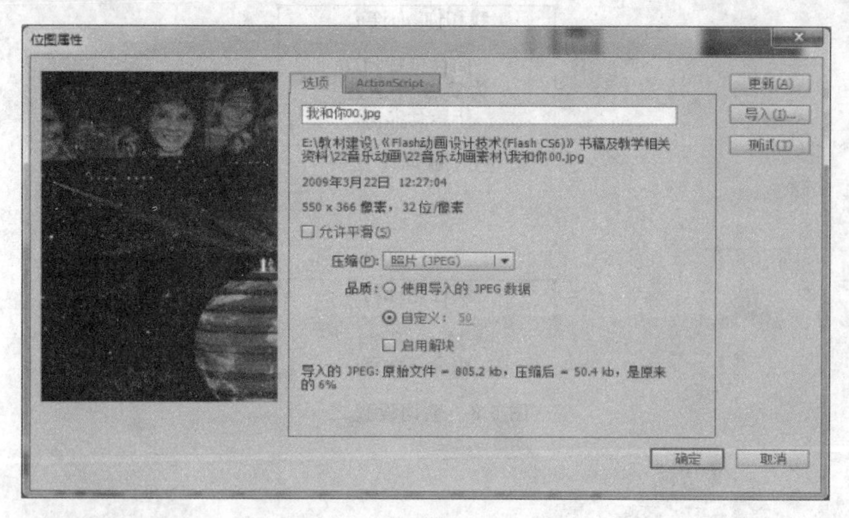

图 6-11 压缩位图

(14) 配置音乐画面。新建一个图层，重命名为“画面”，将其移到歌词层之下，将图片从库中拉到舞台中，并在歌词层下再新建一个“白色块”图层，设置一个半透明、与一行歌词宽度、高度相近的白色块以便使歌词与画面分开显示。根据画面效果可相应调整背景颜色，如图 6-12 所示。

图 6-12 配置音乐画面

(15) 利用动画预设设置一些音乐动画效果。在“画面”图层每一句歌词出现处插入空白关键帧，在与歌词相应的关键帧放置相应图片，并相对舞台居中对齐。利用动画预设设置一些动画效果，直至最后一句歌词为止，如图 6-13 所示。

图 6-13　利用动画预设设置动画效果

(16) 片头片尾还可设置一些其他动画效果，以增强欣赏效果。

(17) 按 Ctrl+Enter 组合键观察动画效果，根据情况可进行修改、调整。

(18) 最后进行发布设置并保存动画源文件和 Flash 影片文件。

任务总结

在动画中添加声音使得动画更加有声有色，有吸引力，更加形象。制作音乐动画主要是学习声音的导入和使用，以及如何压缩和导出声音。其中重点和难点是在动画中添加声音时如何设置声音效果和同步方式。

6.1.2　Flash 动画支持的音频格式

可以导入 Flash 中使用的声音素材，一般来说是 3 种格式：MP3、WAV 和 AIFF。在众多的格式里，应尽可能使用 MP3 格式的素材，因为 MP3 格式的素材既能够保持高保真的音效，还可以在 Flash 中得到更好的压缩效果。

可以被 Flash 导入的声音文件格式有以下 3 种。

(1) WAV(仅限 Windows)；

(2) AIFF(仅限 Macintosh)；

(3) MP3(Windows 或 Macintosh)。

如果系统上安装了 QuickTime 4 或更高版本，则可以导入一些附加的声音文件格式。

(1) AIFF(Windows 或 Macintosh)；

(2) Sound Designer Ⅱ(仅限 Macintosh)；

(3) 只有声音的 QuickTime 影片(Windows 或 Macintosh)；

(4) Sun AU(Windows 或 Macintosh)；

(5) System 7 声音(仅限 Macintosh);

(6) WAV(Windows 或 Macintosh)。

在 Flash 中添加的声音,最好是 16 位声音,以保持良好的音色。声音要使用大量的磁盘空间和 RAM。如果内存有限,可以考虑缩短声音或使用 8 位声音替换 16 位声音。

但是 ActionScript 3.0、Flash Player 和 AIR 支持以 MP3 格式存储的声音文件。它们不能直接加载或播放 WAV 或 AIFF 等其他格式的声音文件。

6.1.3 声音导入、编辑、压缩及导出

1. 声音的导入

导入声音的操作方法跟导入位图的方法相似。需要注意的是,导入声音只能选择"文件"→"导入"→"导入到库"命令。注意声音文件是不能直接导入舞台的(即使选择"导入到舞台"命令,声音还是不会出现在舞台中)。当声音文件被成功地导入之后,就可以将它们应用到动画中了。添加声音时,最好将每个声音放置在不同的层中,而且添加到时间轴上的声音才可以应用(参见本任务的"任务实施"第(4)步)。

Flash 中有两种声音类型:事件声音(Event Sound)和数据流(Stream Sound)。事件声音必须完全下载后才能开始播放,除非明确停止,否则它将一直连续播放。数据流在前几帧下载了足够的数据后就开始播放,数据流要与时间轴同步以便在网站上播放。

还可以使用预先编写的行为或媒体组件来加载声音和控制声音回放,媒体组件还提供了用于停止、暂停、后退等动作的控制器。也可以使用 ActionScript 2.0 或 ActionScript 3.0 动态加载声音。

添加声音的方法一是从"属性"面板上添加声音;方法二是从"库"面板里像拖曳元件一样将声音拖入舞台。

2. 声音的编辑

设置声音播放的各种效果,主要有编辑声音封套、设置声音的同步方式、设置声音的循环等。

1) 设置声音效果

可从"效果"弹出菜单中选择效果选项,具体如图 6-2、图 6-3 和表 6-1 所示。

表 6-1 声音效果选项

选 项	说 明
无	不对声音文件应用效果。选中此选项将删除以前应用的效果
左声道/右声道	只在左声道或右声道中播放声音
从左到右淡出 从右到左淡出	会将声音从一个声道切换到另一个声道
淡入	随着声音的播放逐渐增加音量
淡出	随着声音的播放逐渐减小音量
自定义	允许使用"编辑封套"创建自定义的声音淡入点和淡出点

2) 设置声音同步

可从"同步"弹出菜单中选择"同步"选项。

(1) 事件：会将声音和一个事件的发生过程同步起来。事件声音(例如，用户单击按钮时播放的声音)在显示其起始关键帧时开始播放，并独立于时间轴完整播放，即使 SWF 文件停止播放也会继续。当播放发布的 SWF 文件时，事件声音会混合在一起。如果事件声音正在播放，而声音再次被实例化(例如，用户再次单击按钮)，则第一个声音实例继续播放，另一个声音实例同时开始播放。

(2) 开始：与“事件”选项的功能相近，但是如果声音已经在播放，则新声音实例就不会播放。

(3) 停止：使指定的声音静音。

(4) 数据流(音频流)：将同步声音，以便在网站上播放。Flash 强制动画和数据流同步。如果 Flash 不能足够快地绘制动画的帧，就跳过帧。与事件声音不同，数据流随着 SWF 文件的停止而停止。而且，音频流的播放时间绝对不会比帧的播放时间长。当发布 SWF 文件时，音频流混合在一起。

注意：如果使用 MP3 声音作为音频流，则必须重新压缩声音，以便能够导出。可以将声音导出为 MP3 文件，所用的压缩设置与导入它时的设置相同。

为“重复”输入一个值，以指定声音应循环的次数，或者选择“循环”以连续重复声音。注意不要循环播放音频流。如果将音频流设为循环播放，帧就会被添加到文件中，文件的大小就会根据声音循环播放的次数而倍增。

若要测试声音，可在包含声音的帧上拖动播放头，或使用“控制器”或“控制”菜单中的命令。

Flash 允许在同一个动画文件中添加多个声音文件，只要将声音分别存放在不同的图层上即可。在播放时，这些声音会一起播放。这样就会得到混音效果。

3. 声音的压缩及导出

在声音被导出时，通常要在带宽受限制的环境将其从原始格式转换为某种更加容易管理的格式。由于音频会大幅度地增加影片文件的尺寸，因此声音导出一般都要进行压缩。可以通过设置声音的属性来实现更新、替换和压缩等。

设置声音属性，操作过程如下。

(1) 打开“库”窗口，双击声音文件的名字或图标，打开“声音属性”对话框。

(2) 在“声音属性”对话框中进行声音的压缩方式设置。

① 选择“默认”，则表示默认对话框中的压缩设置，此选项没有附加选项可供选择。

② ADPCM(自适应音)压缩选项用来设置 8 位或 16 位声音数据的压缩，这种选项最适合于持续时间较短且在较低质量下仍能正常播放的声音的压缩。

- 5kHz：采样率低，如果声音中有语音，则不能使用。
- 11kHz：是标准 CD 采样率的 1/4。
- 22kHz：是标准 CD 采样率的 1/2，是 Web 播放的选择。
- 44kHz：是标准 CD 采样率。

压缩的比值越大，文件越小，但音效也越差。

③ 当导出像乐曲这样较长的音频流时，使用 MP3 压缩选项。如果要导出一个以 MP3 格式导入的文件，导出时可以使用该文件导入时的相同设置。MP3 压缩方式对于

动画中的音乐、对话、长时间的声音效果和任何种类的流式同步声音的压缩是一个最好的选择。它可以在最后完成的文件尺寸和声音质量方面产生非常好的结果，如图 6-1 所示。

④ 使用原始压缩选项，则声音没有被压缩，声音被混合到单一声道中，并且采用较低的采样比率。

⑤ 语音压缩选项，是专门为语音而设计的，要在动画中加入道白和对话，用此项压缩可以产生相当好的效果而且可以保持较小的文件。

删除声音的主要操作有删除帧上的声音素材和删除库中的声音素材。删除帧上的声音可通过“属性”面板删除，或用“清除关键帧”命令删除帧上的声音。

6.2 任务 23 制作“晚会”视频

6.2.1 任务综述与实施

任务介绍

制作一个“晚会”视频动画，如图 6-14 所示。

图 6-14 “晚会”视频

任务分析

在 Flash 中引用视频制作多媒体动画，先导入视频，根据视频的内容、长短以及音频节奏等特征进行剪切或编辑操作。可对视频画面设计相应的视窗效果，并可添加相关文字、按钮和行为等动画效果。

相关技能

(1) 掌握导入视频及视频属性的设置，音频与视频的综合应用。

(2) 应用行为控制视频播放。

相关知识

(1) Flash 动画支持的视频类型。

（2）导入视频，编辑视频。

（3）行为和“行为”面板。

（4）按钮控制视频行为。

任务实施

（1）启动 Flash 程序，创建 Flash 新文件并保存为“晚会. fla”。创建新文件时需要注意的是，由于要应用“行为”，所以新建文件时要选择第 2 个选项，即选择 ActionScript 2.0，其他文档属性默认（Flash CS6 不支持 ActionScript 3.0 使用行为，应使用基于 ActionScript 2.0 的. fla 文件进行保存），如图 6-15 所示。

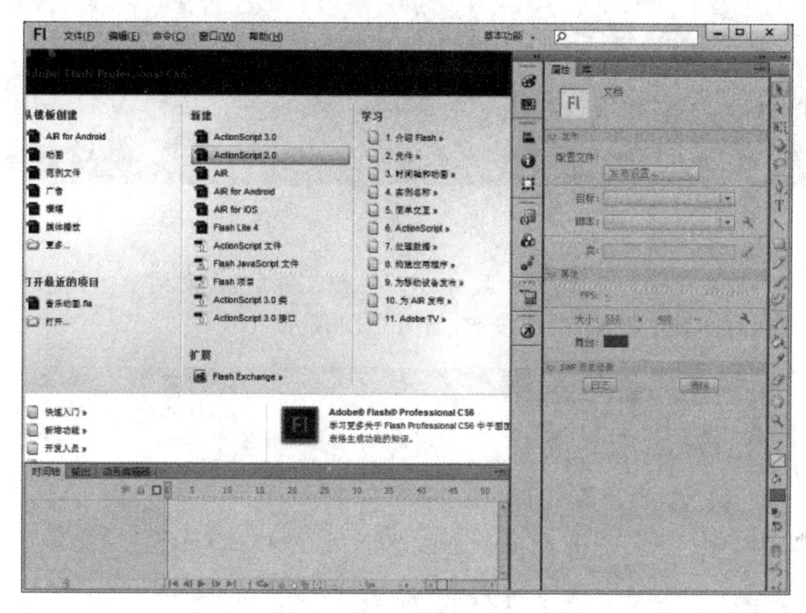

图 6-15　创建新文件

（2）导入视频文件。从菜单栏选择“文件”→“导入”→“导入视频”命令，将“元旦晚会. avi”视频文件导入库中。在“导入视频”的“选择视频”对话框中单击“浏览”按钮，选择导入视频文件的路径。对于 Flash CS6 系统不支持的视频格式，在导入视频或应用时将出现警告信息，如图 6-16 所示。

（3）在 Flash CS6 中如要在 SWF 中嵌入视频并在时间轴上播放，则要求导入的视频格式为 FLV 或 F4V，可“启动 Adobe Media Encoder”将视频转换为 FLV 或 F4V 格式的文件后再导入，如图 6-17 和图 6-18 所示。

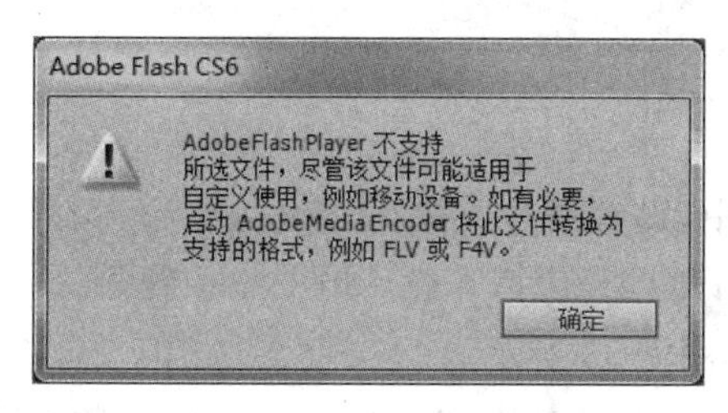

图 6-16　导入视频警告

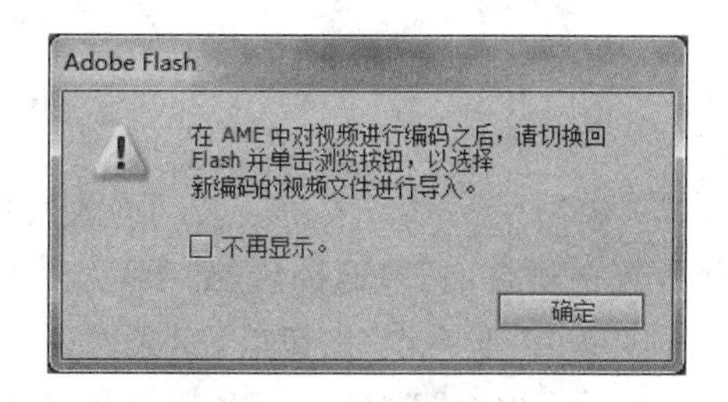

图 6-17　嵌入视频警告

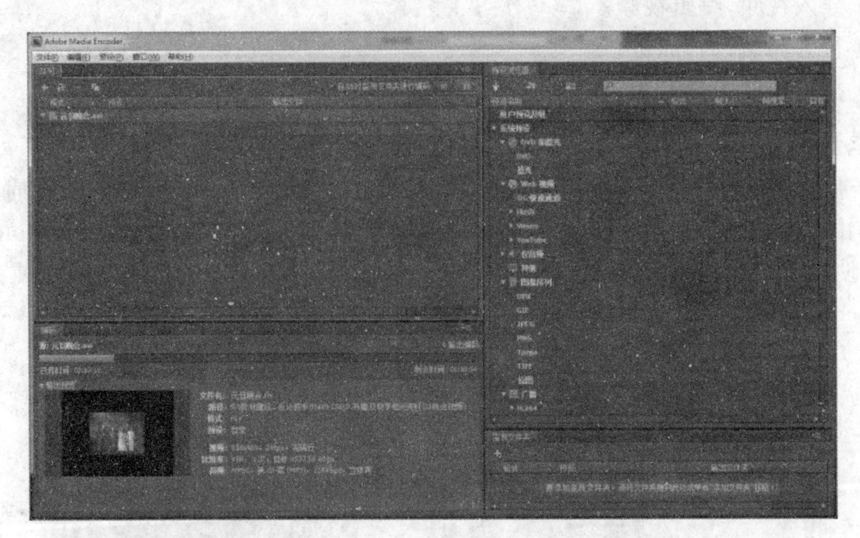

图 6-18　Adobe Media Encoder 软件界面

(4) 单击“浏览”按钮，选择“元旦晚会. flv”视频文件后，在对话框中选中“在 SWF 中嵌入 FLV 并在时间轴中播放”单选按钮，如图 6-19 所示。

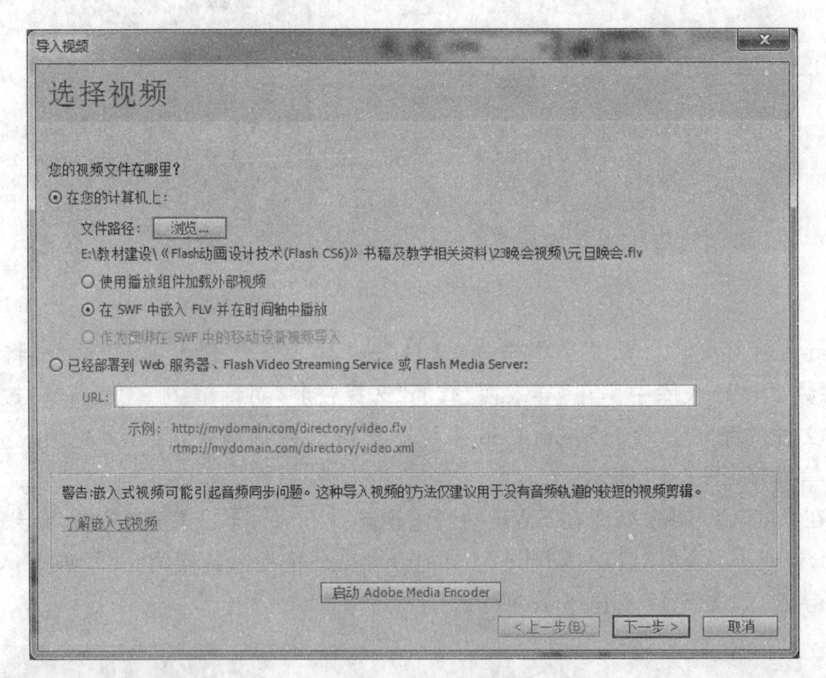

图 6-19　选择视频

(5) 单击“下一步”按钮后，在“嵌入”对话框中，设置符号类型为嵌入的视频，选择“将实例放置在舞台上”单选按钮，如果需要，可扩展时间轴，包括音频，如图 6-20 所示。

(6) 单击“下一步”按钮后，完成视频导入，如图 6-21 所示。

(7) 单击“完成”按钮，可看到视频导入进度，完成后在库中可见有嵌入的视频元件，

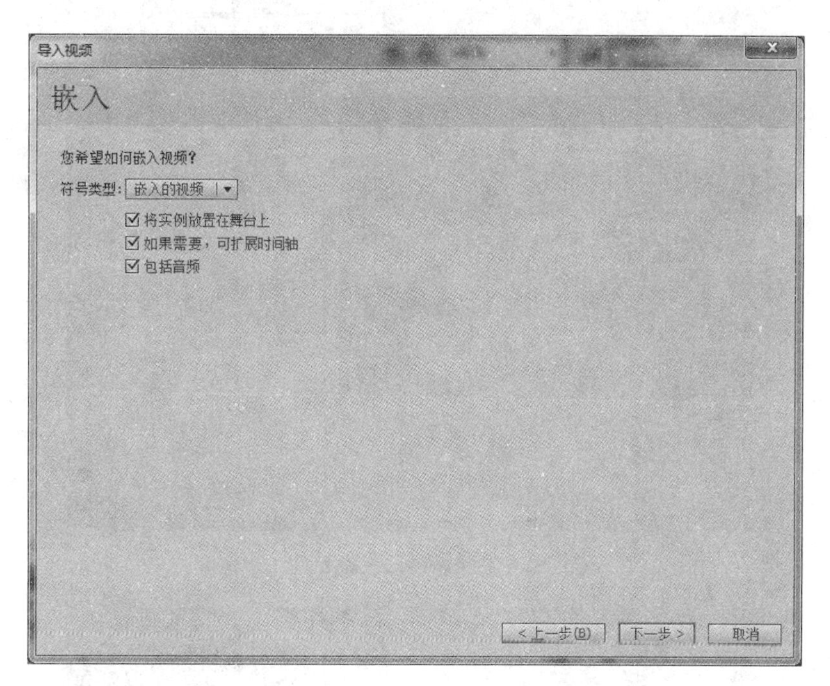

图 6-20　嵌入视频

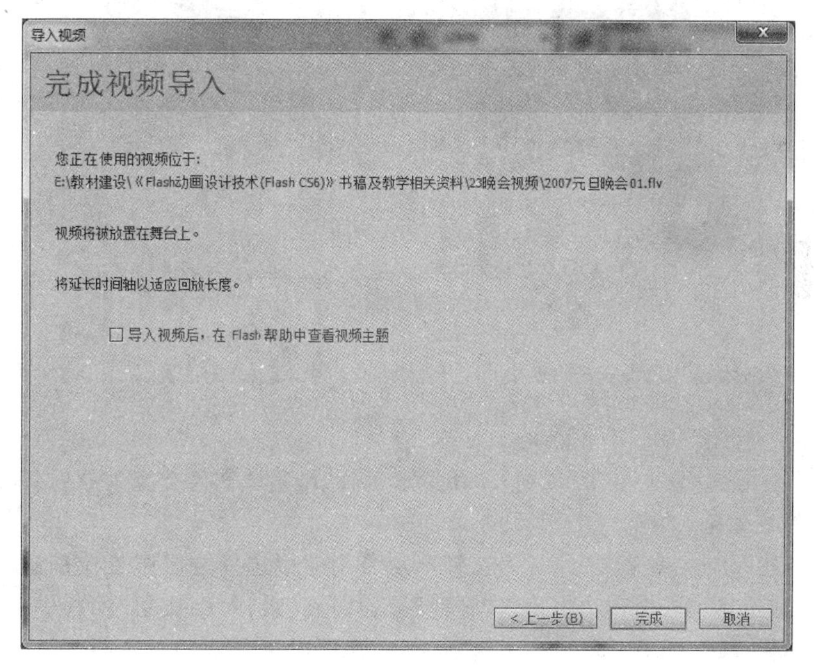

图 6-21　完成视频导入

如图 6-22 所示。

(8) 接下来进行舞台布置。将图层 1 重命名为“视频”，将视频元件放在舞台中，打开“对齐”面板设置相对舞台居中，并将实例命名为“元旦晚会”，如图 6-23 所示。

图 6-22 库中的视频元件

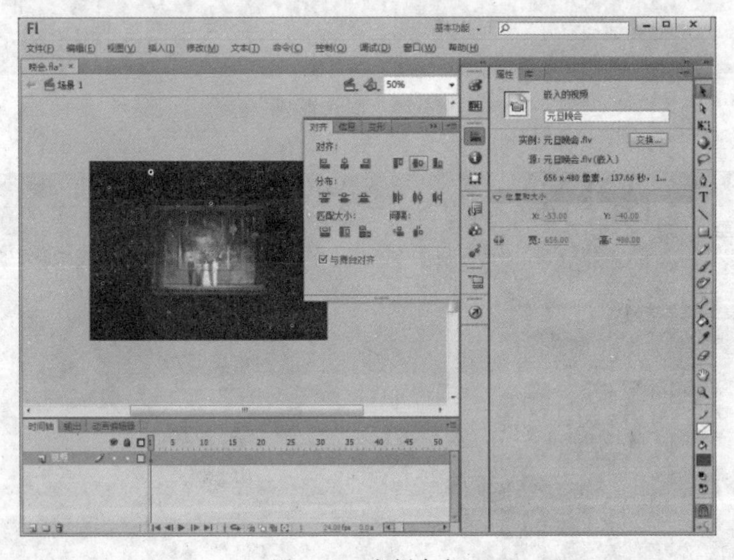

图 6-23 实例命名

(9) 新建图层并重命名为“视窗”。用矩形工具,设置填充色类型为放射状,颜色可以自选,绘制视窗效果,如图 6-24 所示。

(10) 新建图层并重命名为“行为按钮”,从公用库中选择按钮布置在视窗边框上,或自行设计相应按钮放在视窗边框上。“音量”按钮可在“公用库/按钮”面板中单击 classic buttons/Knobs & Faders/fader-gain 按钮,如图 6-25 所示。

(11) 设置播放按钮行为。具体步骤是选中播放按钮,选择菜单栏中的“窗口”→“行为”命令打开“行为”面板。如果在开始新建 Flash 文件时选择的是第 1 个选项,即选择 ActionScript 3.0,则将出现警告信息,如图 6-26 所示。须先进行发布设置,设置 ActionScript 版本为 2.0 即可,如图 6-27 所示。

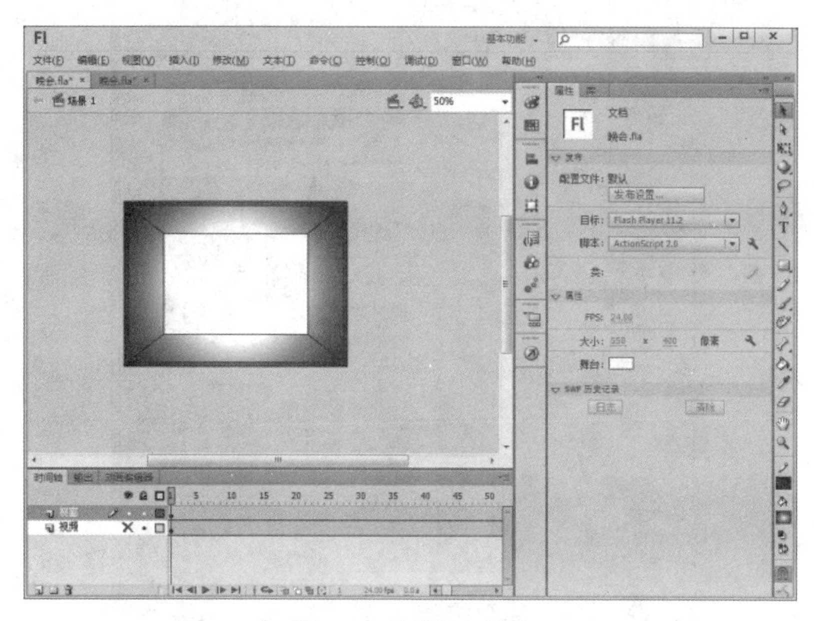

图 6-24　绘制视窗效果

图 6-25　选择按钮

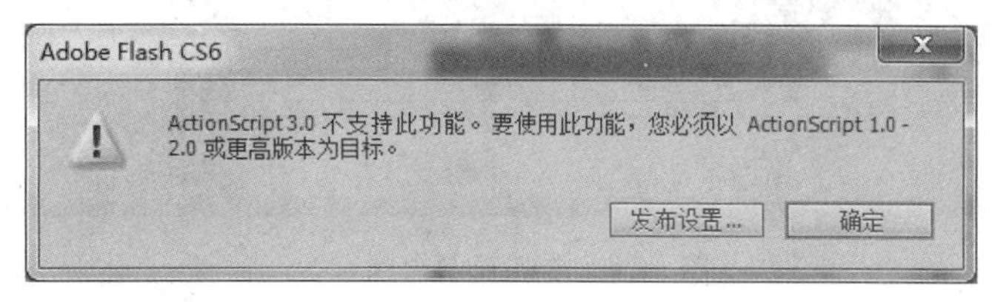

图 6-26　警告信息

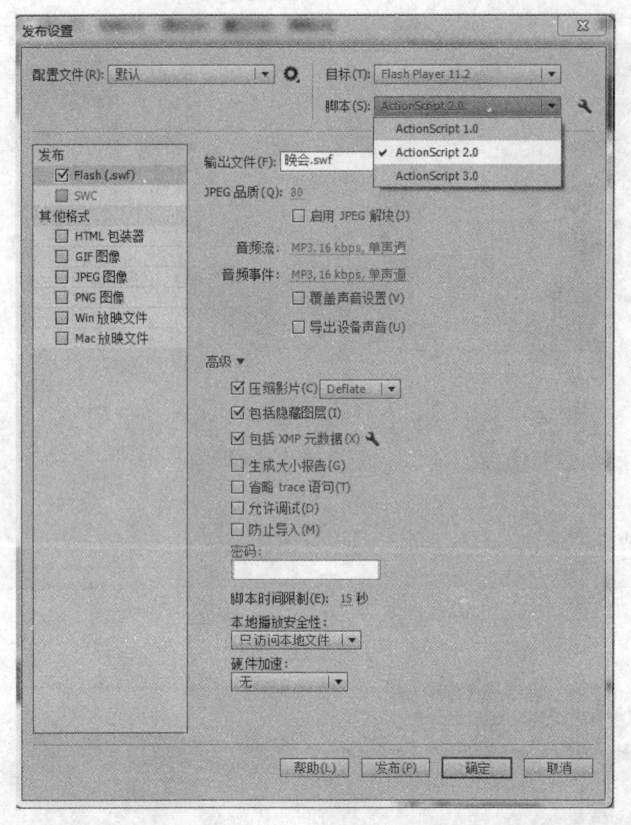

图 6-27 发布设置

(12) 在“行为”面板中添加控制视频行为，在“添加行为”下拉菜单中选择“嵌入的视频”→“播放”命令，如图 6-28 所示。

图 6-28 添加控制视频行为

(13) 在“播放视频”对话框中选择“元旦晚会”视频实例后单击“确定”按钮，如图 6-29

所示。其他暂停、停止、显示、隐藏等按钮的行为设置类似播放按钮，只要选择相应的行为即可。

(14) 下面进行视频音量的控制设置。在“行为控制”图层第 1 帧设置声音动作脚本，打开“动作”调板，添加动作脚本“sound = new Sound();”，如图 6-30 所示。

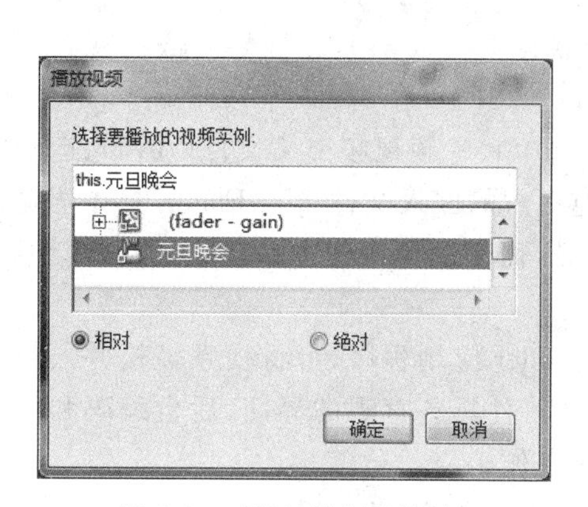

图 6-29　“播放视频”对话框

图 6-30　设置声音动作脚本

(15) 在舞台中双击音量实例 fader-gain，在 fader-gain 编辑窗口选中 Layer 4 层第 1 帧，在“动作”调板中倒数第二句“sound. setVolume(level);”之前加上“_root.”，即改为“_root. sound. setVolume(level);”，这样就可控制主时间轴上视频的音量了，如图 6-31 所示。

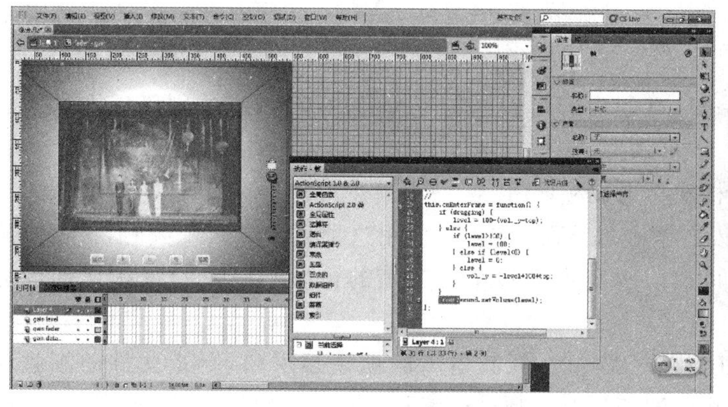

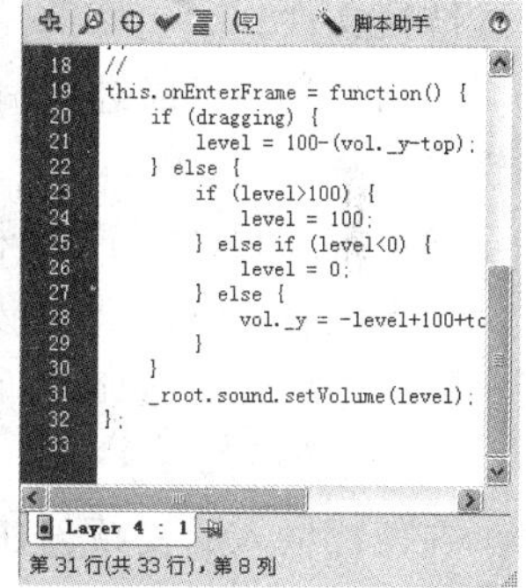

图 6-31　修改音量实例 fader-gain 脚本

(16) 在舞台视窗框上还可设置一些文字等其他动画效果，以增强欣赏效果，如图 6-14 所示。

(17) 按 Ctrl+Enter 组合键观察动画效果，根据情况可进行修改、调整。

(18) 最后进行发布设置并保存动画源文件和 Flash 影片文件。

任务总结

本任务制作“晚会”动画主要是学习视频的导入和编辑，以及导出视频，应用行为和组件控制视频的播放等。其中重点和难点是视频的导入和编辑，以及如何设置行为和组件，实现交互式控制视频的播放。

6.2.2 Flash 动画支持的视频格式

在 SWF 文件中嵌入视频,不同的设备支持不同的视频格式和视频编码。

如果系统安装了 QuickTime 6 或更高版本,则导入嵌入视频时支持的视频文件格式有:AVI、DV、MPG、MPEG、MOV。

如果系统安装了 DirectX 9 或更高版本(仅限 Windows),则在导入嵌入视频时支持的视频文件格式有:AVI、MPG、MPEG、WMV、ASF。

可以将视频剪辑作为 QuickTime 视频(MOV)、音频视频交叉文件(AVI)、运动图像专家组文件(MPEG)或数字视频(DV)等其他格式的嵌入文件导入 Flash,具体情况视系统而定。在有些情况下只能导入文件中的视频,而无法导入其中的音频。此时会显示警告消息,只能导入没有声音的视频。

借助 Flash CS6 随附的 Adobe Media Encoder 应用程序,可将视频轻松并入项目中并高效转换视频剪辑。Adobe Media Encoder 软件具备直观的界面、后台编码和简便的预设功能,能够在任意屏幕中进行快速的输出工作。

除了 Adobe FLV 视频格式之外,Flash Player 和 Adobe AIR 还支持从 MPEG-4 标准文件格式中以 H.264 和 HE-AAC 编码的视频和音频。这些格式以更低的比特率提供高质量的视频流。

6.2.3 视频导入、导出及编辑

通过"视频导入"向导可以选择将视频剪辑导入为流式文件、渐进式下载文件、嵌入文件或链接文件。

应用的视频可以进行编辑,有的内容可以在导入过程中编辑,有的则可以在导入后编辑。

导出视频时可以 FLV 格式导出视频剪辑。

嵌入的视频允许将视频文件嵌入 SWF 文件。使用这种方法导入视频时,该视频放置于时间轴中可以看到时间轴帧所表示的各个视频帧的位置。嵌入的视频文件成为 Flash 文档的一部分。

在使用嵌入的视频创建 SWF 文件时,视频剪辑的帧频必须和 SWF 文件的帧频相同。若要使用与 FLA 文件相同的帧频对视频进行编码,应使用"视频导入"向导中的"高级视频编码"设置。如果对 SWF 文件和嵌入的视频剪辑使用不同的帧频,则回放时会不一致。若要使用可变的帧频,应使用渐进式下载或 Flash Media Server 导入视频。在使用这些方法中的任何一种导入视频文件时,FLV 文件都是自包含文件,它的运行帧频与该 Flash SWF 文件中包含的所有其他时间轴帧频都不同。

6.2.4 行为和"行为"面板及添加行为

行为就是预先编写的动作脚本,通过它可以将动作脚本编码的强大功能、控制能力和灵活性添加到 Flash 文档中,而不必用户自己创建动作脚本代码。

"行为"面板是用来为对象添加行为的，先选中要添加行为的对象，再打开"行为"面板，在"行为"面板上单击"添加行为"按钮，在下拉菜单中选择相应的行为项目，如图 6-32 所示。

图 6-32　"行为"面板

6.3　任务 24　应用 Flash 演示文稿模板制作"国画欣赏"

任务介绍

制作一个"国画欣赏"动画，效果如图 6-33 所示。除了演示文稿系统默认的切换方法以外，当单击封面小图时可打开大图欣赏，单击大图时还原为封面小图显示。

图 6-33　国画欣赏

任务分析

在 Flash 中使用演示文稿模板制作多媒体动画，先利用模板创建一个幻灯片演示文稿，然后配置幻灯片和添加内容，并使用模板预设的动作脚本控件浏览幻灯片。

相关技能

(1) 应用 Flash 演示文稿功能，创建幻灯片演示文稿。

(2) 利用预设的动作脚本 ActionScript 代码控制幻灯片播放及自定义设置过渡浏览。

相关知识

(1) 模板演示文稿的类型和功能及应用。

(2) 创建 Flash 幻灯片演示文稿，利用模板制作幻灯片动画效果。

任务实施

(1) 启动 Flash 程序，选择"文件"→"新建"命令，在弹出对话框的"模板"选项卡的"类别"栏中选择"演示文稿"选项，再在"模板"栏中选择"高级演示文稿"选项，最后单击"确定"按钮，创建 Flash 新文件并保存为"国画欣赏. fla"，文档属性默认(默认舞台大小 800 像素×600 像素)，如图 6-34 和图 6-35 所示。

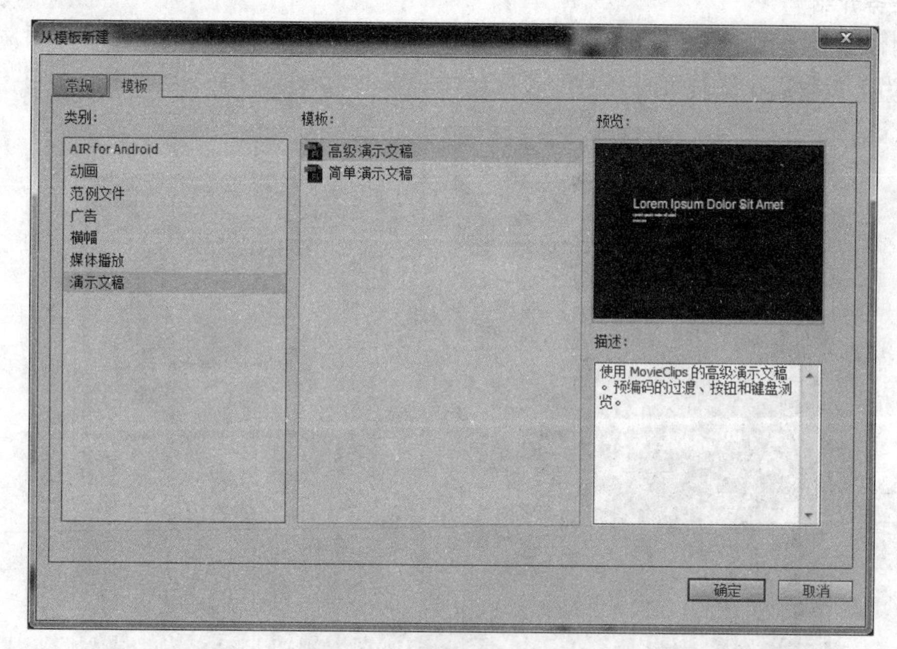

图 6-34 新建演示文稿一

(2) 导入 5 张图片(图片多少不限，仅以 5 张图片为例)到库中并压缩每一张位图。压缩图片的步骤是：在库中双击位图小图标，在打开的"位图属性"对话框中，选择压缩照片品质为自定义 50，如图 6-36 所示。

(3) 创建 t1、t2、t3、t4、t5 5 个影片剪辑元件。创建影片剪辑 t1 的步骤是：在菜单中选择"插入"→"新建元件"命令，设置元件名称为 t1，类型为"影片剪辑"，然后将 01. JPG

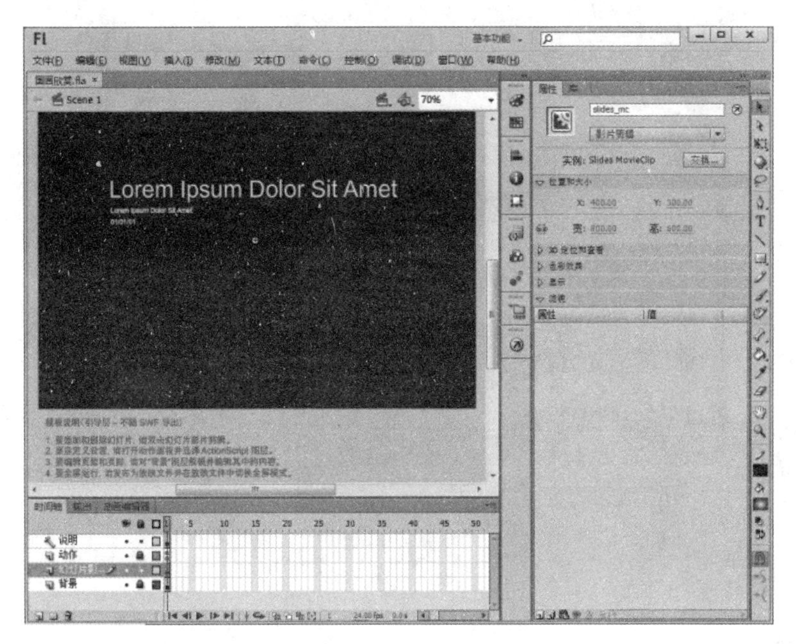

图 6-35　新建演示文稿二

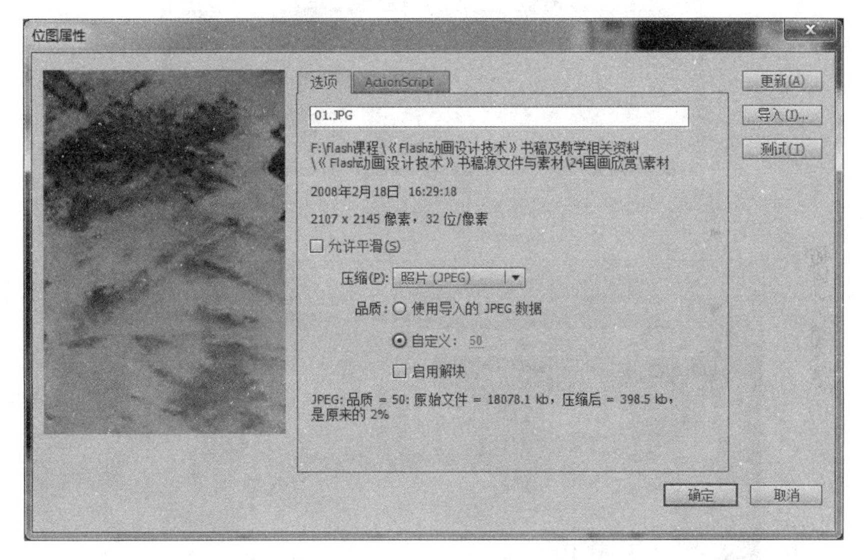

图 6-36　压缩图片

图片拉进舞台，调整好位置（X＝0，Y＝0）和大小（如约束长宽比，高＝500），如图 6-37 所示。

（4）其他图片 02.JPG～05.JPG 的影片剪辑元件可用直接复制后交换图片的方法制作。具体步骤是：在库中选中影片剪辑元件 t1 右击，在弹出菜单中选择“直接复制”命令，在打开的“直接复制元件”对话框的“名称”文本框中输入 t2，如图 6-38 所示。

（5）编辑 t2。在“属性”面板中，用交换图片的方法，将 02.JPG 图片替换原 01.JPG 图片，如图 6-39 所示。其余以此类推。

图 6-37 创建影片剪辑

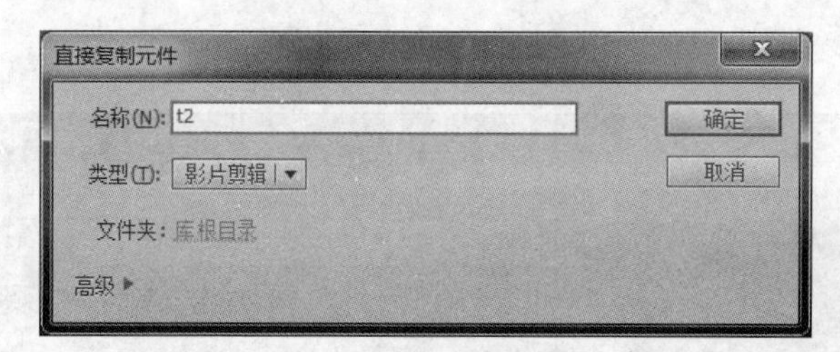

图 6-38 直接复制元件

图 6-39 交换位图

(6) 在幻灯片影片剪辑中设计封面，如图 6-40 所示。

图 6-40　设计封面

(7) 双击“幻灯片影片剪辑”图层中的 Slides MovieClip 元件，在编辑窗口选中第 1 帧，删除原有无关的内容。新建图层 2，从库中将刚才创建好的影片剪辑 t1～t5 拉进舞台中，并调整好大小和位置，如图 6-41 所示。

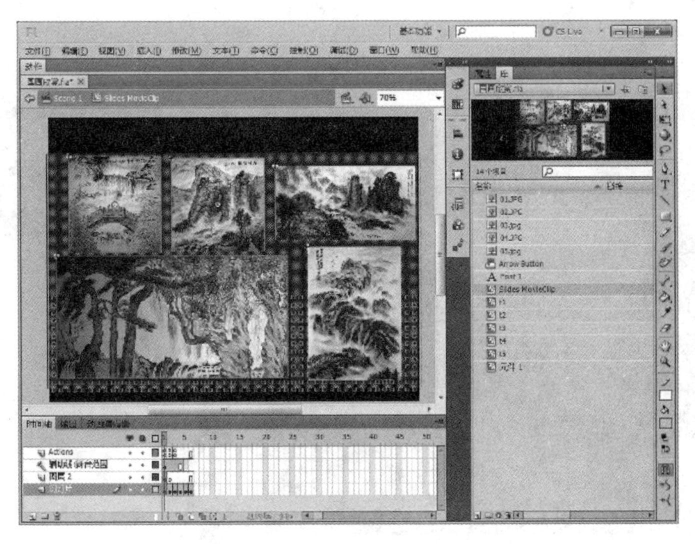

图 6-41　调整影片剪辑的大小和位置

(8) 选中第 2 帧，从库中将 t1 放入舞台正中间，即从第 2 帧开始，每一帧在整个舞台中只显示一张大图片，如图 6-42 所示。用同样的方法处理第 3 帧至第 6 帧，依次将 t2～t5 放入舞台正中，并调整好大小和位置，如图 6-43～图 6-46 所示。

图 6-42　t1 大图

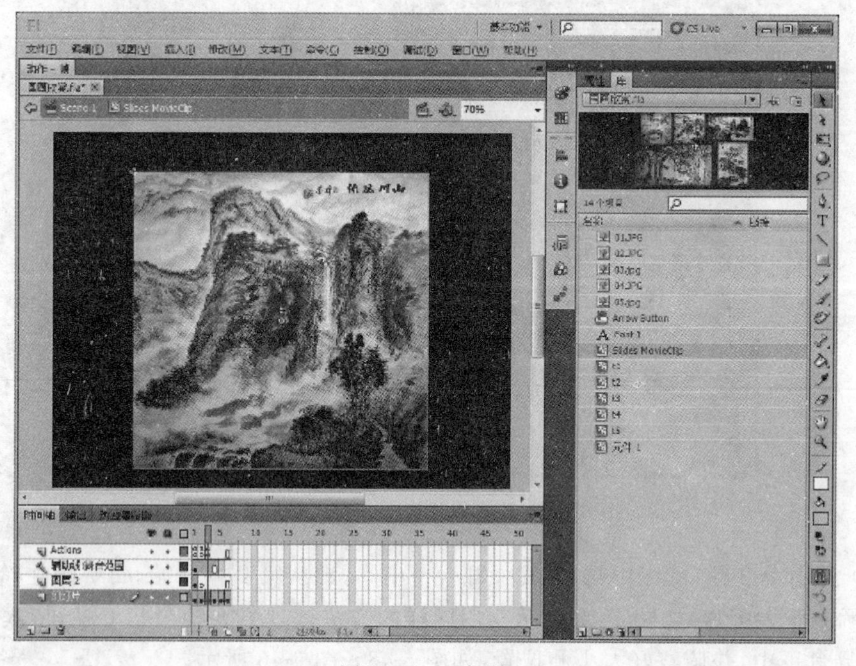

图 6-43　t2 大图

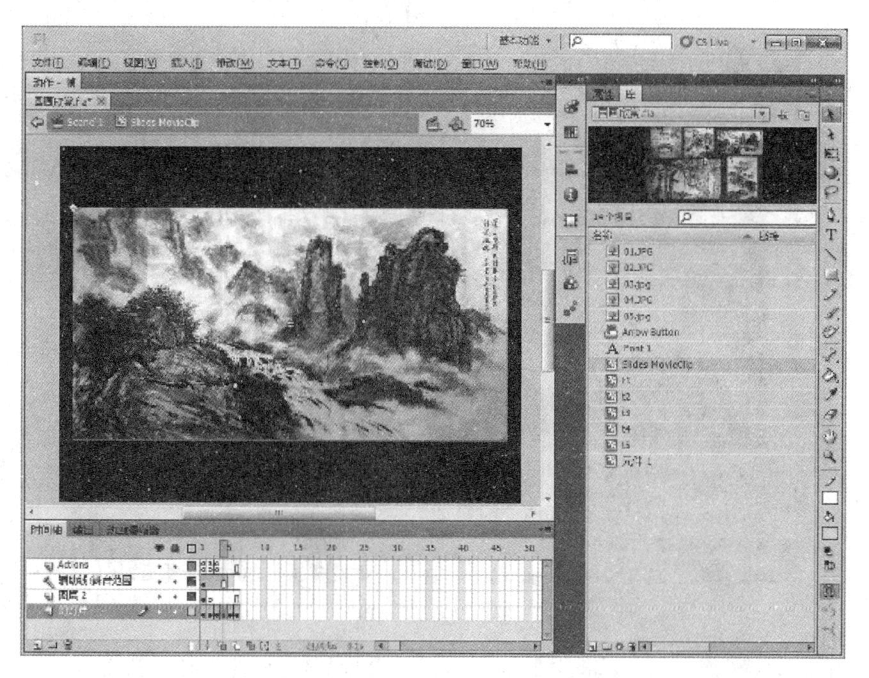

图 6-44　t3 大图

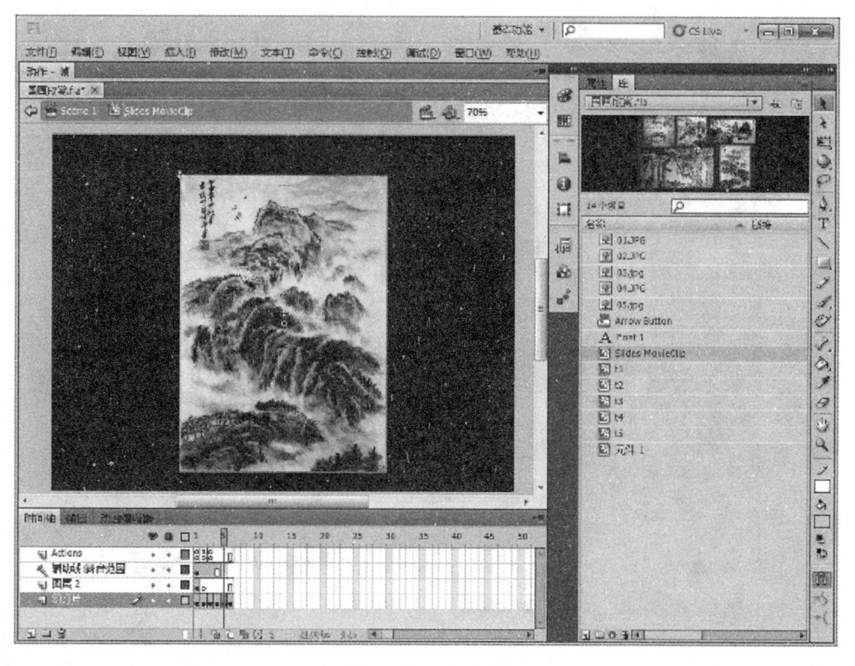

图 6-45　t4 大图

图 6-46 t5 大图

(9) 插入相关代码。具体步骤如下。

① 选中第 1 帧中的 t1 实例,修改其名称为 t1x,打开"动作"面板。在"动作"面板右上角单击"代码片断"按钮打开其面板,双击其中的"单击以定位对象"选项后,可自动插入相应代码,如图 6-47 和图 6-48 所示。

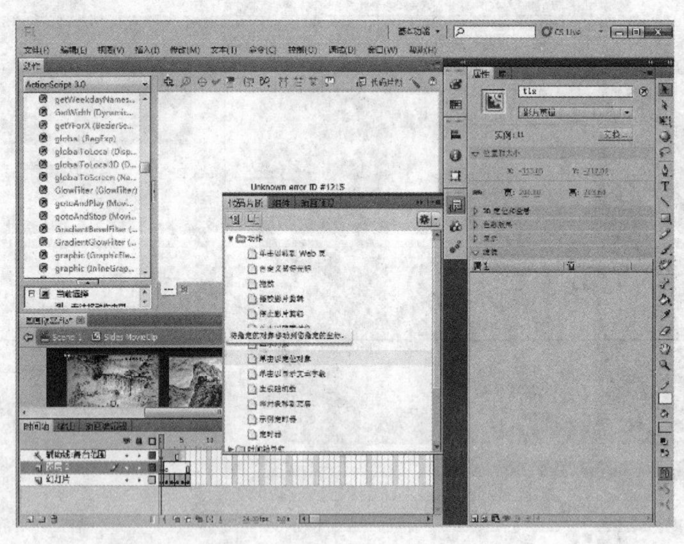

图 6-47 "动作"面板

② 修改代码。选中并删除原代码中的"t1x. x = 200;t1x. y = 100;"。另外插入代码 gotoAndStop(2),使得单击封面 t1 小图时能转到第 2 帧观看大图效果,如图 6-49 所示。

③ 选中第 2 帧中的 t1 实例,修改其名称为 t1d。用同样方法插入代码后,修改代码

图 6-48　插入代码

图 6-49　修改代码

为 gotoAndStop(1)，使单击大图时能返回到封面显示小图，如图 6-50 所示。

(10) 其余小图与大图的交换动画代码设置以此类推，如图 6-51 所示。

(11) 设置背景图层效果。具体步骤是：先隐藏“幻灯片影片剪辑”图层，并将背景图层解锁，再编辑修改或添加其中的内容，如图 6-52 所示。

(12) 按 Ctrl＋Enter 组合键观察动画效果，根据情况可进行修改、调整，效果如图 6-53 所示。

(13) 进行发布设置并保存动画源文件和 Flash 影片文件。

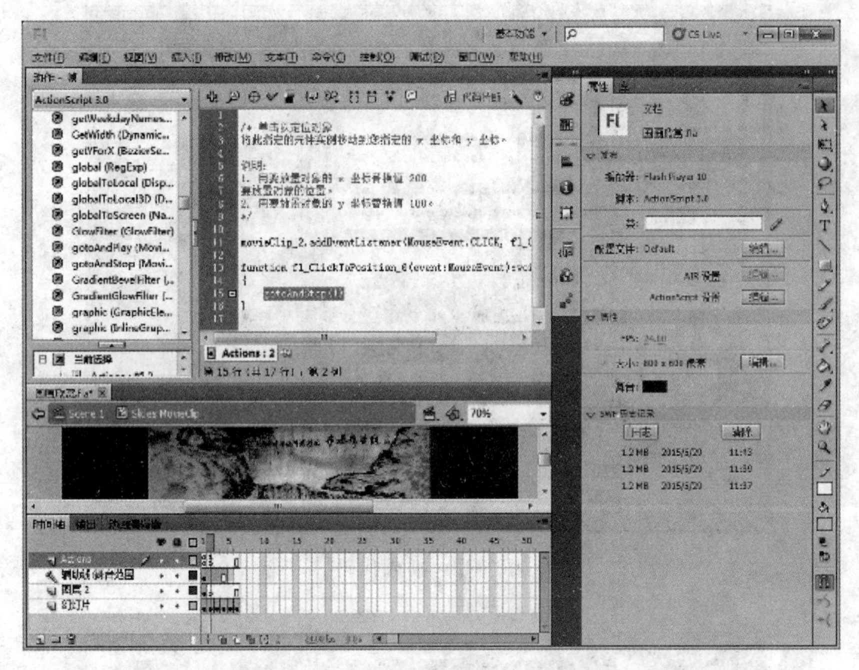

图 6-50　再次修改代码

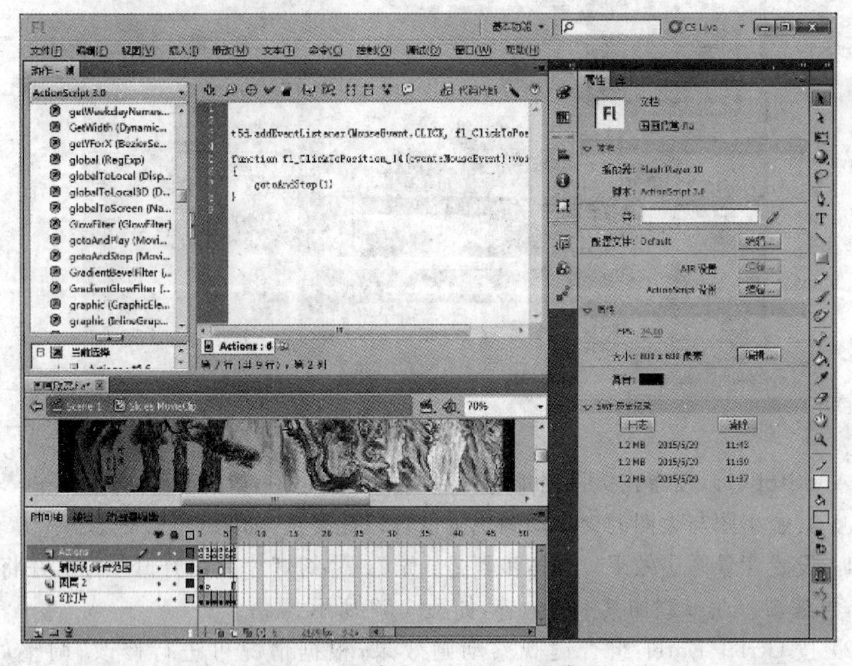

图 6-51　其余大图小图的交换代码

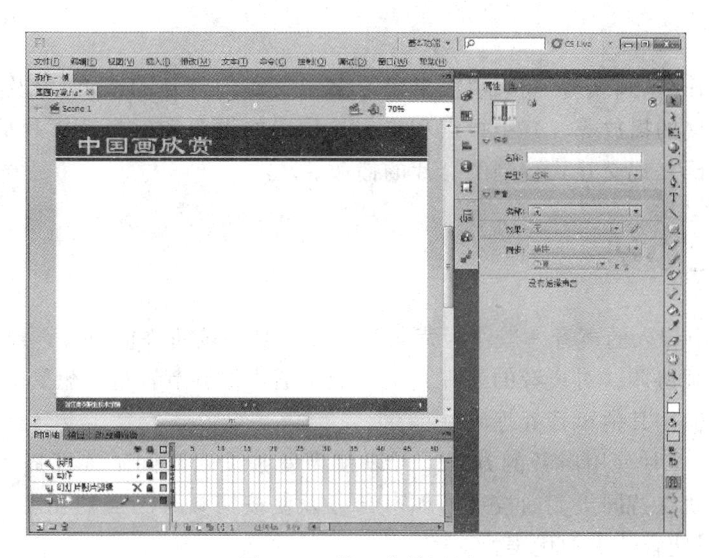

图 6-52　设置背景图层

图 6-53　“国画欣赏”最终效果

任务总结

本任务制作“国画欣赏”动画主要是学习演示文稿幻灯片的编辑，以及应用代码控制幻灯片演示文稿的播放等。其中重点和难点是代码的设置和幻灯片影片剪辑的编辑，以及如何设置代码实现交互式控制幻灯片的播放。

6.4 单元小结

在 Flash 中导入的声音一般作为背景声音或者是为按钮添加声音。声音的编辑主要在于如何与动画协调。对声音的处理其实只能是适当地调节音量。想要对声音进行理想化的处理最好使用其他声音处理软件。

Flash 提供多种使用声音的方式。可以使声音独立于时间轴连续播放，或使用时间轴将动画与音轨保持同步。向按钮添加声音可以使按钮具有更强的互动性，通过声音淡入/淡出还可以使音轨更加优美。

如果希望声音持续地播放，可以将重复次数设得高一点，而不必担心会因此增大 Flash 文件的大小。

为动画录制声音，最好先采用.wav 的形式，导入动画中，在发布的时候再选择一种压缩方式。

在 Flash 中应用视频可以更加逼真地模仿现实效果，制作声情并茂的精彩动画。但在 Flash 中视频的编辑功能有限。想要对视频进行理想化的编辑处理最好使用其他专业视频处理软件如 Adobe Premiere 等。

使用演示文稿幻灯片效果可以创建包含顺序内容的 Flash 文档如幻灯片放映。默认运行时行为允许用户使用左、右箭头键按顺序浏览幻灯片屏幕。

要为对象创建控件和过渡可使用“代码片断”。控制启用幻灯片之间的流向，例如，可以转到另一张幻灯片等。可以将 ActionScript 编码的强大功能、控制能力以及灵活性添加到文档中，而不必自己创建 ActionScript 代码。

6.5 习题与思考

一、选择题

1. Flash 中声音最好的压缩格式是(　　)。

A. 语音　　B. 默认　　C. MP3　　D. ADPCM

2. 当 Flash 导出较短小的事件声音(例如按钮单击的声音)时，最适合的压缩选项是(　　)。

A. ADPCM 压缩选项　　B. MP3 压缩选项

C. 语音压缩选项　　D. 原始压缩选项

3. 在以下选项中，声音封套不能完成的操作是(　　)。

A. 改变声音大小　　B. 改变声音播放时间长短

C. 同时控制左、右声道的声音播放　　D. 改变声音格式

4. 在 Flash 中，有(　　)和(　　)两种类型的声音。

A. 事件声音　　B. 流式声音　　C. 数字声音　　D. 模拟声音

5. 除了在采样率和压缩比方面找到最佳契合点之外，以下(　　)方法也可以更有效地使用音效而使文件保持较小。

A. 更精确地设置声音的开始时间点和结束时间点，使无声区域不被保存

B. 尽量多地使用相同的声音文件

C. 使用循环的方法可提取声音的主要部分并重复播放

D. 不要设置流式声音的循环

6. 网上绝大多数音乐类型的可接受采样率是(　　)。

A. 5kHZ　　B. 11kHZ　　C. 22kHZ　　D. 44kHZ

7. 在 Flash 中，下面关于导入视频说法错误的是(　　)。

A. 在导入视频片段时，用户可以将它嵌入 Flash 电影中

B. 用户可以将包含嵌入视频的电影发布为 Flash 动画

C. 一些支持导入的视频文件不可以嵌入 Flash 电影中

D. 用户可以让嵌入的视频片段的帧频率同步匹配主电影的帧频率

二、判断题

1. 流式声音在播放之前必须下载完全，它可以持续播放，直到被明确命令停止。(　　)

2. 如果系统中已经安装了 QuickTime 4 或更高版本，那么，Flash 可以导入 Sun AU 格式的声音文件。(　　)

3. 最好不要循环流式声音，因为在设置流式声音的循环之后，电影中将添加多帧，文件量将按声音的循环次数而增加。(　　)

4. 在导出电影时，采样率和压缩比将显著影响声音的质量和大小。压缩比越高、采样率越低则文件越小而音质越差。(　　)

5. 和使用元件一样，创建多个视频对象实例并不会增加 Flash 文件的大小。(　　)

6. ActionScript 3.0 版本中行为不可用。打开“行为”面板出现警告信息时，要先进行发布设置。设置 ActionScript 版本为 2.0 即可。(　　)

第 7 单元

交互式动画

7.1 任务 25 应用动作脚本制作"激光扫描文字"

7.1.1 任务综述与实施

任务介绍

制作一个"激光扫描文字"动画,效果如图 7-1 所示。

图 7-1 激光扫描文字

任务分析

从"激光扫描文字"动画的画面效果分析,至少需要两个元件,一个元件用来显示写出的文字;另一个元件则要产生写字的激光光束。

要显示写出文字的效果可以用一个简单的遮罩动画,使文字逐渐显露出来。要使写字的激光光束与文字的纹路保持一致,也要使用一个遮罩动画。

但是两个遮罩产生的动画效果是不同的，特别是激光光束，始终显示的是一些极细的光线，这可以通过动作脚本轻松地将激光光束向X方向放大，以产生类似于激光的效果，同时保证激光光束与文字的显示保持同步。

相关技能

(1) 了解动作脚本。

(2) 结合小实例，掌握动作脚本的应用方法，能用代码控制动画。

相关知识

(1) ActionScript 3.0的基础知识。

(2) 动作脚本及语法规则。

(3) “动作”面板及使用。

任务实施

(1) 启动Flash程序，创建Flash新文件并保存为“激光扫描文字.fla”，背景黑色，其余文档属性默认或自定，如图7-2所示。

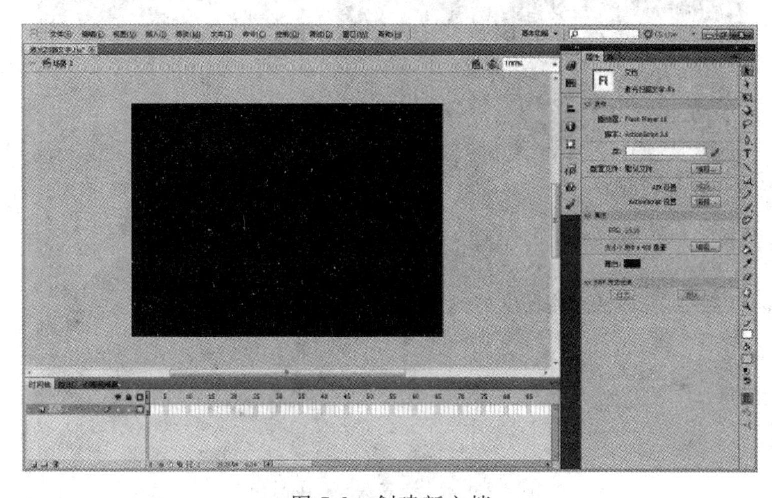

图7-2　创建新文档

(2) 创建激光扫描时出现的文字内容。按Ctrl＋F8组合键创建一个名为“文本”的影片剪辑元件，进入编辑窗口，在其中输入一行文字(文字内容及属性可以自定)，并在“属性”面板中调整文本框的属性，如图7-3所示。

(3) 按Ctrl＋F8组合键新建“文字”影片剪辑元件，如图7-4所示。

(4) 在“文字”影片剪辑元件编辑窗口进行遮罩效果制作。下面的操作是在“文字”影片剪辑元件编辑窗口中进行。从“库”面板中将“文本”元件放入舞台，在“对齐”面板中设置左对齐、上对齐，如图7-5所示。

(5) 仍在“文字”影片剪辑元件编辑窗口，新建一个图层，用矩形工具绘制一个稍大于文本框的无边框矩形(本矩形大小为450像素×60像素)，并使矩形的右边在文字的左边(右对齐)，如图7-6所示。

(6) 将矩形转换为图形元件“矩形”，如图7-7所示。

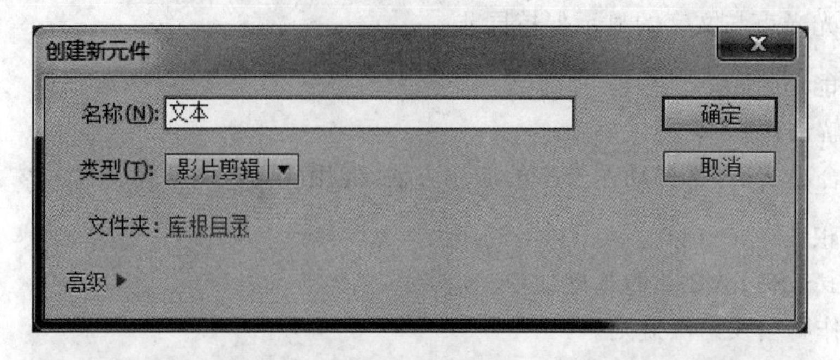

图 7-3　新建“文本”影片剪辑

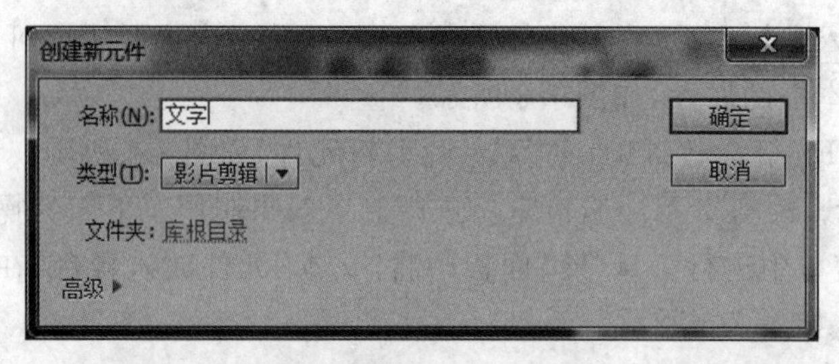

图 7-4　新建“文字”影片剪辑

图 7-5　设置对齐

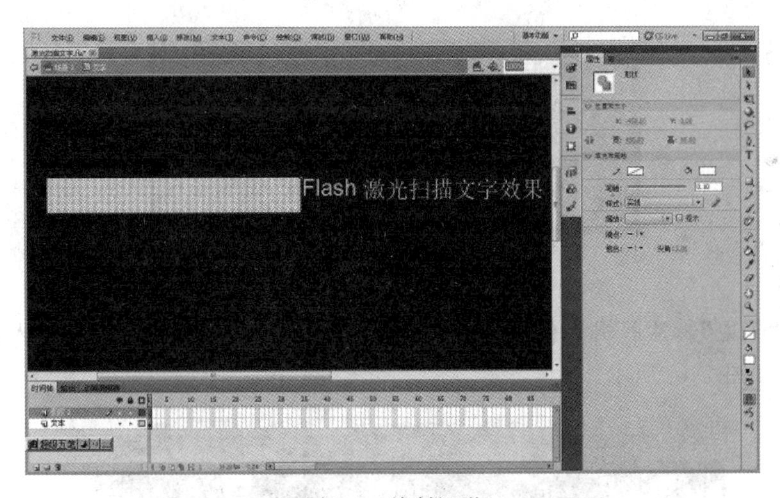

转换为元件

名称(N): 矩形　　确定

类型(T): 图形　对齐:　　取消

文件夹: 库根目录

高级 ▸

图 7-7　转换为元件

(7) 在“矩形”图层的第 200 帧处插入关键帧后设置形状补间，在“文本”图层的第 200 帧处插入普通帧，并调整矩形的位置到文字的右边(左对齐，X 方向位移值为 450)能把文字全部遮住，再将“矩形”图层转变成“文本”图层的遮罩层。按 Enter 键可观察遮罩效果，如图 7-8 所示。

图 7-8 设置遮罩层

(8) 下面再制作激光光束的元件。按 Ctrl+F8 组合键新建一个“光束”影片剪辑元件，如图 7-9 所示。

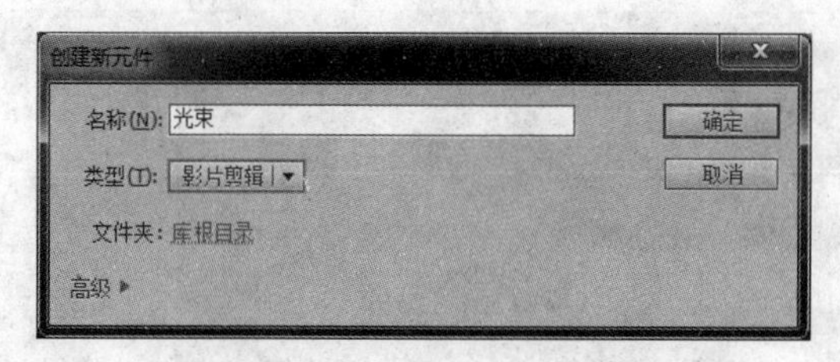

图 7-9 新建“光束”元件

(9) 在“光束”影片剪辑元件编辑窗口，从“库”面板中将“文本”元件放入舞台，左对齐、上对齐，如图 7-10 所示。

图 7-10 编辑“光束”影片剪辑

(10) 在第 1 帧设置动作补间，在第 200 帧插入关键帧，并将实例“文本”平移到注册点的左边(X=－450)，注意“光束”与“文字”补间 X 方向位移值应相等，如图 7-11 所示。

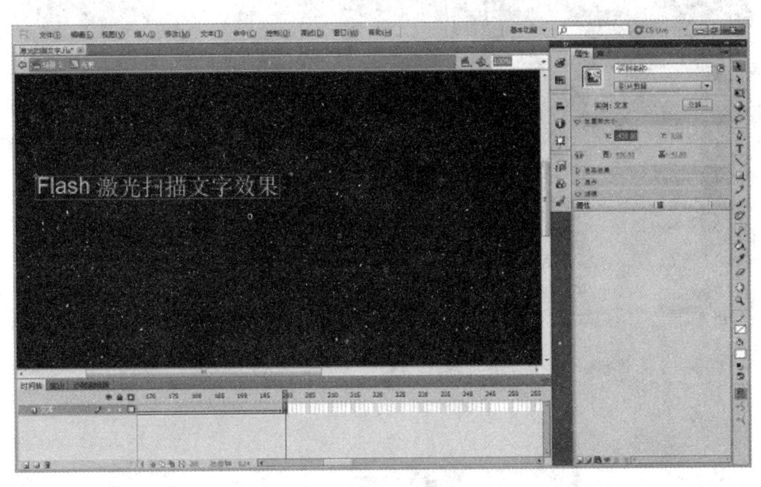

图 7-11　设置动作补间

(11) 新建“细线”图层，在第 1 帧绘制一个宽度为 1 像素，高度比文本高一些的无边框小矩形(不是线条)，并设置左对齐、上对齐，如图 7-12 所示。

图 7-12　新建“细线”图层

(12) 右击“细线”图层，在弹出的快捷菜单中选择“遮罩层”命令，将“细线”图层变成“文本”图层的遮罩层，如图 7-13 所示。按 Enter 键可见小矩形(光束元件)的遮罩动画效果，如图 7-14 所示。

(13) 回到场景 1，布置元件。从库中将“文字”元件放到场景中的任意位置，并在“属性”面板中将“文字”实例命名为“文字”，如图 7-15 所示。

(14) 新建一个“光束”图层，将“光束”元件放入场景中，并将其实例命名为“光束”，如图 7-16 所示。

图 7-13　设置遮罩层

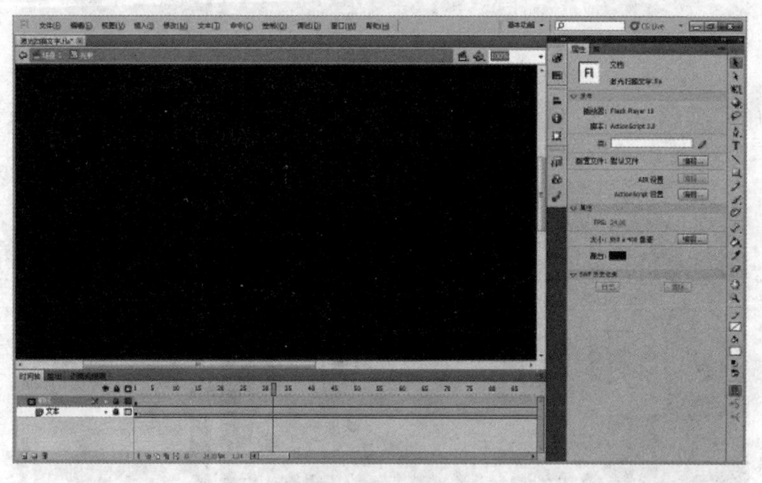

图 7-14　遮罩后

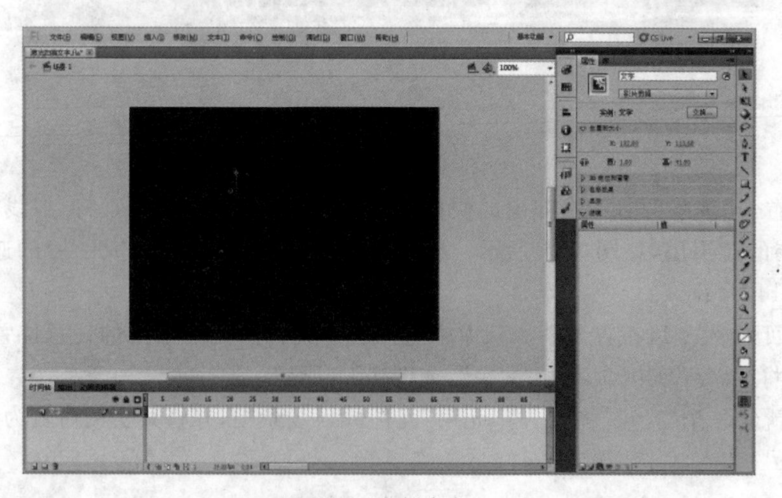

图 7-15　实例命名一

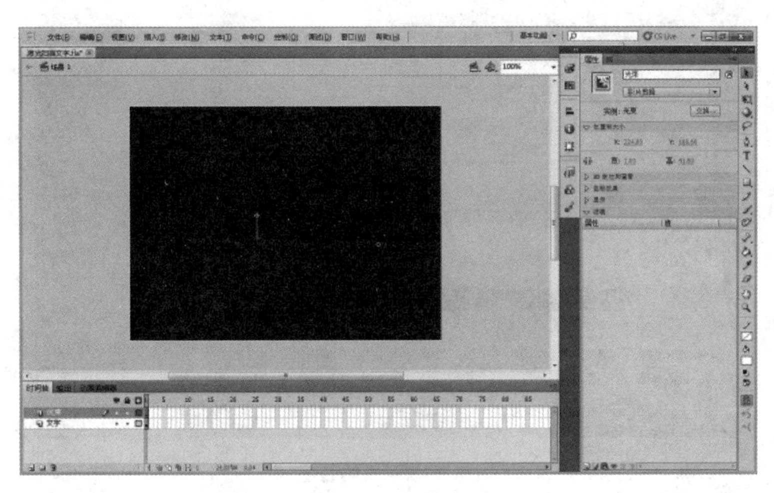

图 7-16　实例命名二

(15) 打开“变形”面板,设置“光束”实例在竖直方向上倾斜一定角度(−60°),度数可自定,如图 7-17 所示。

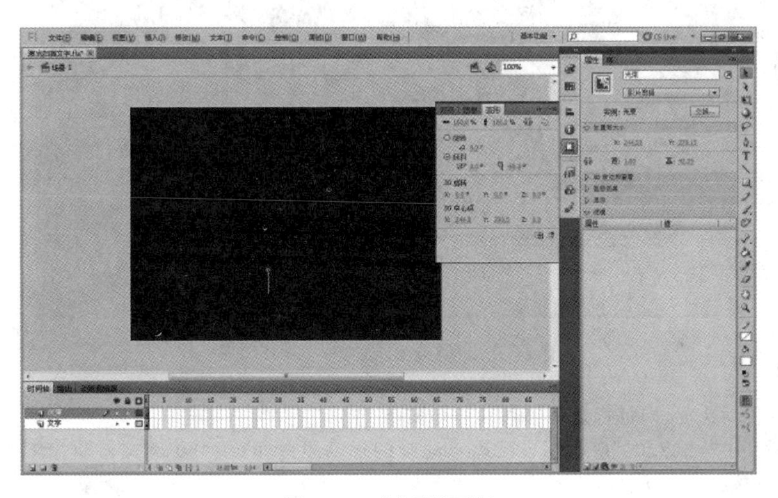

图 7-17　“变形”面板

(16) 新建“动作”图层,选中第 1 帧,在“动作”面板中输入程序代码,如图 7-18 所示。

(17) 按 Ctrl+Enter 组合键可观察动画效果,如图 7-19 所示。可根据情况进行修改、调整。

(18) 进行发布设置并保存动画。

激光扫描程序代码如下。

```
//设置两实例相同的起始 X 坐标,可自定
光束.x=文字.x=80;
//设置两实例相同的起始 Y 坐标,可自定
文字.y=光束.y=50;
//将“光束”实例在横向上放大 600 倍
光束.scaleX=600;
```

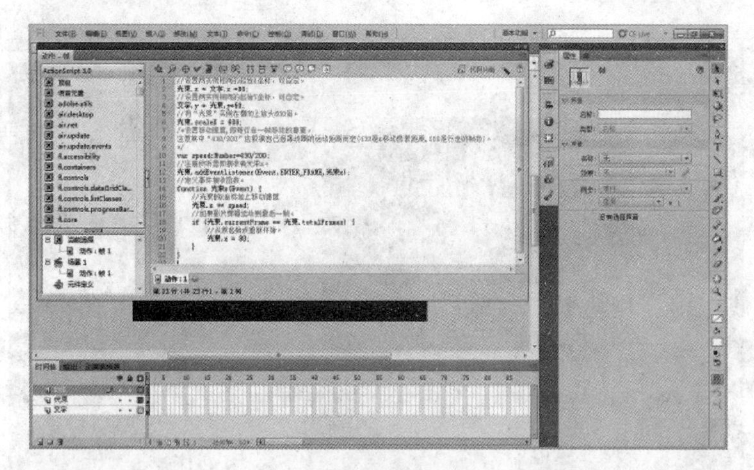

图 7-18 代码设置

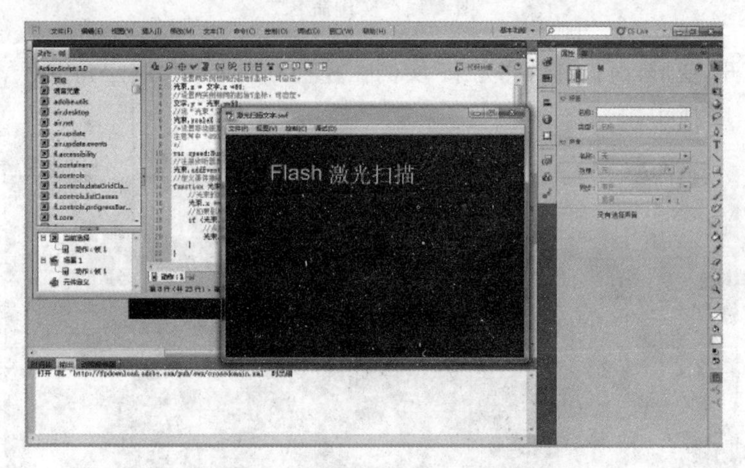

图 7-19 “激光扫描文字”最终效果

```
/*设置移动速度,即每行走一帧移动的像素
  注意其中"450/200"应根据自己遮罩动画的运动距离而定(450是x移动像素距离,200是行
  走的帧数)
 */
var speed:Number=430/200;
//注册侦听器即接收者光束x
光束.addEventListener(Event.ENTER_FRAME,光束x);
//定义事件接收函数
function 光束x(Event){
    //光束的X坐标加上移动速度
    光束.x+=speed;
    //如果影片剪辑运动到最后一帧
    if(光束.currentFrame==光束.totalFrames){
        //从原起始点重新开始
        光束.x=80;
    }
}
```

任务总结

在动画中添加动作脚本可使得动画更加生动，有吸引力，更加形象。制作脚本动画主要是学习代码的编写思想和方法，以及如何使用“动作”面板。其中重点和难点是在动画中添加代码时如何设置光束的相对位移和同步显示的激光扫描效果。

7.1.2　了解动作脚本

动作脚本就是在动画运行过程中起到控制和计算作用的程序代码。理解和掌握好脚本的基本元素和编程技巧是学习深层次动画制作的根本。

Flash 包含多个 ActionScript 版本（2.0 和 3.0），由于有多个 ActionScript 版本，因此也有多条学习 ActionScript 的途径。ActionScript 2.0 比 ActionScript 3.0 更容易学习。使用行为可以在不编写代码的情况下将代码添加到文件中。行为是针对常见任务预先编写的脚本。但行为仅对 ActionScript 2.0 及更早版本可用。与其他 ActionScript 版本相比，ActionScript 3.0 的执行速度极快，而此版本要求开发人员对面向对象的编程概念有更深入的了解。使用 ActionScript 3.0 的 FLA 文件不能包含 ActionScript 的早期版本。

若要创建嵌入 FLA 文件中的脚本，可以直接将 ActionScript 输入“动作”面板中。“动作”面板由 3 个窗格构成：动作工具箱（按类别对 ActionScript 元素进行分组）、脚本导航器（可以快速地在 Flash 文档中的脚本间导航）和“脚本”窗格（可以在其中输入 ActionScript 代码）。

动作脚本有它的语法和规则，这些语法和规则用来确定哪些字符和单词可以用于产生什么样的交互效果。

要为对象添加动作，可以通过在“动作”面板中编写语句来完成，比如，在“激光扫描文字”动画中的动作脚本。

（1）点语法。点语法的结构是：点的左侧可以是动画中的对象、实例或时间轴。点的右侧可以是与左侧元素相关的属性、目标路径、变量或动作。下面是 3 种不同的形式。

```
myClip.visible=0;
```
对名为 myClip 的影片剪辑实例，通过使用点语法将 visible 属性设置为 0，使它变得透明。

```
menuBar.menu1.item5;
```
显示了变量 item5 的路径，它位于动画 menu1 中，menu1 又嵌套在动画 menuBar 中。

```
gotoAndPlay(5);
```
主时间轴跳转到第 5 帧并进行播放。

（2）括号。当用户定义函数时，所有参数都放置在小括号内。使用大括号符号“{}”来组织脚本元素（这些字符也称为波形括号）。如当满足条件时，大括号之间的语句将被执行，即光束 X 坐标从原起始点“80”重新开始扫描。

```
if(光束.currentFrame==光束.totalFrames){
    光束.x=80;
}
```

（3）分号。使用分号作为一句动作脚本的结束标志。例如：

```
光束.x=80;
```

如果忽略了分号，Flash 也能正确编译脚本。但是，最好还是使用分号作为结束标志，便于识别和理解。

7.1.3 动作脚本语法规则

1. 字母大小写

在 ActionScript 中，关键字、类名、变量等都区分大小写。统一大小写的规则，有助于代码中函数和变量名等更容易识别。

2. 注释

在“动作”面板中，使用“//”可以给一行脚本添加注释信息，以使代码更容易阅读。

在“动作”列表中，注释以淡灰色显示。用户可以添加任意长度的批注而不会影响导出文件的大小。当要注释一段文字时要用“/ * ... * /”来注释。

3. 关键字

若干关键字以做特殊用途。用户不能使用它们作为变量名、函数或标签名。

4. 常数

常数就是一种属性，这种属性的值永远都不会发生变化。

5. 数据类型

数据类型是描述变量或动作脚本元素可以包含的信息的种类。数据类型包含了两类：原始类和引用类。原始类数据类型又包括字符串、数值和布尔值，它们都有一个常数值，因此可以包含它们所代表的元素的实际值。引用类数据类型包括动画和对象，它们的值是可变的，因此它们包含对该元素的实际值的引用。每种数据类型都有自己的规则。

(1) String：一个文本值，例如，一个名称或书中某一章的文字。

(2) Numeric：对于 Numeric 型数据，ActionScript 3.0 包含 3 种特定的数据类型。

① Number：任何数值，包括有小数部分或没有小数部分的值。

② Int：一个整数(不带小数部分的整数)。

③ Uint：一个“无符号”整数，即不能为负数的整数。

(3) Boolean：一个 true 或 false 值，如开关是否开启或两个值是否相等。

大部分内置数据类型以及程序员定义的数据类型都是复杂数据类型，如下面的一些复杂数据类型。

(1) MovieClip：影片剪辑元件。

(2) TextField：动态文本字段或输入文本字段。

(3) SimpleButton：按钮元件。

(4) Date：有关时间中的某个片刻的信息(日期和时间)。

6. 字符串

字符串是包括字母、数字和标点符号等在内的字符序列。在动作脚本中，可以在单引号或双引号内输入字符串。字符串被当作字符，而不是变量进行处理。还有一些必须用特殊的转义码才能表示的字符，如表 7-1 所示。

表7-1　特殊的转义码

转码序列	字符
\b	退格键
\n	回车符
\\	反斜杠

7. 对象

对象是属性的集合。每个属性都有自己的名称和值。属性的值可以是任何的Flash数据类型，甚至是对象数据类型。这样就可以使对象相互包含或嵌入其他对象。要指定对象及其属性，可以使用点运算符。

8. 认识变量

变量实际是一个包含信息的空间。此空间不会改变，但其中的内容是可以变化的。"变量"是一个名称，它代表计算机内存中的值。在编写语句来处理值时，编写变量名来代替值；只要计算机看到程序中的变量名，就会查看自己的内存并使用在内存中找到的值。要创建一个变量(称为"声明"变量)，应使用var语句。

例如，前面在定义激光速度变量的同时给予赋值：

```
var speed:Number=430/200;
```

一个变量实际上包含3个不同部分。

(1) 变量名speed；

(2) 可以存储在变量中的数据的类型Number，一种特定数值型数据类型，任何数值，包括有小数部分或没有小数部分的值；

(3) 存储在计算机内存中的实际值430/200。

在Flash中，还包含另外一种变量声明方法。在将一个影片剪辑元件、按钮元件或文本字段放置在舞台上时，可以在"属性"检查器中为它指定一个实例名称。在后台，Flash将创建一个与该实例名称同名的变量，可以在动作脚本代码中使用该变量来引用该舞台项目。例如，将"光束"影片剪辑元件放在舞台上并为它指定了实例名称"光束"，那么，只要在代码中使用变量"光束"，实际上就是在处理该影片剪辑。

命名变量要遵守下面的规则。

(1) 必须是标识符。

(2) 不能是关键字、布尔值。

(3) 在其范围内一定是唯一的。

输入变量时，用户不明确定义变量包含的数据类型时，Flash可以根据变量被赋值的情况自动确定变量的数据类型。

确定变量的范围是指变量被认可和可以被引用的区域。在动作脚本中有3种类型的变量范围。

(1) 局部变量：在自身代码块中有效的变量(在大括号内)。

(2) 全局变量：即使没有使用目标路径指定，也可以在任何时间轴内有效。

(3) 时间轴变量：时间轴变量可用于该时间轴上的任何脚本。可以在使用目标路径指定的任何时间轴内有效。

使用局部变量可以防止命名冲突，减少动画中可能发生的错误。因为局部变量只能在其自身的代码块中修改，所以较好的做法是在函数的主体中使用局部变量。如果在函数的表达式中使用了全局变量，则当全局变量的值在函数外被修改时，函数也将被修改。

9. 函数

函数是一些可以在 SWF 文件中的任意位置重复使用的动作脚本代码块。

10. 表达式

Flash 中表达式是指可以取得返回值的任何语句。用户可以通过运算符、求值、调用函数等方法创建表达式。

11. 运算符

运算符是指定如何合并、比较或修改表达式中值的字符。运算符所操作的元素被称为运算项。例如，speed:Number=450/200 是表达式，其中的"/"是运算符。

7.2 任务 26 制作"电子钟倒计时"

7.2.1 任务综述与实施

任务介绍

制作"电子钟倒计时"动画，如图 7-20 所示。

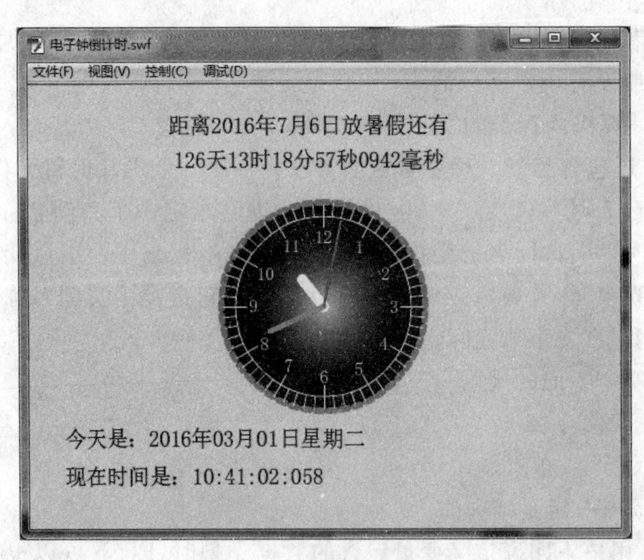

图 7-20 电子钟倒计时

任务分析

从"电子钟倒计时"动画效果分析，需要"时""分""秒"3 个指针元件，还有 4 个动态文本用来显示日期、时间和倒计时数。指针的转动及动态日期、时间和倒计时的显示由动作脚本调用计算机系统的时间来控制。

相关知识

(1) ActionScript 3.0 动作脚本。

(2) 系统时间的调用。

(3) 数组、条件循环语句。

(4) 动态文本。

(5)“动作”面板及使用。

任务实施

(1) 启动 Flash 程序,创建 Flash 新文件并保存为“电子钟倒计时.fla”,文档属性默认或自定,如图 7-21 所示。

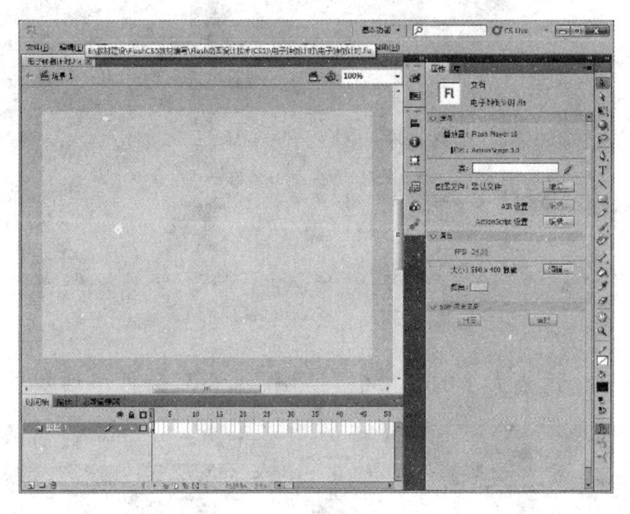

图 7-21　新建文档

(2) 首先制作电子钟。在舞台正中绘制一个时钟刻度盘,按 F8 键将其转换为“时钟”影片剪辑元件,注意将注册点居中,如图 7-22 所示。

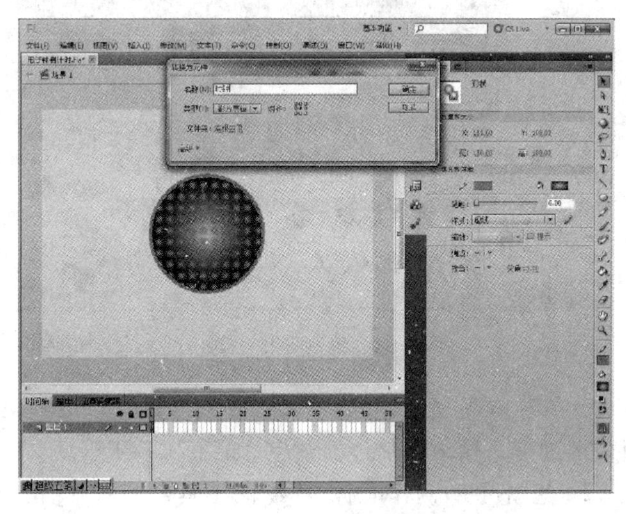

图 7-22　绘制时钟

(3) 双击时钟实例,进入“时钟”元件编辑窗口进行编辑。锁定图层 1,新建图层 2,绘制时钟刻度。具体步骤是在中心画一条直线,用“变形”面板每 6°复制一条,绕着复制一周,如图 7-23 所示。

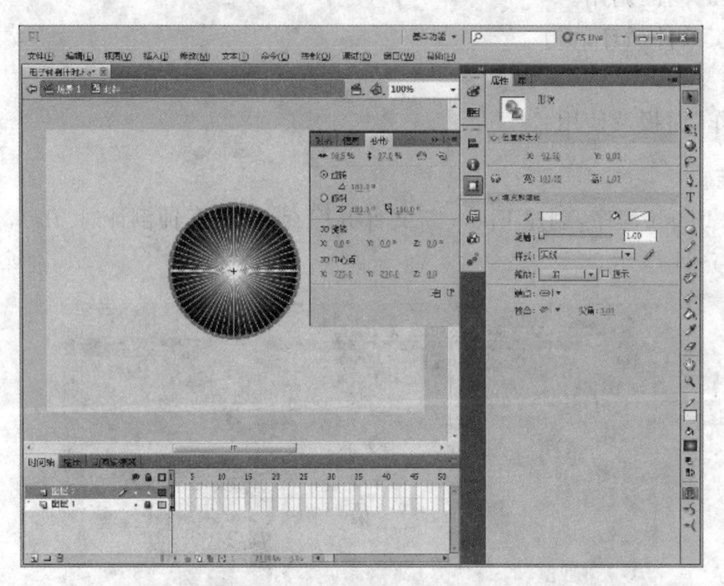

图 7-23 绘制时钟刻度

(4) 在中心画一个适当大小的有边框圆后删除,得到分秒小刻度,如图 7-24 所示。

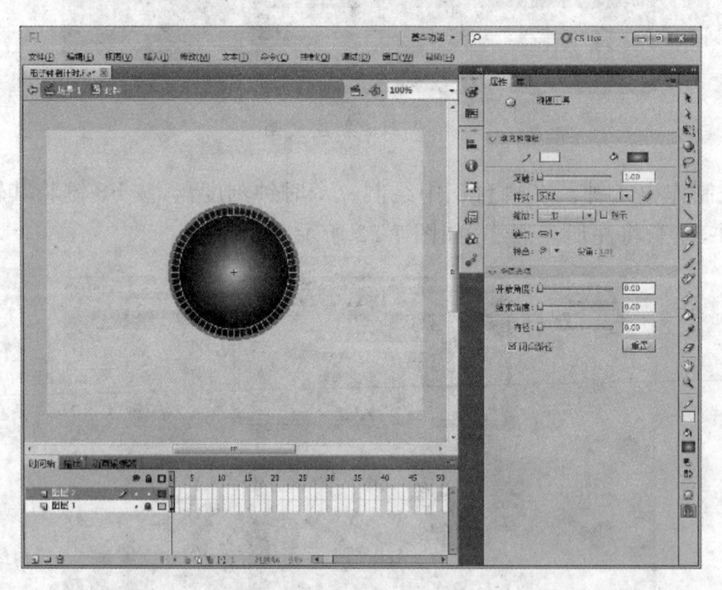

图 7-24 绘制分秒小刻度

(5) 用同样的方法,以 30°旋转复制,绘制时钟长刻度,如图 7-25 所示。

(6) 分别在对应的刻度上输入 1~12 的数字,如图 7-26 所示。

(7) 锁定图层 2,新建图层 3,制作时针,用绘图工具绘制一个时针,设置水平居中且

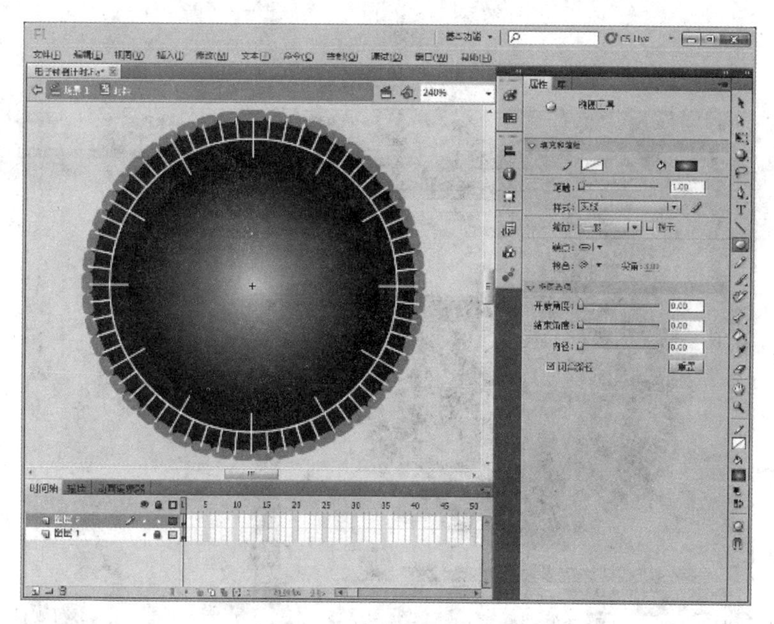

图 7-25　绘制时钟长刻度

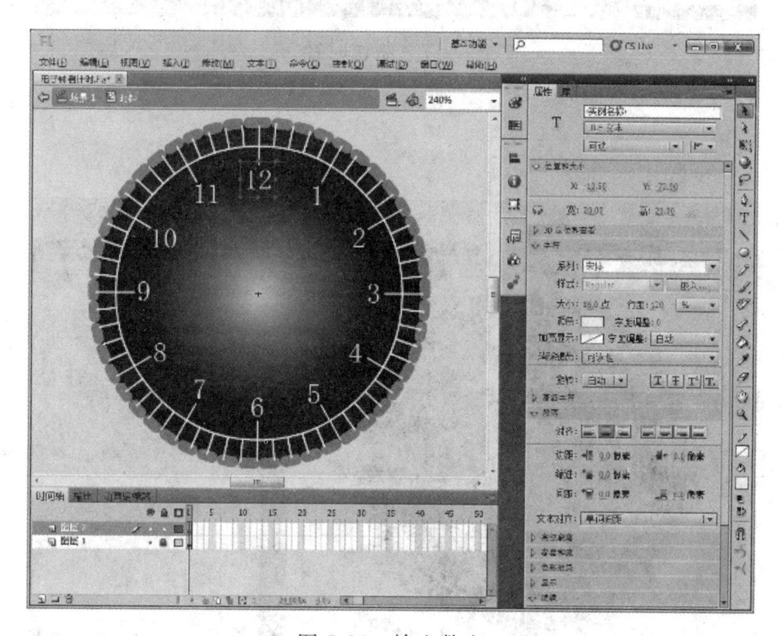

图 7-26　输入数字

垂直底对齐，并将其转换为影片剪辑元件，注意注册点在底部居中，如图 7-27 所示。

(8) 在“属性”面板中命名实例为“时针”，如图 7-28 所示。

(9) 用同样的方法绘制不同长度的分针和秒针，并命名实例名称分别为“分针”“秒针”，如图 7-29 和图 7-30 所示。

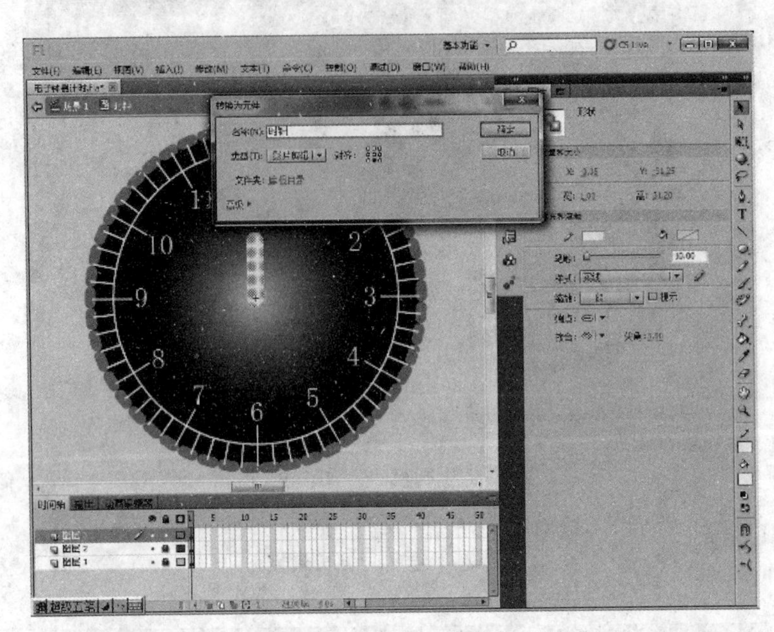

图 7-27　制作时针

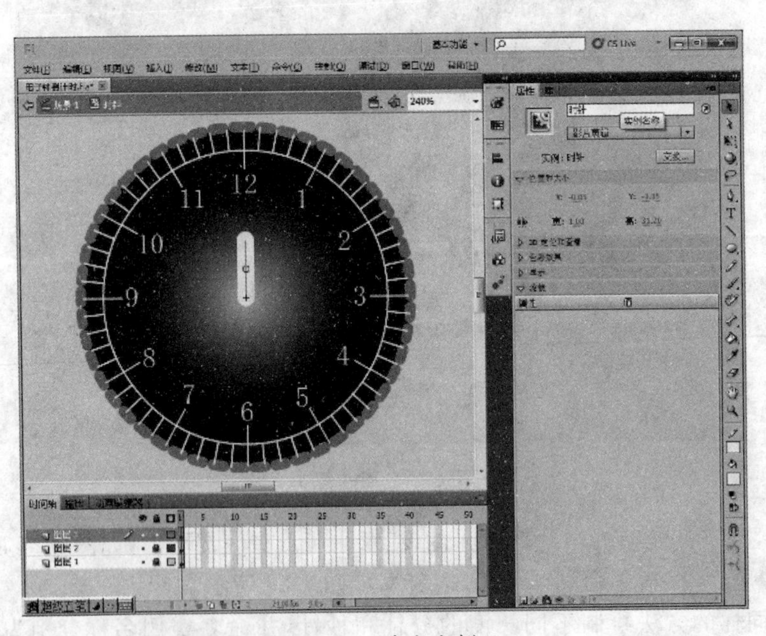

图 7-28　命名实例

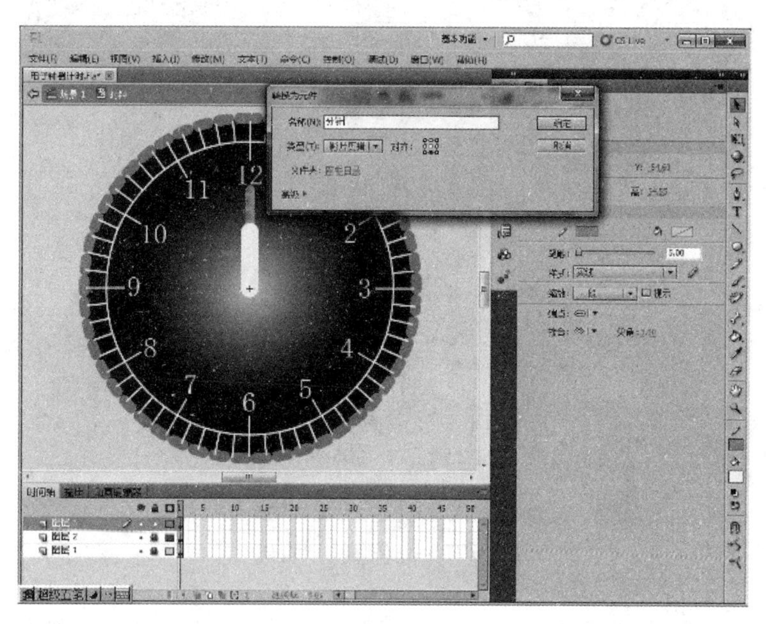

图 7-29　分针实例

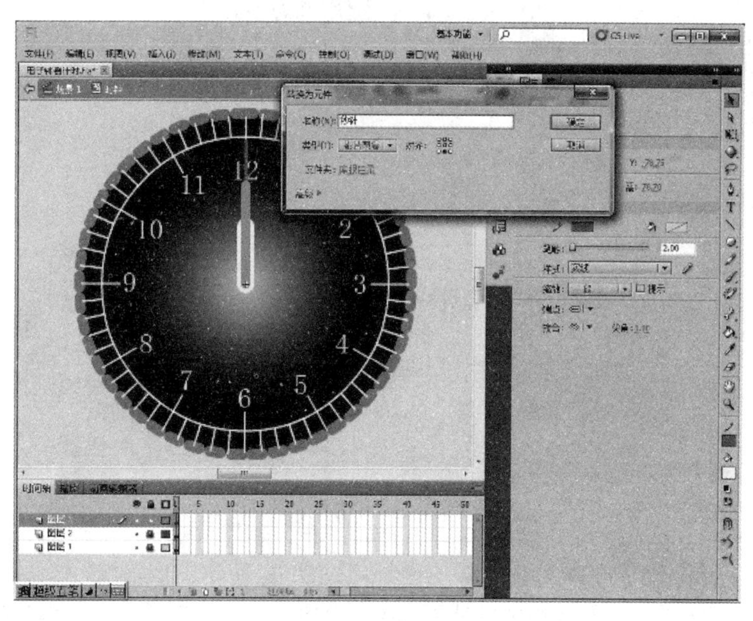

图 7-30　秒针实例

(10) 回到场景 1,在“属性”面板中命名“时钟”实例,在第 2 帧插入帧,在第 1 帧插入动作脚本,如图 7-31 和图 7-32 所示。按 Ctrl+Enter 组合键可观察动画效果。

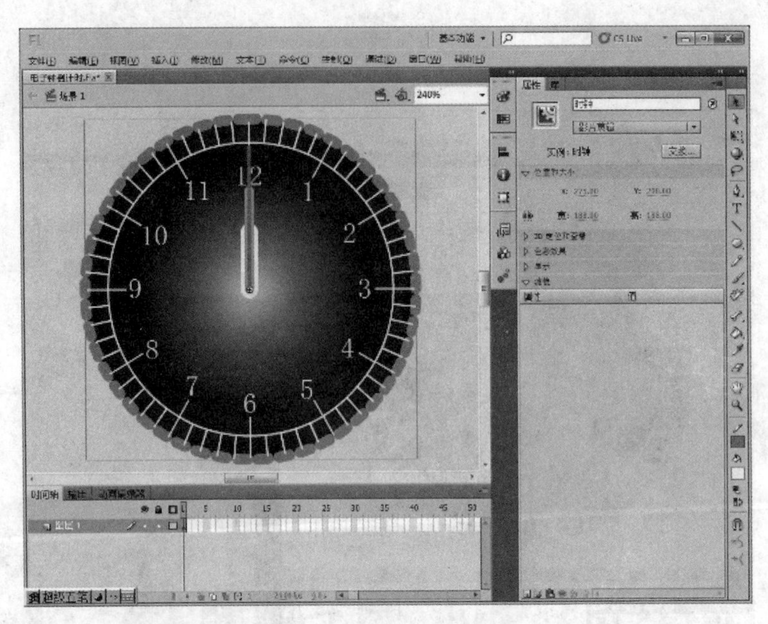

图 7-31 命名“时针”实例

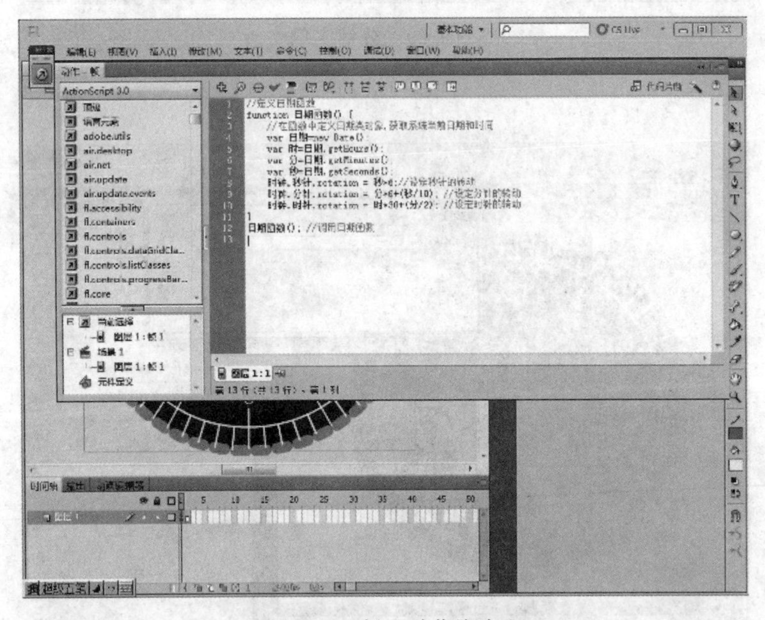

图 7-32 插入动作脚本

(11) 下面制作数字时钟。在场景 1 中锁定图层 1,新建图层 2,输入动态文本。文字内容为“日期”,并将其转换为“数字时钟”影片剪辑元件,同时命名实例名称为“数字时钟”,如图 7-33 所示。

(12) 双击数字时钟实例,进入“数字时钟”影片剪辑元件编辑窗口,设置该动态文本实例名称为“日期”,如图 7-34 所示。

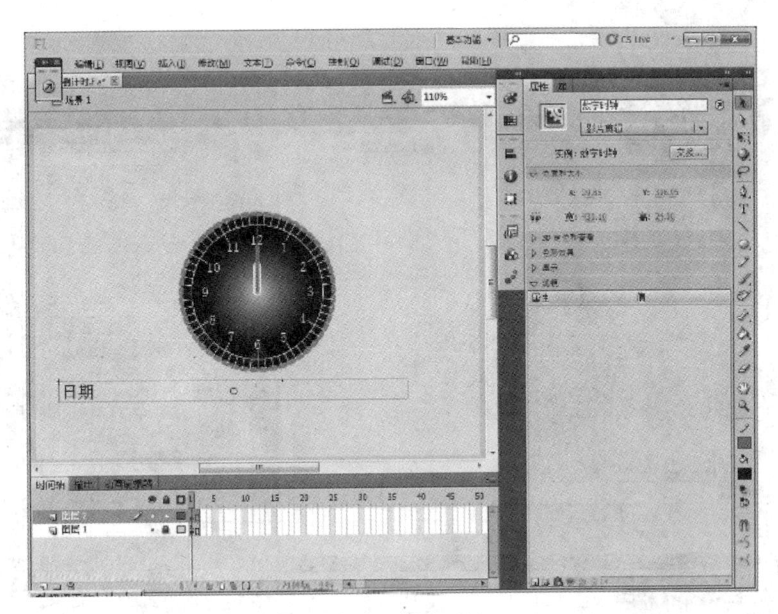

图 7-33　数字时钟

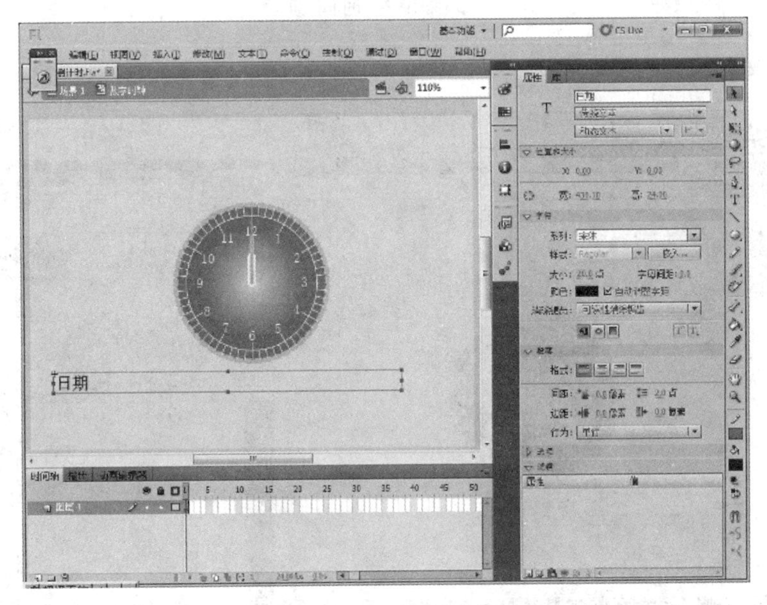

图 7-34　设置“日期”实例

(13) 再创建一个“时间”动态文本，并设置动态文本实例名称为“时间”，如图 7-35 所示。

(14) 回到场景 1，设置数字时钟实例名称为“数字时钟”，在第 1 帧添加动作脚本，如图 7-36 和图 7-37 所示。按 Ctrl＋Enter 组合键可观察动画效果。

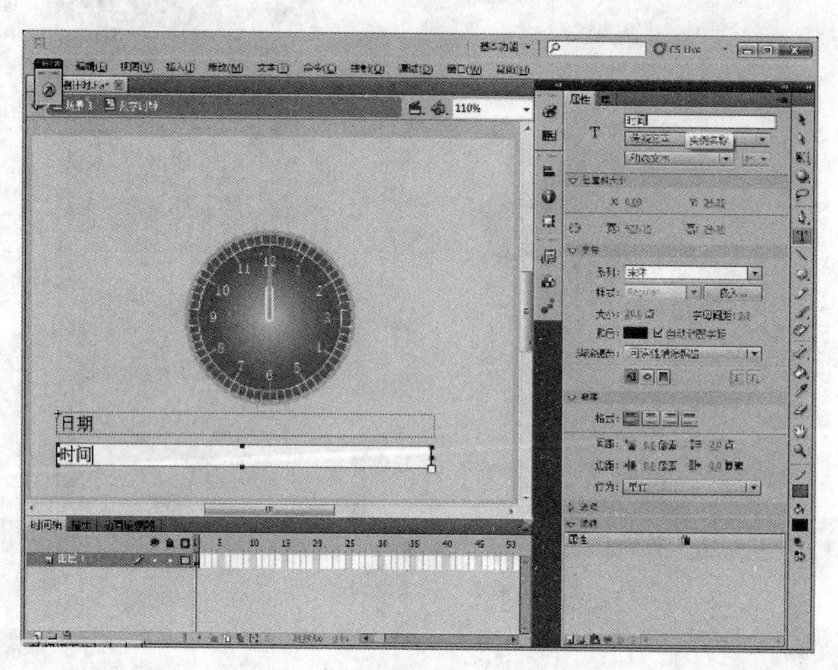

图 7-35　设置“时间”实例

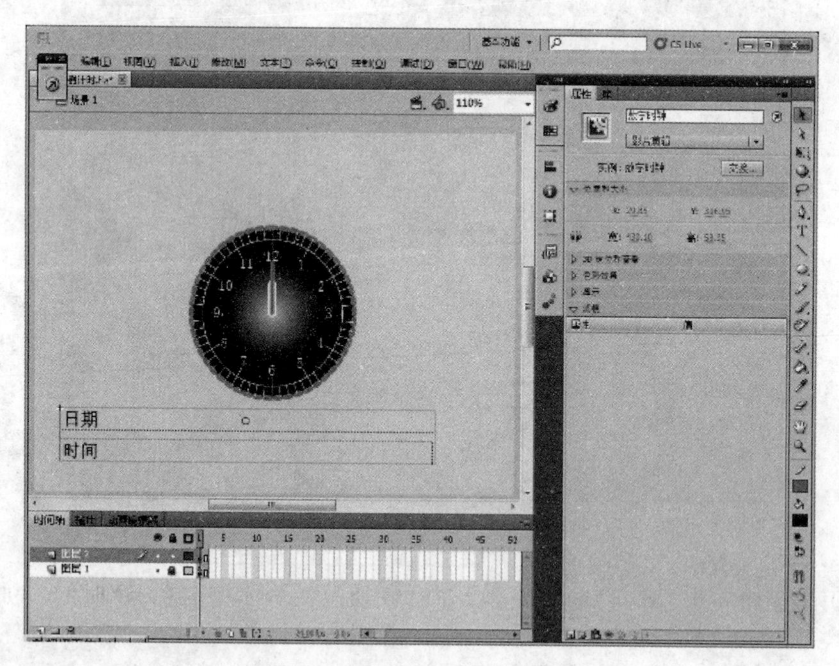

图 7-36　设置“数字时钟”实例

图 7-37　插入动作脚本

(15) 接下来制作倒计时动画效果。在场景 1 锁定图层 2，新建图层 3，插入动态文本"提示"，设置其动态文本实例名称为"提示"，并将其转换为"倒计时"影片剪辑元件，如图 7-38 所示。

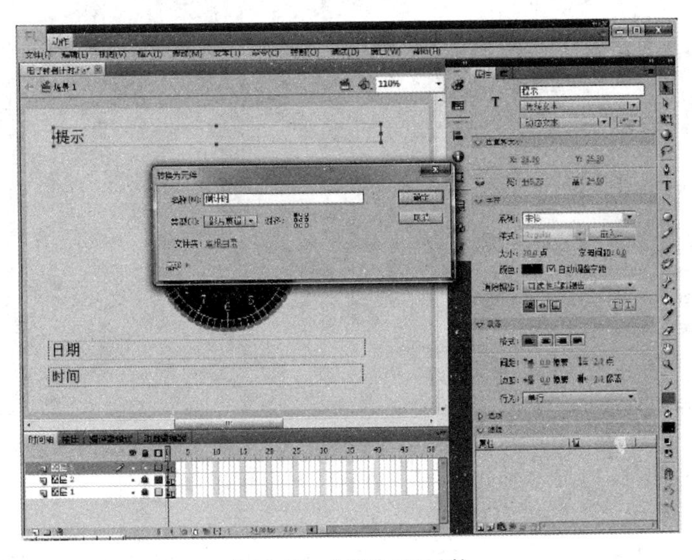

图 7-38　"倒计时"元件

(16) 双击"倒计时"实例，进行编辑窗口，再插入一个动态文本"倒计时"，实例名称为"倒计时"，如图 7-39 所示。

(17) 回到场景 1，设置实例名称为"倒计时"，如图 7-40 所示。再在第 1 帧添加动作

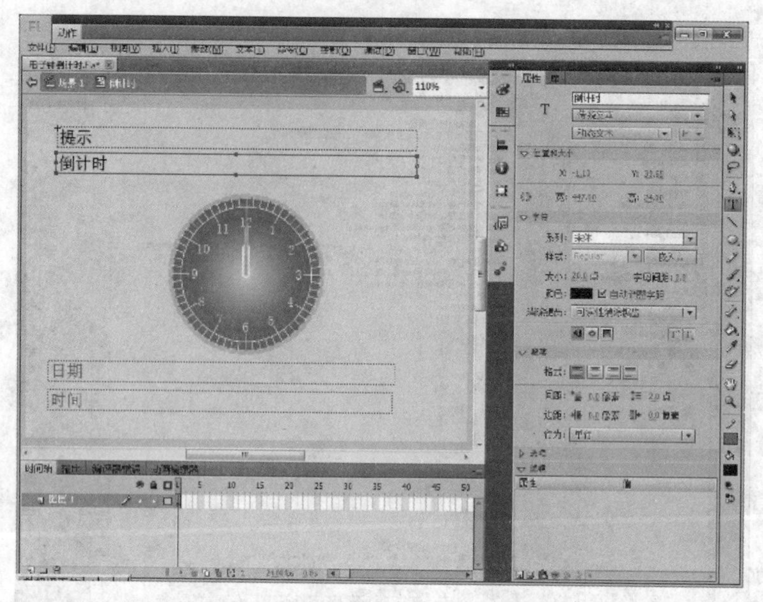

图 7-39　插入动态文本“倒计时”

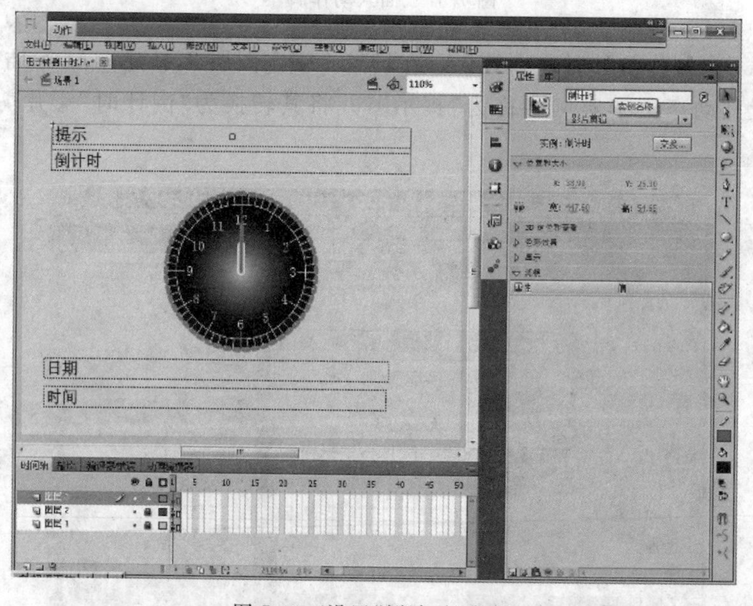

图 7-40　设置“倒计时”实例

脚本，如图 7-41 所示。

(18) 按 Ctrl+Enter 组合键可观察动画效果，根据情况可进行修改、调整。

(19) 进行发布设置并保存动画。

电子钟动作脚本如下。

```
//定义日期函数
function 日期函数(){
```

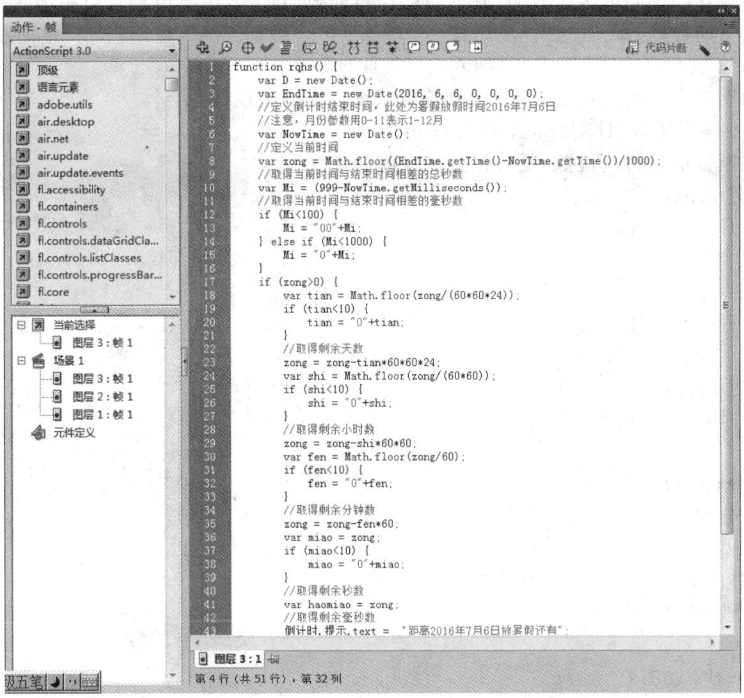

图 7-41　插入动作脚本

```
    //在函数中定义日期类对象，获取系统当前日期和时间
    var 日期=new Date();
    var 时=日期.getHours();
    var 分=日期.getMinutes();
    var 秒=日期.getSeconds();
    时钟.秒针.rotation=秒 * 6;                    //设定秒针的转动
    时钟.分针.rotation=分 * 6+(秒/10);            //设定分针的转动
    时钟.时针.rotation=时 * 30+(分/2);            //设定时针的转动
}
日期函数();                                       //调用日期函数
```

“数字时钟”设置显示动态日期和时间的动作脚本如下。

```
//定义日期函数
function 数字时钟函数(){
    //在函数中定义日期类对象，获取系统当前日期和时间
    var 日期=new Date();
    var 年=日期.getFullYear();
    var 月=日期.getMonth()+1;
    var 日=日期.getDate();
    var 时=日期.getHours();
    var 分=日期.getMinutes();
    var 秒=日期.getSeconds();
    var 毫秒=日期.getMilliseconds();
    var 星期=日期.getDay();
```

```
    //实例化一个新的数组对象,新数组名为星期数,并为数组赋值。其值表示的是星期数
    var 星期数=new Array('星期日', '星期一', '星期二', '星期三', '星期四', '星期五',
                          '星期六', '星期日');
    //声明一个时间变量 xq 为当前计算机系统返回的星期数
    var xq=星期数[日期.getDay()];
    //判断数值是否一位数,是一位数的在前面加"0"
    if(月<10){
        月="0"+月;
    }
    if(日<10){
        日="0"+日;
    }
    if(时<10){
        时="0"+时;
    }
    if(分<10){
        分="0"+分;
    }
    if(秒<10){
        秒="0"+秒;
    }
    if(毫秒<100){
        毫秒="0"+毫秒;
    }
    if(毫秒<10){
        毫秒="00"+毫秒;
    }
    //动态文本显示日期和时间
    数字时钟.日期.text="今天是:"+年+"年"+月+"月"+日+"日"+xq;
    数字时钟.时间.text="现在时间是:"+时+":"+分+":"+秒+":"+毫秒;
}
数字时钟函数();                                        //调用数字时钟函数
```

"倒计时"设置显示动态倒计时的动作脚本如下。

```
function rqhs(){
    var D=new Date();
    var EndTime=new Date(2016, 6, 6, 0, 0, 0, 0);
    //定义倒计时结束时间,此处为暑假放假时间 2016 年 7 月 6 日
    //注意,月份参数用 0~11 表示 1~12 月
    var NowTime=new Date();
    //定义当前时间
    var zong=Math.floor((EndTime.getTime()-NowTime.getTime())/1000);
    //取得当前时间与结束时间相差的总秒数
    var Mi=(999-NowTime.getMilliseconds());
    //取得当前时间与结束时间相差的毫秒数
    if(Mi<100){
        Mi="00"+Mi;
    } else if(Mi<1000){
        Mi="0"+Mi;
```

```
    }
    if(zong>0){
        var tian=Math.floor(zong/(60 * 60 * 24));
        if(tian<10){
            tian="0"+tian;
        }
        //取得剩余天数
        zong=zong-tian * 60 * 60 * 24;
        var shi=Math.floor(zong/(60 * 60));
        if(shi<10){
            shi="0"+shi;
        }
        //取得剩余小时数
        zong=zong-shi * 60 * 60;
        var fen=Math.floor(zong/60);
        if(fen<10){
            fen="0"+fen;
        }
        //取得剩余分钟数
        zong=zong-fen * 60;
        var miao=zong;
        if(miao<10){
            miao="0"+miao;
        }
        //取得剩余秒数
        var haomiao=zong;
        //取得剩余毫秒数
        倒计时.提示.text=  "距离 2016 年 7 月 6 日放暑假还有";
        倒计时.倒计时.text=tian+"天"+shi+"时"+fen+"分"+miao+"秒"+Mi+"毫秒";
    } else {
        倒计时.提示.text="2016 年暑假已于 2016 年 7 月 6 日 0 时开始";
        倒计时.倒计时.text=" ";
    }
}
rqhs();
```

7.2.2　日期和时间类 Date 的使用

ActionScript 3.0 的所有日历日期和时间管理函数都集中在顶级 Date 类中。Date 类包含一些方法和属性，这些方法和属性能够按照通用协调时间(UTC)或特定于时区的本地时间来处理日期和时间。UTC 是一种标准时间定义，它实质上与格林尼治标准时间(GMT)相同。

日期和时间是一种常见的信息类型。可以使用 Date 类来表示某一时刻，其中包含日期和时间信息。Date 实例可以获取当前日期和时间，其中包括年、月、日、星期、小时、分钟、秒、毫秒以及时区。对于更高级的用法，ActionScript 还包括 Timer 类，可以使用该类在一定延迟后执行动作，或按重复间隔执行动作。

7.2.3 创建 Date 对象

Date 类是所有核心类中构造函数方法形式最为多变的类之一。可以用以下 4 种方式来调用 Date 类。

(1) 如果未给定参数,则 Date()构造函数将按照用户所在时区的本地时间返回包含当前日期和时间的 Date 对象。

```
var now:Date=new Date();
```

(2) 如果仅给定了一个数值参数,则 Date()构造函数将其视为自 1970 年 1 月 1 日以来经过的毫秒数,并且返回对应的 Date 对象。

```
var millisecondsPerDay:int=1000 * 60 * 60 * 24;
//获取一个表示自起始日期 1970 年 1 月 1 日后又过了一天时间的 Date 对象。
var startTime:Date=new Date(millisecondsPerDay);
```

(3) 可以将多个数值参数传递给 Date()构造函数。该构造函数将这些参数分别视为年、月、日、小时、分钟、秒和毫秒,并将返回一个对应的 Date 对象。以下语句获取一个设置为 2000 年 1 月 1 日开始的午夜(本地时间)的 Date 对象。

```
var millenium:Date=new Date(2000, 0, 1, 0, 0, 0, 0);
```

(4) 可以将单个字符串参数传递给 Date()构造函数。该构造函数将尝试把字符串解析为日期或时间部分,然后返回对应的 Date 对象。Date()构造函数接受多种不同的字符串格式,以下语句使用字符串值初始化一个新的 Date 对象。

```
var nextDay:Date=new Date("Mon May 1 2006 11:30:00 AM");
```

如果 Date()构造函数无法成功解析该字符串参数,它将不会引发异常。但是,所得到的 Date 对象将包含一个无效的日期值。

7.2.4 获取时间单位值

可以使用 Date 类的属性或方法从 Date 对象中提取各种时间单位的值。下面的每个属性提供了 Date 对象中的一个时间单位的值。

(1) fullYear 属性。

(2) month 属性,以数字格式表示,分别以 0~11 表示 1~12 月。

(3) date 属性,表示月中某一天的日历数字,范围从 1~31。

(4) day 属性,以数字格式表示一周中的某一天,其中 0 表示星期日。

(5) hours 属性,范围从 0~23。

(6) minutes 属性。

(7) seconds 属性。

(8) milliseconds 属性。

实际上,Date 类提供了获取这些值的多种方式。例如,可以用 4 种不同方式获取 Date 对象的月份值。

(1) month 属性。

(2) getMonth()方法。

(3) monthUTC 属性。

(4) getMonthUTC()方法。

以上 4 种方式实质上具有同等的效率,因此可以任意使用一种最适合应用程序的方法。

刚才列出的属性表示总日期值的各个部分。例如,milliseconds 属性永远不会大于 999,因为当它达到 1000 时,秒钟值就会增加 1,并且 milliseconds 属性会重置为 0。

如果要获得 Date 对象自 1970 年 1 月 1 日(UTC)起所经过毫秒数的值,可以使用 getTime()方法。通过使用与其相对应的 setTime()方法,可以使用自 1970 年 1 月 1 日(UTC)起经过的毫秒数更改现有 Date 对象的值。

7.3　任务 27　应用动作脚本制作“飞雪幻影鼠标跟随”

7.3.1　任务综述与实施

任务介绍

制作“飞雪幻影鼠标跟随”动画,如图 7-42 所示。

图 7-42　飞雪幻影鼠标跟随

任务分析

使用动作脚本制作漫天飞雪和鼠标跟随的动画效果。从“飞雪幻影鼠标跟随”动画的画面效果分析,需要“雪花”“鼠标图形”两个元件,然后通过动作脚本来控制雪花的飞舞和鼠标的跟随效果。

相关知识

(1) ActionScript 3.0 动作脚本。

(2) 加载影片剪辑元件。

(3) 设置对象属性、条件循环语句。

(4) "动作"面板及使用。

任务实施

(1) 启动 Flash 程序，创建 Flash 新文件并保存为"飞雪幻影鼠标跟随. fla"，文档属性默认或自定，设置背景为黑色，如图 7-43 所示。

图 7-43　新建文档

(2) 制作飞雪效果。先绘制一个雪花图形：锁定图层 1，新建图层 2，用多角星形工具和刷子工具绘制雪花图形，并将其转换为"雪花"影片剪辑元件并设置链接，在"类"文本框中输入自定义的类名称"雪花"，如图 7-44～图 7-46 所示。

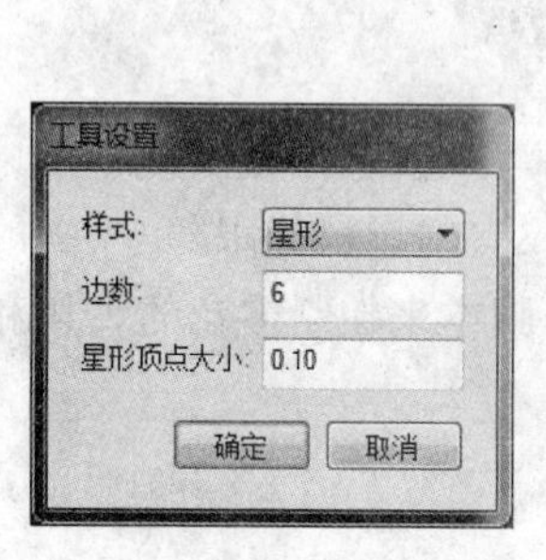

图 7-44　多角星形工具

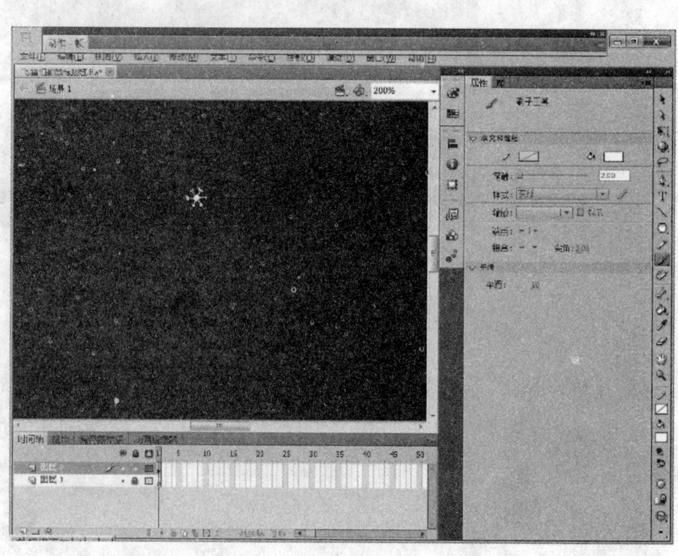

图 7-45　雪花

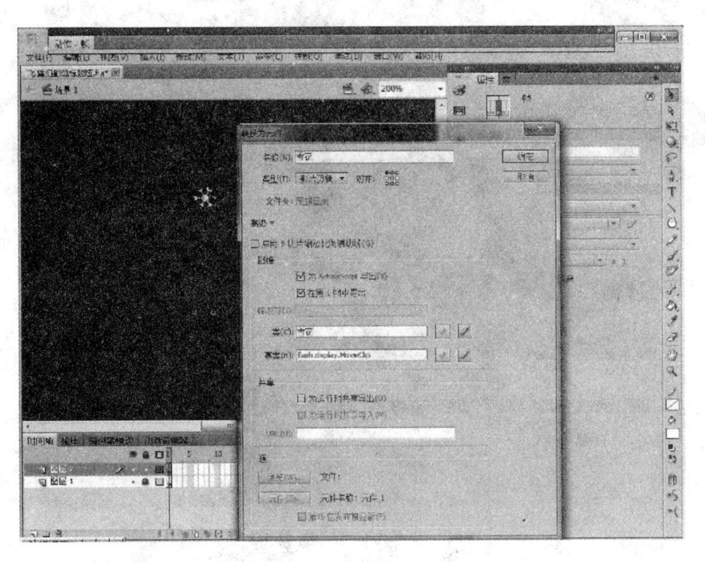

图 7-46　设置“雪花”影片剪辑

(3) 双击“雪花”影片剪辑元件，进入编辑窗口，在第 1 帧插入动作脚本，如图 7-47 所示。

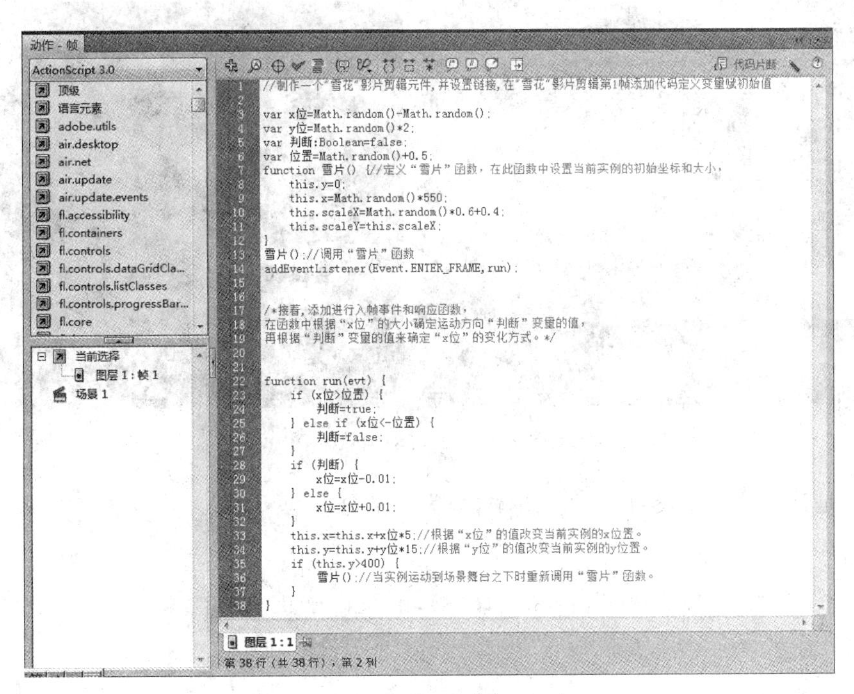

图 7-47　插入动作脚本

(4) 回到场景 1，将场景 1 中的“雪花”实例移到场景 1 舞台的左上角，并将其转换为“下雪”影片剪辑元件，如图 7-48 所示。

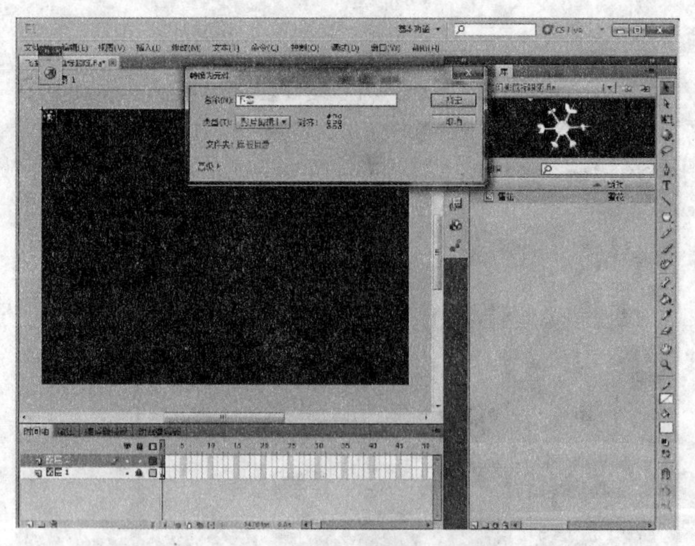

图 7-48 “下雪”影片剪辑

(5) 双击“下雪”实例，打开“下雪”影片剪辑元件编辑窗口，在第 1 帧上添加代码，控制下雪量，如图 7-49 所示。按 Ctrl+Enter 组合键可观察下雪的动画效果。

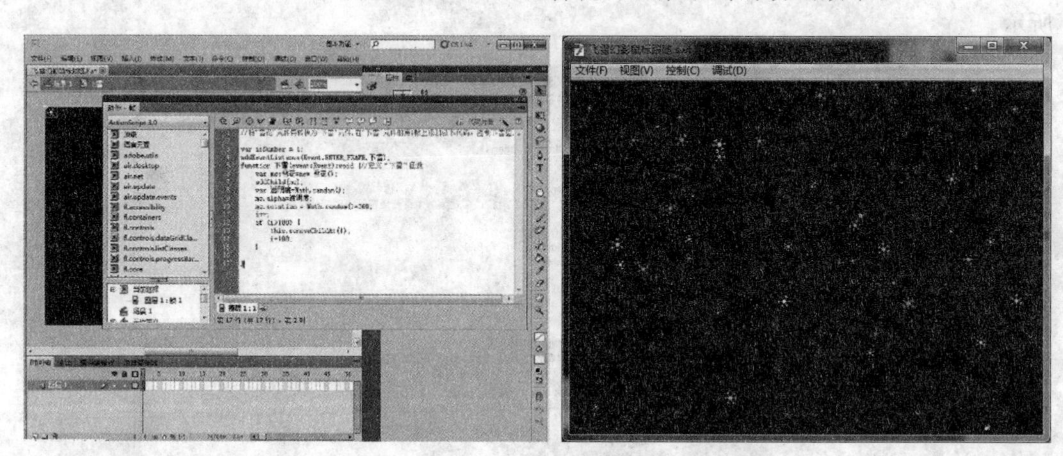

图 7-49 下雪动画效果

以下是让雪花漫天飞舞的动作脚本，分为两部分。

第一部分：

```
/* 制作一个"雪花"影片剪辑元件，并设置链接，在"雪花"影片剪辑第 1 帧添加代码定义变量赋初
   始值 */

var x 位=Math.random()-Math.random();
var y 位=Math.random() * 2;
var 判断:Boolean=false;
var 位置=Math.random()+0.5;
function 雪片(){                  //定义"雪片"函数，在此函数中设置当前实例的初始坐标和大小
    this.y=0;
```

```
    this.x=Math.random() * 550;
    this.scaleX=Math.random() * 0.6+0.4;
    this.scaleY=this.scaleX;
}
雪片();                                                   //调用“雪片”函数
addEventListener(Event.ENTER_FRAME,run);

/* 添加进行入帧事件和响应函数
   在函数中根据“x位”的大小确定运动方向“判断”变量的值,
   再根据“判断”变量的值来确定“x位”的变化方式 */


function run(evt){
    if(x位>位置){
        判断=true;
    } else if(x位<-位置){
        判断=false;
    }
    if(判断){
        x位=x位-0.01;
    } else {
        x位=x位+0.01;
    }
    this.x=this.x+x位 * 5;          //根据“x位”的值改变当前实例的x位置
    this.y=this.y+y位 * 15;         //根据“y位”的值改变当前实例的y位置
    if(this.y>400){
        雪片();                     //当实例运动到场景舞台之下时重新调用“雪片”函数
    }
}
```

第二部分:

```
//将场景1中的“雪花”实例再转换为“下雪”元件
//在“下雪”元件的第1帧上添加以下代码,控制下雪量
var i:Number=1;
addEventListener(Event.ENTER_FRAME,下雪);
function 下雪(event:Event):void { //定义“下雪”函数
    var mc:雪花=new 雪花();
    addChild(mc);
    var 透明度=Math.random();
    mc.alpha=透明度;
    mc.rotation=Math.random() * 360;
    i++;
    if(i>100){
        this.removeChildAt(1);
        i=100;
    }
}
```

(6) 下面制作幻影鼠标跟随效果。再回到场景 1 新建图层 3，绘制一个鼠标形状，将其转换为“箭头”影片剪辑元件，并设置链接，如图 7-50 所示。

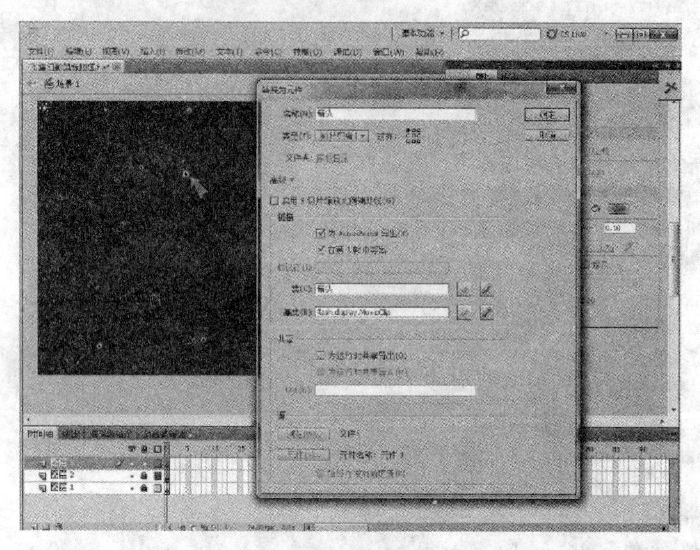

图 7-50　设置“箭头”影片剪辑

(7) 双击“箭头”实例，进入“箭头”元件编辑窗口，在第 10 帧和第 20 帧插入关键帧，将第 10 帧的图形调整变小，在第 1 帧和第 20 帧之间设置形状补间，如图 7-51 所示。

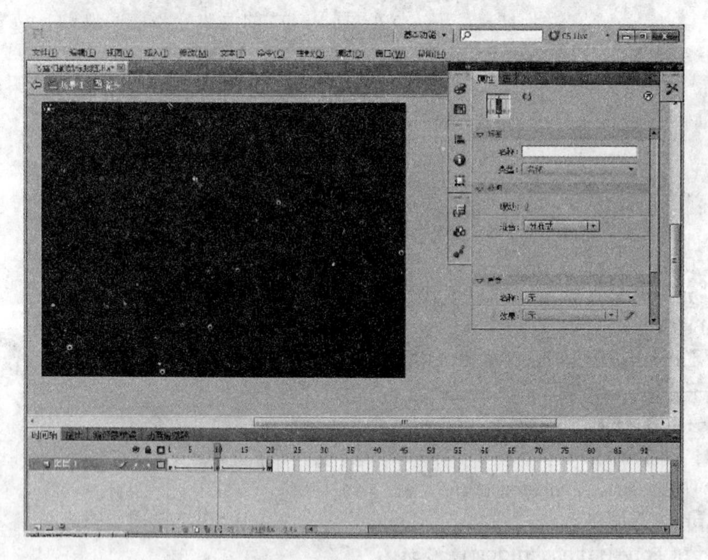

图 7-51　编辑“箭头”元件

(8) 回到场景 1，删除场景 1 中的“箭头”实例，在第 1 帧插入动作脚本，如图 7-52 所示。

(9) 按 Ctrl＋Enter 组合键可观察动画效果，根据情况可进行修改、调整，如图 7-53 所示。

(10) 根据情况可添加绘制、修改背景，如图 7-54 所示。

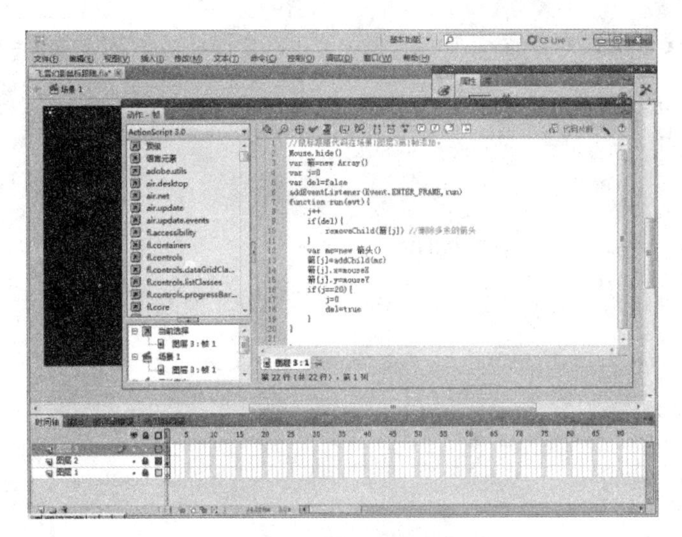

图 7-52　插入动作脚本

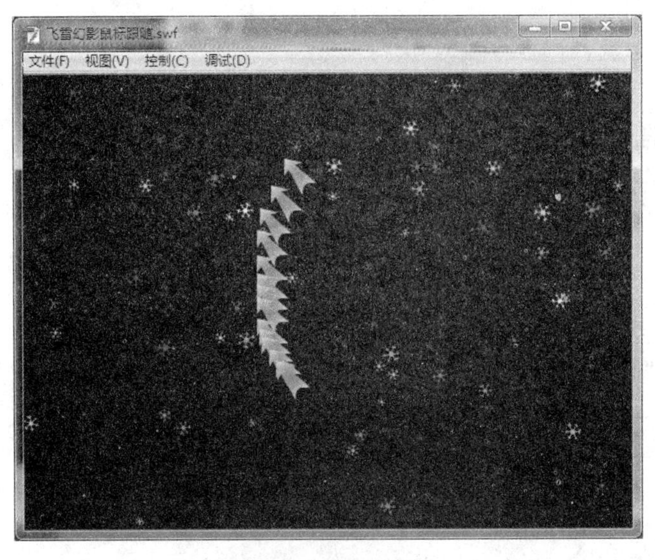

图 7-53　完成效果

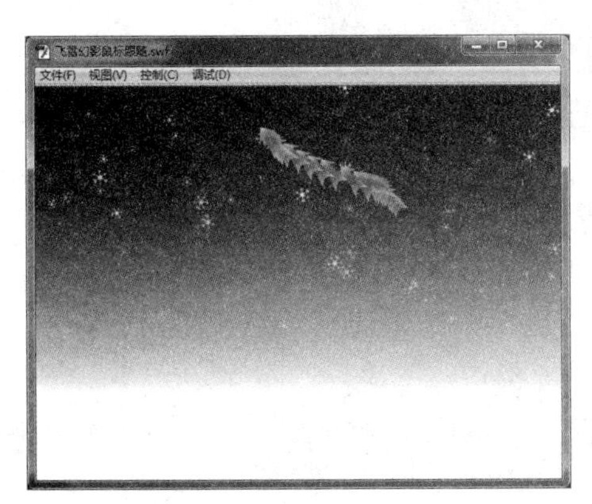

图 7-54　修改背景

(11) 进行发布设置并保存动画。

```
//鼠标跟随代码在场景 1 图层 3 第 1 帧添加。
Mouse.hide()
var 箭=new Array()
var j=0
var del=false
addEventListener(Event.ENTER_FRAME,run)
function run(evt){
    j++
    if(del){
        removeChild(箭[j])          //删除多余的箭头
    }
    var mc=new 箭头()
    箭[j]=addChild(mc)
    箭[j].x=mouseX
    箭[j].y=mouseY
    if(j==20){
        j=0
        del=true
    }
}
```

7.3.2 条件语句 if/else

1. if 语句用法

```
if(条件){
    //语句
}
```

如果条件为“真”时,则 Flash Player 将运行花括号({})内条件后面的语句。如果条件为“假”时,则 Flash Player 将跳过花括号内的语句,并运行花括号后面的语句。可将 if 语句与 else 语句一起使用,以在脚本中创建分支逻辑。

2. else 语句用法

```
if(条件){
    //语句
}
else {
    //语句
}
```

当 if 语句中的条件返回为“假”时运行 else 语句后面的花括号内的语句。

3. else if 语句用法

```
if(条件){
    //语句
}
else if(条件){
    //语句
}
```

可以使用 if...else if 条件语句来测试多个条件。

如果 if 或 else 语句后面只有一条语句，则无须用大括号括起后面的语句。但是，建议始终使用大括号，因为以后在缺少大括号的条件语句中添加语句时，可能会出现意外的行为。

7.3.3　使用数组

使用数组可以在单数据结构中存储多个值。使用 Array 类可以访问和操作数组。Array 索引从零开始，这意味着数组中的第一个元素索引为 0，第二个元素索引为 1，以此类推。要创建 Array 对象，可以使用 new Array()构造函数。Array()还可以作为函数调用。此外，还可以使用数组访问([])运算符初始化数组或访问数组元素。

可以在数组元素中存储各种各样的数据类型，包括数字、字符串、对象，甚至是其他数组。数组也可以是多维的，即包含本身是数组的元素。创建一个多维数组，方法是创建一个索引数组，然后给它的每个元素分配不同的索引数组。

7.3.4　自定义鼠标指针

可以将鼠标指针(光标)隐藏或交换为舞台上的任何显示对象。要隐藏光标，可调用 Mouse. hide()方法。可通过以下方式来自定义光标：调用 Mouse. hide()，侦听舞台上是否发生 MouseEvent. MOUSE_MOVE 事件，以及将显示对象(自定义光标)的坐标设置为事件的 stageX 和 stageY 属性。

7.4　任务 28　应用动作脚本制作“欣赏走马灯”

7.4.1　任务综述与实施

任务介绍

制作“欣赏走马灯”动画，如图 7-55 所示。

图 7-55　欣赏走马灯

任务分析

使用动作脚本制作走马灯动画效果。从“欣赏走马灯”动画的画面效果分析，需要将一些图片转换成影片剪辑元件，然后通过动作脚本来实现图片走马灯效果。

相关知识

（1）ActionScript 3.0 动作脚本。

（2）添加进入帧事件侦听。

（3）定义事件响应函数。

（4）if 语句。

（5）动态添加影片剪辑等命令。

任务实施

（1）启动 Flash 程序，创建 Flash 新文件并保存为“欣赏走马灯.fla”，文档属性默认或自定，如图 7-56 所示。

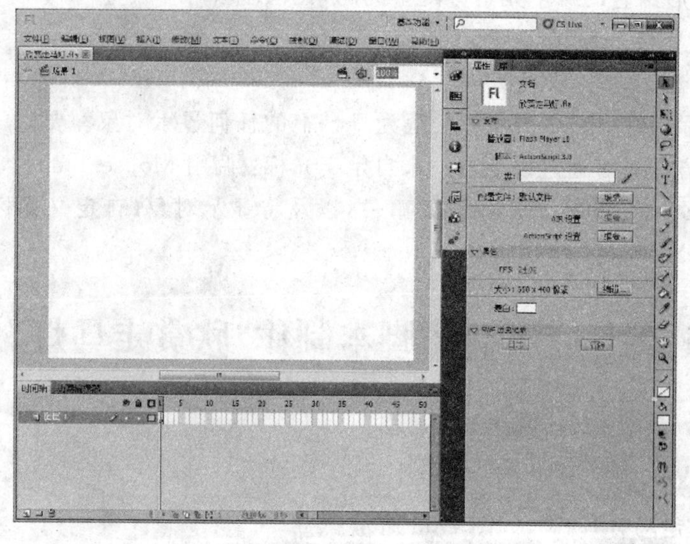

图 7-56 新建文档

（2）选择“文件”→“导入”→“导入到库”命令，将 10 张素材图片导入库中。设置位图属性压缩位图，具体步骤是在库中双击位图小图标，打开“位图属性”对话框，选择“压缩照片”，“自定义”品质默认为 50，如图 7-57 所示。其余 9 张位图的设置类似。

（3）将其中一张位图拉进场景 1 舞台，设置位图实例大小宽度为 390 像素，高度为 300 像素。将其转换为影片剪辑元件 t01，并设置链接，如图 7-58 所示。

（4）采用直接复制的方法，在库中选中 t01 右击，在弹出的菜单中选择“直接复制元件”命令，如图 7-59 所示。在“直接复制元件”对话框“名称”文本框中输入 t02 并设置链接，如图 7-60 所示。

（5）双击库中 t02 影片剪辑元件小图标，在其编辑窗口将其原 001 位图交换成对应的 002 位图，如图 7-61 所示。

（6）将其余位图都分别转换成为影片剪辑元件 t03～t10，如图 7-62 所示。

图 7-57　压缩图片

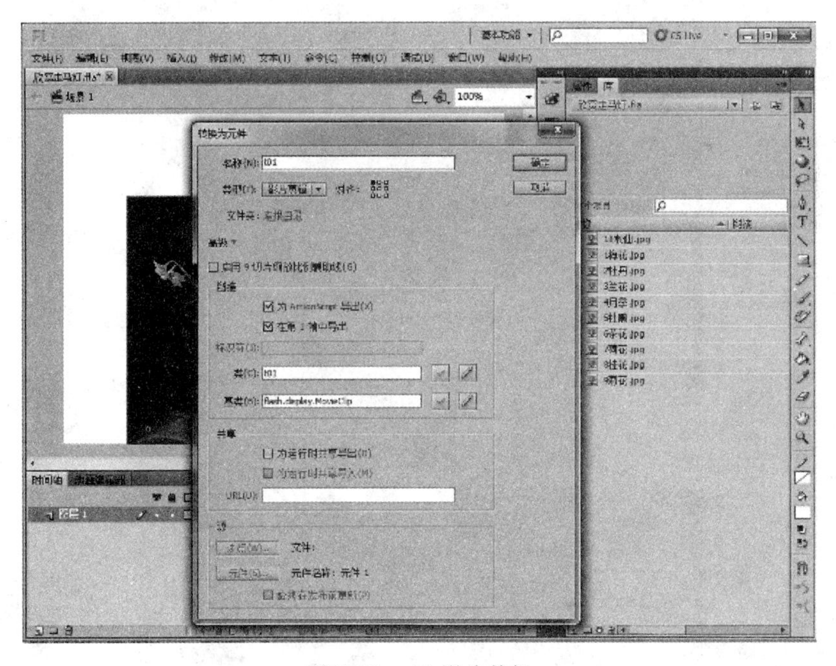

图 7-58　t01 影片剪辑

图 7-59　直接复制

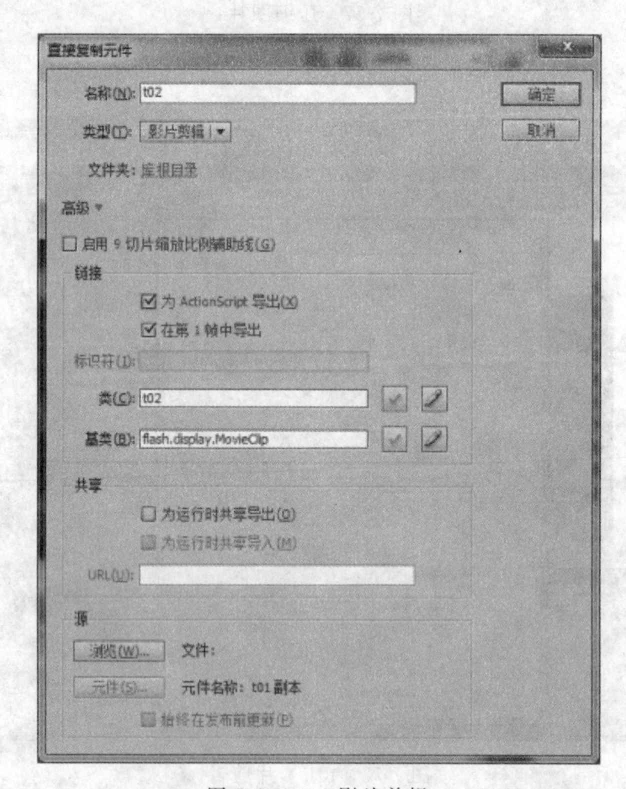

图 7-60　t02 影片剪辑

图 7-61　交换位图

图 7-62　t03～t10 元件

(7) 以上制作的是将在舞台上显示的较大图像，接下来制作走马灯用的小图。具体步骤是在场景1中，选中 t01 实例，将 t01 实例缩小宽度为 110 像素，约束比例高度默认。将 t01 命名为 an1，如图 7-63 所示。

(8) 采用同样的方法，将 t02～t10 逐一拖入舞台，调整宽度为 110 像素，并分别命名为 an2～an10，并对齐成一排，如图 7-64 所示。

(9) 在场景1，将 10 个排成一行的小图一起选中转换为 tp 影片剪辑元件，如图 7-65 所示。在“属性”面板中设置实例名称为 tp。

(10) 在场景1新建图层2，制作一个矩形窗口。具体步骤是用矩形工具绘制一个宽 390 像素、高 300 像素的淡色矩形，如图 7-66 所示。

图 7-63 制作小图 an1

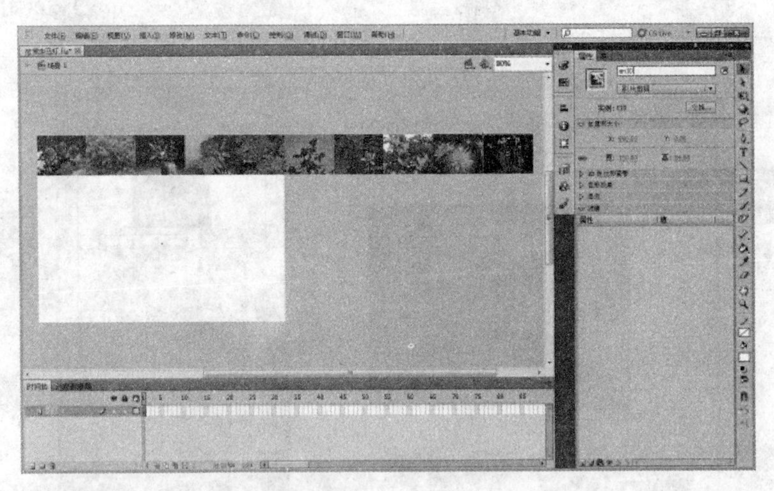

图 7-64 制作滚动条

图 7-65 转换及命名

图 7-66　绘制矩形

(11) 将其转换为 ck 影片剪辑元件，相对舞台水平居中，底边对齐。命名实例名称为 ck，如图 7-67 所示。

图 7-67　制作 ck 元件

(12) 在场景 1，新建图层 3，并输入动作脚本，如图 7-68 所示。

(13) 按 Ctrl＋Enter 组合键可观察走马灯动画效果。当鼠标指针停在小图上时，走马灯小图不动，下面窗口显示相应的大图；当鼠标指针从小图上移出时，走马灯小图又走动了，如图 7-69 所示。

(14) 进行发布设置并保存动画。

在场景 1 第 1 帧添加以下代码。

```
var 位置:Number=tp.x;                        //定义变量"位置"
```

```
var 位置:Number=tp.x;//定义变量"位置"
var 距离:Number=stage.stageWidth;//定义移动的距离为舞台的宽度
var 移速:Number=-2;//定义移动的速度和方向,负数为向左
var 在上="MouseEvent.MOUSE_OVER";//定义鼠标在实例上时的变量
var 移出="MouseEvent.MOUSE_OUT";//定义鼠标移出实例时的变量
var t1=new t01();//定义变量用于存放已链接的影片剪辑元件
var t2=new t02();
var t3=new t03();
var t4=new t04();
var t5=new t05();
var t6=new t06();
var t7=new t07();
var t8=new t08();
var t9=new t09();
var t010=new t10();
tp.addEventListener(Event.ENTER_FRAME,移动);//为"tp"实例注册进帧事件的接
function 移动(走马灯:Event) {//定义"移动"函数为"走马灯"事件
    位置+=移速;//坐标加上移速
    走马灯.target.x=位置;//设置走马灯的坐标
    tp.an1.addEventListener(MouseEvent.MOUSE_OVER,上1);//注册侦听器即鼠
    function 上1(e:MouseEvent) {//定义鼠标在上面事件函数
        if (在上) {
            移速=0;
            ck.addChild(t1);//添加影片剪辑实例
        }
    }
    tp.an2.addEventListener(MouseEvent.MOUSE_OVER,上2);
    function 上2(e:MouseEvent) {
        if (在上) {
            移速=0;
            ck.addChild(t2);
        }
    }
    tp.an3.addEventListener(MouseEvent.MOUSE_OVER,上3);
    function 上3(e:MouseEvent) {
        if (在上) {
```

图 7-68 插入动作脚本

图 7-69 完成效果

```
var 距离:Number=stage.stageWidth;        //定义移动的距离为舞台的宽度
var 移速:Number=-2;                      //定义移动的速度和方向,负数为向左
var 在上="MouseEvent.MOUSE_OVER";        //定义鼠标在实例上时的变量
var 移出="MouseEvent.MOUSE_OUT";         //定义鼠标移出实例时的变量
var t1=new t01();                        //定义变量用于存放已链接的影片剪辑元件
var t2=new t02();
```

```
var t3=new t03();
var t4=new t04();
var t5=new t05();
var t6=new t06();
var t7=new t07();
var t8=new t08();
var t9=new t09();
var t010=new t10();
tp.addEventListener(Event.ENTER_FRAME,移动);  //为 tp 实例注册进帧事件的接收者“移动”
function 移动(走马灯:Event){               //定义“移动”函数为“走马灯”事件
    位置+=移速;                            //坐标加上移速
    走马灯.target.x=位置;                  //设置走马灯的坐标
    tp.an1.addEventListener(MouseEvent.MOUSE_OVER,上 1);
                                           //注册侦听器即鼠标在上面
    function 上 1(e:MouseEvent){           //定义鼠标在上面事件函数
        if(在上){
            移速=0;
            ck.addChild(t1);               //添加影片剪辑实例
        }
    }
    tp.an2.addEventListener(MouseEvent.MOUSE_OVER,上 2);
    function 上 2(e:MouseEvent){
        if(在上){
            移速=0;
            ck.addChild(t2);
        }
    }
    tp.an3.addEventListener(MouseEvent.MOUSE_OVER,上 3);
    function 上 3(e:MouseEvent){
        if(在上){
            移速=0;
            ck.addChild(t3);
        }
    }
    tp.an4.addEventListener(MouseEvent.MOUSE_OVER,上 4);
    function 上 4(e:MouseEvent){
        if(在上){
            移速=0;
            ck.addChild(t4);
        }
    }
    tp.an5.addEventListener(MouseEvent.MOUSE_OVER,上 5);
    function 上 5(e:MouseEvent){
        if(在上){
            移速=0;
            ck.addChild(t5);
        }
    }
    tp.an6.addEventListener(MouseEvent.MOUSE_OVER,上 6);
    function 上 6(e:MouseEvent){
        if(在上){
```

```
                移速=0;
                ck.addChild(t6);
            }
        }
        tp.an7.addEventListener(MouseEvent.MOUSE_OVER,上 7);
        function 上 7(e:MouseEvent){
            if(在上){
                移速=0;
                ck.addChild(t7);
            }
        }
        tp.an8.addEventListener(MouseEvent.MOUSE_OVER,上 8);
        function 上 8(e:MouseEvent){
            if(在上){
                移速=0;
                ck.addChild(t8);
            }
        }
        tp.an9.addEventListener(MouseEvent.MOUSE_OVER,上 9);
        function 上 9(e:MouseEvent){
            if(在上){
                移速=0;
                ck.addChild(t9);
            }
        }
        tp.an10.addEventListener(MouseEvent.MOUSE_OVER,上 10);
        function 上 10(e:MouseEvent){
            if(在上){
                移速=0;
                ck.addChild(t010);
            }
        }
        tp.addEventListener(MouseEvent.MOUSE_OUT,出);          //注册侦听器即鼠标移出
        function 出(e:MouseEvent){                    //定义鼠标移出事件函数
            if(移出){
                移速=-2;
            }
        }
        if(位置<-距离){                              //如果 tp 实例移出舞台
            位置=0;                                  //重新开始
        }
    }
//在 tp 影片剪辑实例上单击后实现全屏幕或还原
var 判断:Boolean;
tp.addEventListener("click",全屏);
function 全屏(e:MouseEvent){
    判断=!判断;
    if(判断){
        stage.displayState="fullScreen";
    } else {
        stage.displayState="normal";
    }
}
```

7.4.2　添加事件侦听器

事件侦听器也称为事件处理函数，是 Flash Player 为响应特定事件而执行的函数。

添加事件侦听器的过程分为两步。首先，创建一个为响应事件而执行的函数或类方法。这有时称为侦听器函数或事件处理函数；然后，使用 addEventListener()方法，在事件的目标或位于适当事件流上的任何显示列表对象中注册侦听器函数。

7.4.3　使用 addChild ()方法添加显示对象

将一个显示对象子实例添加到该显示对象容器实例中。子项将被添加到该显示对象容器实例中其他所有子项的前(上)面。

如本例中的"ck.addChild(t1);"是将影片剪辑 t1 实例添加到影片剪辑"ck"实例中，且显示在最上面。

7.4.4　使用超链接添加显示外部对象

在上例中也可利用超链接实现添加显示外部对象。在本例中以下代码可实现将 images 文件夹中的"荷花.jpg"图片添加到 ck 实例中显示。

```
var 地址:URLRequest=new URLRequest();
//定义 URLRequest 类型的对象"地址",用于保存图片文件存放的 URL 地址
var 加载:Loader=new Loader();
//定义 Loader 类型的对象"加载",用于加载外部图片
var 在上="MouseEvent.MOUSE_OVER";            //定义鼠标在实例上时的变量
ck.addEventListener(MouseEvent.MOUSE_OVER,上);          //鼠标在按钮上事件侦听
function 上(e:MouseEvent){                   //定义鼠标在上面事件函数
    if(在上){                                //当鼠标在 ck 实例上面时
        地址.url="images/荷花.jpg";          //设置"地址"对象保存的 URL 地址
        加载.load(地址);                     //用 load()方法加载地址对象中的图片地址
        ck.addChild(加载);                   //将外部图片放到影片剪辑元件 ck 实例中
        ck.scaleX=0.6;                       //设置显示大小比例为 60%
        ck.scaleY=0.6;
    }
}
```

7.5　任务 29　制作"放大镜"

7.5.1　任务综述与实施

任务介绍

制作"放大镜"动画，如图 7-70 所示。

任务分析

使用动作脚本制作放大镜动画效果。从"放大镜"动画的画面效果看，需要将图片转换成影片剪辑元件，绘制放大镜图形，然后通过动作脚本来实现拖动以及图片放大效果，

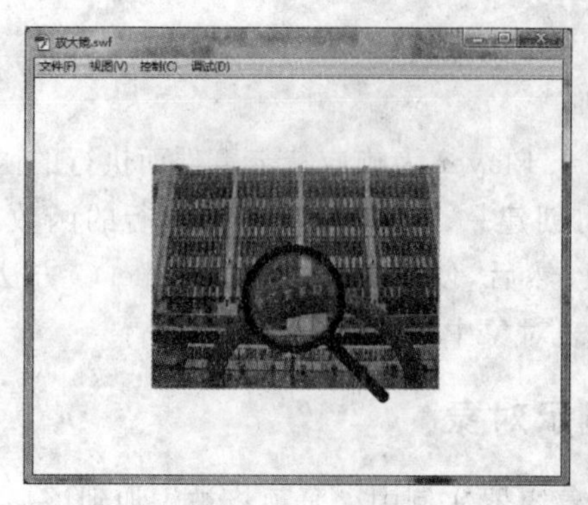

图 7-70 放大镜

并且当按下鼠标时可进一步放大图像。

相关知识

(1) ActionScript 3.0 动作脚本。

(2) 添加进入帧事件侦听。

(3) 鼠标事件侦听等。

(4) 定义事件响应函数。

(5) 定义放大比例 X、Y 变量等命令。

任务实施

(1) 启动 Flash 程序,创建 Flash 新文件并保存为“放大镜.fla”,文档属性默认或自定。

(2) 在场景 1 舞台中制作一个作为背景图片的影片剪辑元件“小图”。具体步骤是:将一张素材图片导入舞台,调整图片大小,约束长宽比,设置宽度为 300 像素,对齐为相对舞台居中。将其转换为影片剪辑元件“小图”,注意注册点要居中,并将实例命名为“小图”,图层 1 也重命名为“小图”,如图 7-71 所示。

图 7-71 “小图”元件

(3) 下面制作一个作为放大镜的影片剪辑元件“放大镜”。具体步骤是：复制舞台中的实例“小图”，新建图层 2 重命名为“放大镜”图层，粘贴实例“小图”到“放大镜”图层中，并居中对齐，将“放大镜”图层中的“小图”实例重命名为“镜中图”，如图 7-72 所示。

图 7-72　“镜中图”元件

(4) 将“镜中图”实例转换为影片剪辑“放大镜”，并命名实例名称为“放大镜”，如图 7-73 所示。

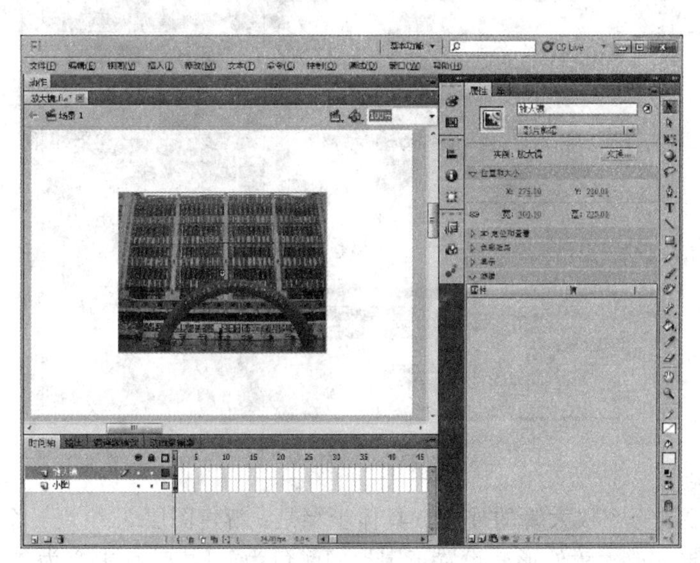

图 7-73　“放大镜”元件

(5) 接着编辑“放大镜”影片剪辑元件。具体步骤是：双击实例“放大镜”，进入“放大镜”影片剪辑元件编辑窗口，新建图层 2，用椭圆工具绘制一个直径为 100 的白色正圆，相对舞台居中对齐，如图 7-74 所示。

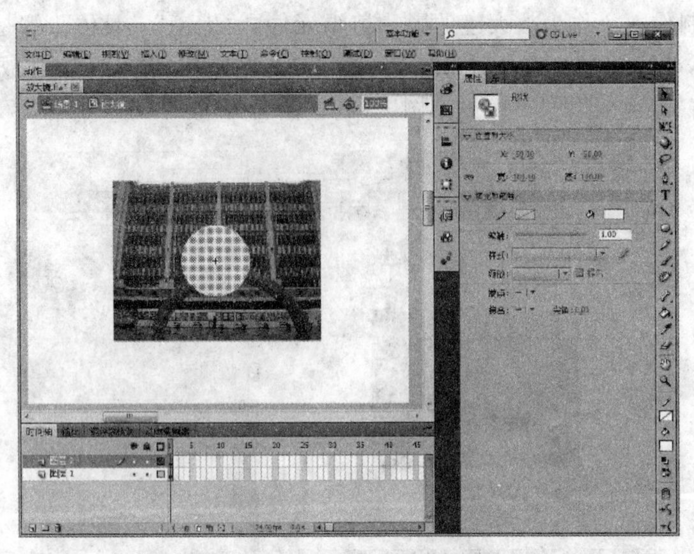

图 7-74 绘制白色正圆

(6) 对于放大镜中出现的实例“镜中图”影像将采用遮罩来实现。具体步骤是：选中图层 2 右击，将其设置为遮罩层，效果如图 7-75 所示。

图 7-75 设置遮罩层

(7) 下面绘制一个放大镜的外形。具体步骤是：新建图层 3，绘制一个与白色正圆一样大小的有边框的放大镜外形。设置正圆形的颜色为放射状，且中心为透明(Alpha 值＝0)，再用绘图工具画一个放大镜的柄，如图 7-76 所示。

(8) 用动作脚本实现放大镜动画效果。具体步骤是：返回场景 1，新建图层 3，打开“动作”面板，输入放大镜代码，如图 7-77 所示。

(9) 按 Ctrl＋Enter 组合键可观察动画效果，根据情况可进行修改、调整。

(10) 进行发布设置并保存动画。

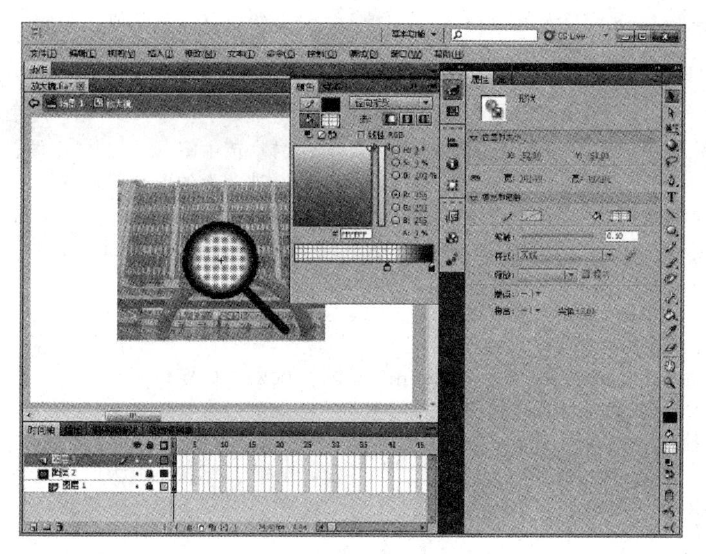

图 7-76　绘制放大镜外观

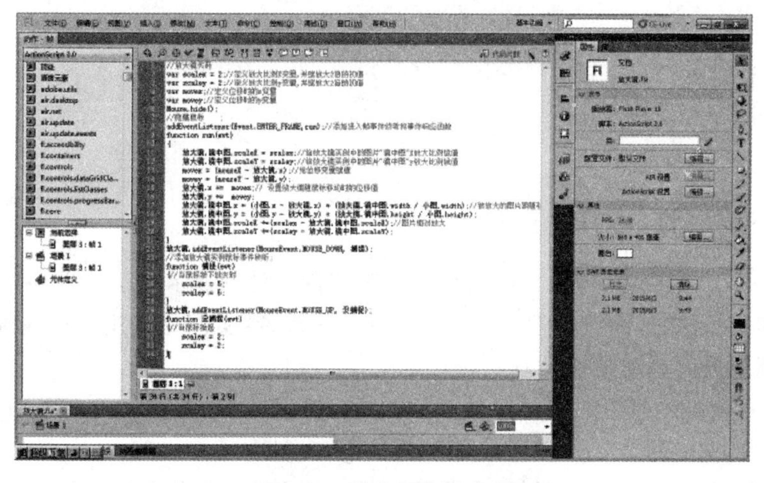

图 7-77　输入放大镜代码

放大镜代码如下。

```
//放大镜代码
var scalex=2;                                         //定义放大比例 X 变量,并赋放大 2 倍的初值
var scaley=2;                                         //定义放大比例 Y 变量,并赋放大 2 倍的初值
var movex;                                            //定义位移时的 X 变量
var movey;                                            //定义位移时的 Y 变量
Mouse.hide();                                         //隐藏光标
addEventListener(Event.ENTER_FRAME,run); //添加进入帧事件侦听和事件响应函数
function run(evt)
{
    放大镜.镜中图.scaleX=scalex;        //给"放大镜"实例中的图片"镜中图"X 放大比例赋值
    放大镜.镜中图.scaleY=scaley;        //给"放大镜"实例中的图片"镜中图"Y 放大比例赋值
```

```
    movex=(mouseX-放大镜.x);                          //给位移变量赋值
    movey=(mouseY-放大镜.y);
    放大镜.x+=movex;                                  //设置放大镜随鼠标移动时的位移值
    放大镜.y+=movey;
    放大镜.镜中图.x=(小图.x-放大镜.x)*(放大镜.镜中图.width / 小图.width);
                                                      //被放大的图片跟随移动
    放大镜.镜中图.y=(小图.y-放大镜.y)*(放大镜.镜中图.height / 小图.height);
    放大镜.镜中图.scaleX+=(scalex-放大镜.镜中图.scaleX);
                                                      //图片相对放大
    放大镜.镜中图.scaleY+=(scaley-放大镜.镜中图.scaleY);
}
放大镜.addEventListener(MouseEvent.MOUSE_DOWN, 捕捉);
//添加"放大镜"实例鼠标事件侦听
function 捕捉(evt)
{                                                     //当鼠标按下放大时
    scaleX=5;
    scaleY=5;
}
放大镜.addEventListener(MouseEvent.MOUSE_UP, 没捕捉);
function 没捕捉(evt)
{                                                     //当鼠标抬起
    scaleX=2;
    scaleY=2;
}
```

7.5.2 缩放属性

处理大小和缩放对象可以采用两种方法来测量与处理显示对象的大小：使用尺寸属性(width 和 height)或缩放属性(scaleX 和 scaleY)。本实例是采用缩放属性(scaleX 和 scaleY)来实现放大镜动画效果。

如果要更改显示对象的相对大小，则可以通过设置 scaleX 和 scaleY 属性的值来调整该对象的大小，另一种方法是设置 width 或 height 属性。

更改显示对象的 height 或 width 会导致缩放对象，这意味着对象内容经过伸展或挤压以适合新区域的大小。如果显示对象仅包含矢量形状，将按新缩放比例重绘这些形状，而品质不变。此时将缩放显示对象中的位图图形元素，而不是重绘。缩放图形时，如果数码照片的宽度和高度增加后超出图像中像素信息的实际大小，数码照片将被像素化，使数码照片显示带有锯齿(马赛克)。

scaleX 和 scaleY 属性使用小数(十进制)值来表示百分比。例如，如果某个显示对象的 width 已更改，其宽度是原始大小的一半，则该对象的 scaleX 属性的值为 0.5，表示 50%；如果其高度加倍，则其 scaleY 属性的值为 2，表示 200%。

7.5.3 鼠标事件

鼠标移动(MouseEvent.MOUSE_MOVE)、按下(MouseEvent.MOUSE_DOWN)、抬起(MouseEvent.MOUSE_UP)或单击(MouseEvent.CLICK)等将创建鼠标事件，这些

事件可用来触发交互式功能。添加事件侦听器 addEventListener()方法可以将事件侦听器添加到舞台上，如为添加“放大镜”实例鼠标按下事件侦听：

```
zoom.addEventListener(MouseEvent.MOUSE_DOWN, 捕捉);
```

7.6　任务 30　应用动作脚本制作“捉蝴蝶游戏”

7.6.1　任务综述与实施

任务介绍

制作“捉蝴蝶游戏”动画，如图 7-78 所示。

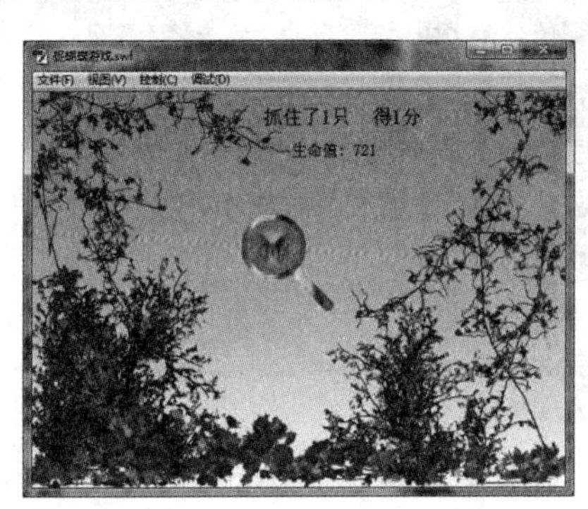

图 7-78　捉蝴蝶游戏

任务分析

使用动作脚本制作“捉蝴蝶游戏”动画。从“捉蝴蝶游戏”动画的画面效果来看，大概的制作思路是：做两个元件，一是蝴蝶元件，然后用动作脚本设置蝴蝶飞舞时的大小及位置的变化。二是绘制一个网拍，转换为元件，在“动作”面板中输入程序代码，通过动作脚本来实现拖动网拍以及抓捕蝴蝶的动画效果。还有，用动态文本显示游戏成绩等情况。

相关知识

(1) ActionScript 3.0 动作脚本。

(2) 添加进入帧事件侦听。

(3) 定义事件响应函数。

任务实施

(1) 启动 Flash 程序，创建 Flash 新文件并保存为“捉蝴蝶游戏.fla”，文档属性默认或自定。用 Deco 绘图工具绘制背景，效果如图 7-79 所示。

(2) 锁定背景层，新建图层并重命名为“蝴蝶”，导入蝴蝶图片到舞台。按 Ctrl+B 组合键分离图片，并用套索工具魔术棒将蝴蝶图片的背景删除，在“属性”面板中调整好蝴蝶大小约 50 像素，按 F8 键将蝴蝶图片转换成名为 hd 的影片剪辑元件，如图 7-80 所示。

(3) 再一次选中蝴蝶将 hd 转换为元件 fd。设置实例名称为 fd，并在“属性”面板中设置实例名称为 fd，如图 7-81 所示。

图 7-79　绘制背景

图 7-80　制作“蝴蝶”元件

图 7-81　蝴蝶转换为飞蝶并命名

(4) 双击 fd,进入 fd 编辑窗口。在第 6、10 帧处分别插入关键帧,在“变形”面板中将第 6 帧蝴蝶的宽度修改为 20%,高度不变。然后在第 1～10 帧设置补间动画,实现蝴蝶挥翅的动画效果,如图 7-82 所示。

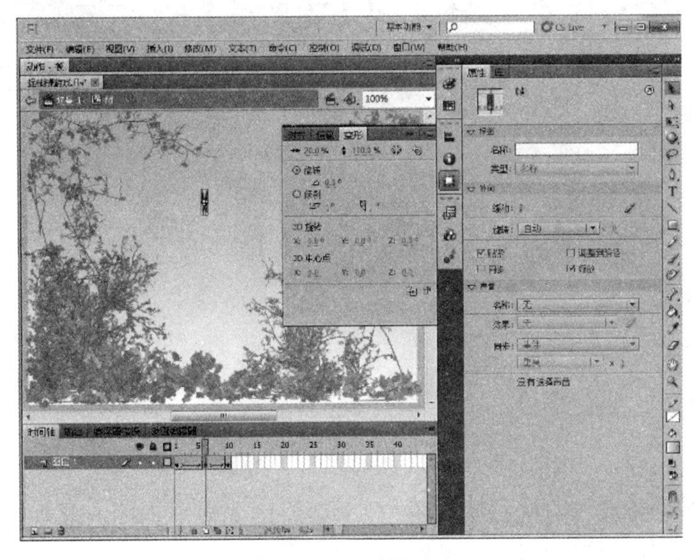

图 7-82　蝴蝶挥翅

(5) 回到场景 1,再将 fd 实例转换为 hdf 影片剪辑元件。双击 hdf 实例,在 hdf 影片剪辑编辑窗口中,在第 20 帧插入帧,注意这里插入的帧越多,蝴蝶变化越慢,可根据情况进行调整。再新建图层 2,打开“动作”面板,在第 1 帧添加蝴蝶大小及位置变化的代码,如图 7-83 所示。按 Ctrl+Enter 组合键可观察蝴蝶飞舞的大小位置变化的动画效果。

(6) 返回到场景 1,设置实例名称为 hdf,如图 7-84 所示。

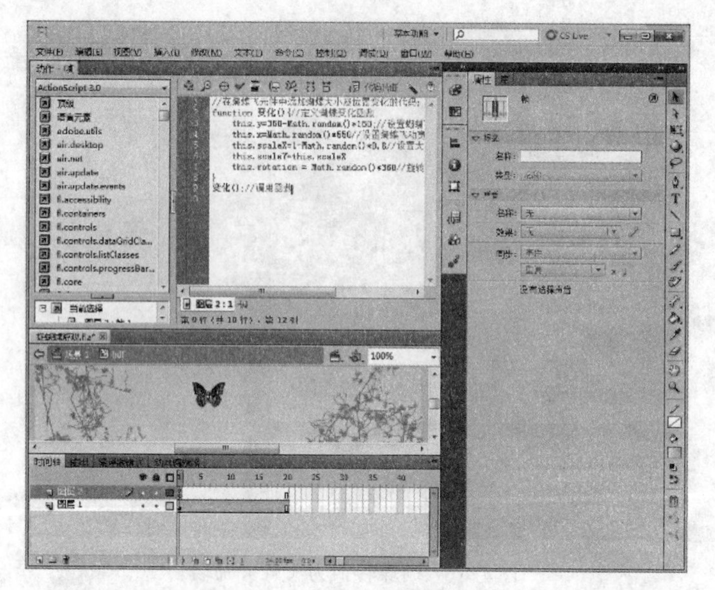

图 7-83 插入代码

图 7-84 设置实例名称

(7) 在场景1"蝴蝶"图层上,新建图层"文字",用文字工具在上部创建3个动态文本框,实例名分别为"抓住了""得分""生命值",如图7-85所示。

(8) 新建图层"网拍",绘制一个比蝴蝶稍大一些的圆形,将其转换为wp元件,注意使注册点居中,如图7-86所示。

(9) 选中wp实例,先命名为wp。再按F8键将wp实例转换为wp1影片剪辑元件。选中wp1实例,命名为wp1,如图7-87所示。

(10) 双击wp1实例,进入wp1影片剪辑元件编辑窗口。绘制一个网拍的手柄,如图7-88所示。

图 7-85　设置文字

图 7-86　制作网拍

图 7-87　实例命名

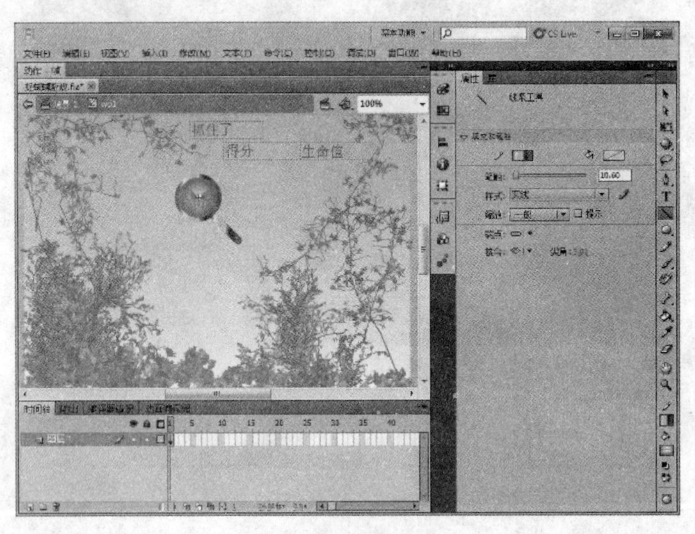

图 7-88 绘制网拍手柄

(11) 接着新建图层 2,将图层 2 移到图层 1 之下。从库中将 fd 影片剪辑元件放在 wp 实例下面,并输入实例名称为 fd,如图 7-89 所示。

图 7-89 把 fd 放在 wp 下

(12) 返回场景 1,新建"动作"图层,在"动作"面板中输入捉蝴蝶游戏的程序,如图 7-90 所示。

(13) 按 Ctrl+Enter 组合键可观察动画效果,根据情况可进行修改、调整。

(14) 进行发布设置并保存动画。

下面是在两个不同地方的详细代码。

在蝴蝶飞元件中添加的蝴蝶大小及位置变化的代码如下。

```
function 变化(){                                  //定义蝴蝶变化函数
```

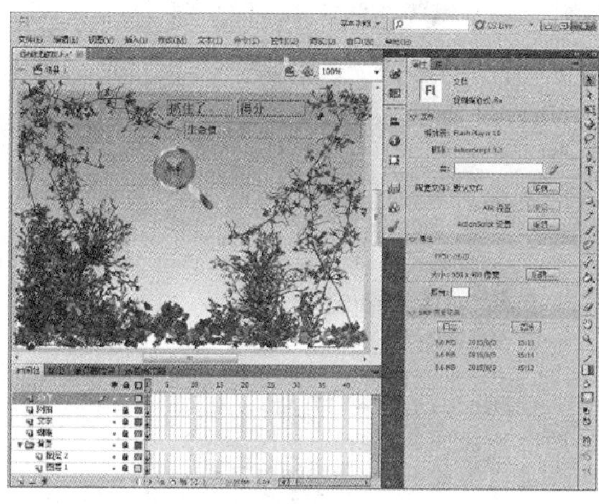

图 7-90　完成效果

```
    this.y=350-Math.random() * 150;          //设置蝴蝶飞动高度范围为 200~350
    this.x=Math.random() * 550               //设置蝴蝶飞动宽度范围为 0~550(舞台之内)
    this.scaleX=1-Math.random() * 0.8        //设置大小变化比例为 0.2%~100%
    this.scaleY=this.scaleX
    this.rotation=Math.random() * 360        //旋转角度变化
}
变化();                                      //调用函数
```

在场景 1 第 1 帧输入的捉蝴蝶游戏的代码如下。

```
var i=0;                                     //捉住蝴蝶的数量
var j=1000;                                  //初始生命值
var 判断:Boolean;                            //真假值变量
wp1.wp.stop();                               //让网拍停止动作
wp1.fd.visible=0;                            //隐藏网拍里的蝴蝶
Mouse.hide();                                //隐藏光标
addEventListener(Event.ENTER_FRAME,run);     //添加进入帧事件侦听和事件响应函数
function run(evt){
    wp1.x=mouseX;                            //设置实例坐标与鼠标指针坐标相同
    wp1.y=mouseY;
    j--;                                     //生命值递减
    生命值.text="生命值："+j;                 //动态文本显示
    if(j<=0){                                //条件判断生命值小于等于零时，结束游戏
        wp1.x=100;
        wp1.y=100;
        生命值.text="游戏结束，成绩是捉了"+i+"只蝴蝶。";
    }
}
hdf.addEventListener(MouseEvent.MOUSE_DOWN, 捕捉);
                                             //添加"蝴蝶飞"实例鼠标事件侦听
function 捕捉(evt){                          //当鼠标按下抓住蝴蝶时
    wp1.wp.play();                           //网拍动了
    hdf.visible=判断;                        //隐藏飞动的蝴蝶
    wp1.fd.visible=100;                      //显示网拍里的蝴蝶 fd
```

```
    if(wp1.hitTestObject(hdf)){                    //条件判断网拍检测到飞动的蝴蝶时
        i=i+1;
        抓住了.text="抓住了"+i+"只蝴蝶";    //动态文本显示
        得分.text="得"+i+"分";
    }
}
addChild(hdf);
wp1.addEventListener(MouseEvent.MOUSE_UP, 没捕捉);
function 没捕捉(evt){                              //当鼠标键抬起
    wp1.wp.stop();                                 //网拍不动
    hdf.play();                                    //蝴蝶飞动
    hdf.visible=!判断;                             //显示蝴蝶飞动
    wp1.fd.visible=0;                              //隐藏网拍里飞动的蝴蝶
    抓住了.text="蝴蝶跑了";                        //动态文本显示
}
```

7.6.2 Math. random ()方法

可以使用没有参数的 Math. random()方法来生成一个随机数。例如：

```
this.y=350-Math.random()*150;      //设置蝴蝶飞动高度范围为 200~350
this.x=Math.random()*550;          //设置蝴蝶飞动宽度范围为 0~550(舞台之内)
this.scaleX=1-Math.random()*0.8;   //设置大小变化比例为 0.2%~100%
```

7.6.3 visible 属性

visible:Boolean 该属性设置为 true(或为 100)时，对象将调度 show 事件即指示当前组件可见；该属性设置为 false(或为 0)时，对象将调度 hide 事件即指示其不可见。

7.7 任务 31 制作“加法计数器课件”

任务介绍

制作“加法计数器课件”动画，如图 7-91 所示。

任务分析

使用动作脚本制作“加法计数器课件”动画。从“加法计数器课件”动画的画面效果来看，大概的制作思路是：做几个元件，一个是计数器元件，另一个是显示数值的窗口元件，还有一些按钮元件等，然后用动作脚本设置单击按钮计数时的计数状态和数字变化的动画效果。

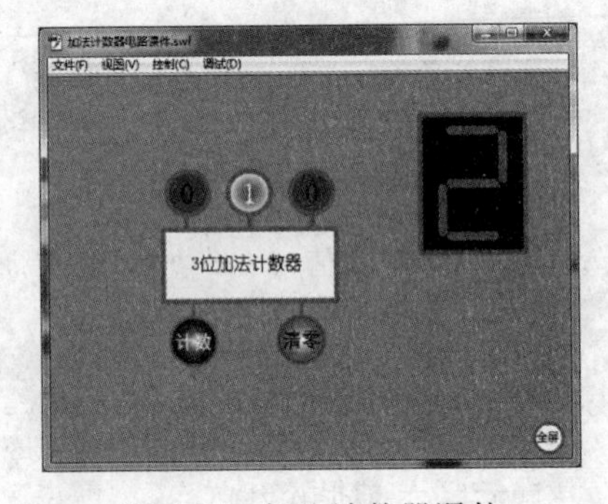

图 7-91 加法计数器课件

相关知识

(1) ActionScript 3.0 动作脚本。

(2) 定义鼠标事件函数。

任务实施

(1) 启动Flash程序，创建Flash新文件并保存为“加法计数器课件.fla”，文档属性默认，背景自定。

(2) 用文本工具输入静态文本“3位加法计数器”，将文本转换为“计数器”影片剪辑元件，如图7-92所示。将“计数器”实例名称设为“计数器”。

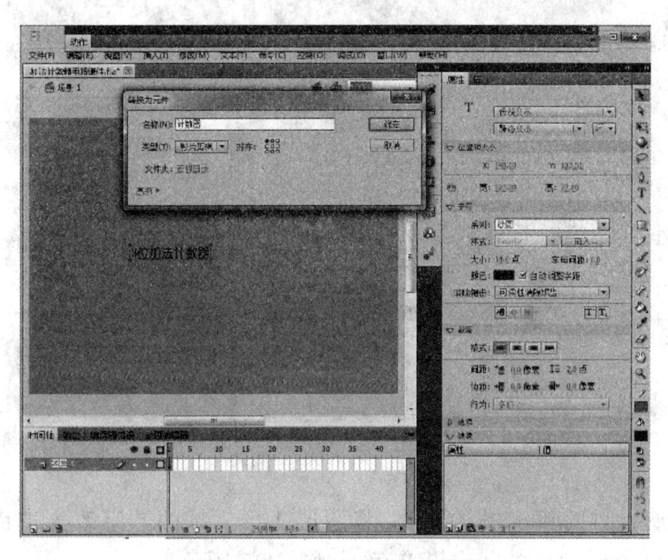

图7-92　设置实例“计数器”

(3) 在场景1双击“计数器”实例，进入“计数器”影片剪辑元件编辑窗口，绘制计数器效果图。具体步骤是：新建图层2，用矩形工具绘制一个矩形；再新建图层3，用椭圆工具绘制3个正圆；再新建图层4，输入3个0。将图层2移到图层1之下，如图7-93所示。

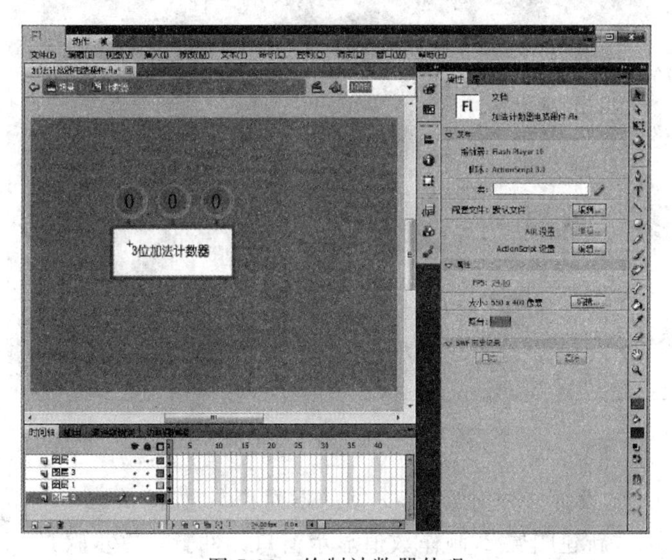

图7-93　绘制计数器外观

(4) 在图层 3 和图层 4 的第 2～8 帧分别插入关键帧,在图层 1 和图层 2 的第 2～8 帧分别插入帧,如图 7-94 所示。

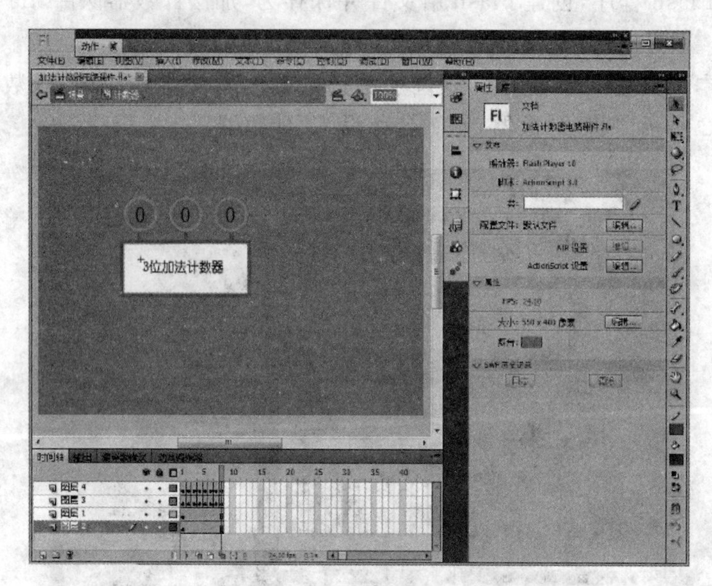

图 7-94 插入关键帧及帧

(5) 设置开始计数时第 1 帧的状态,将图层 4 第 1 帧的数字改为黄色的 1,将图层 3 的圆内填充为从红色到黄色的径向渐变色,如图 7-95 所示。

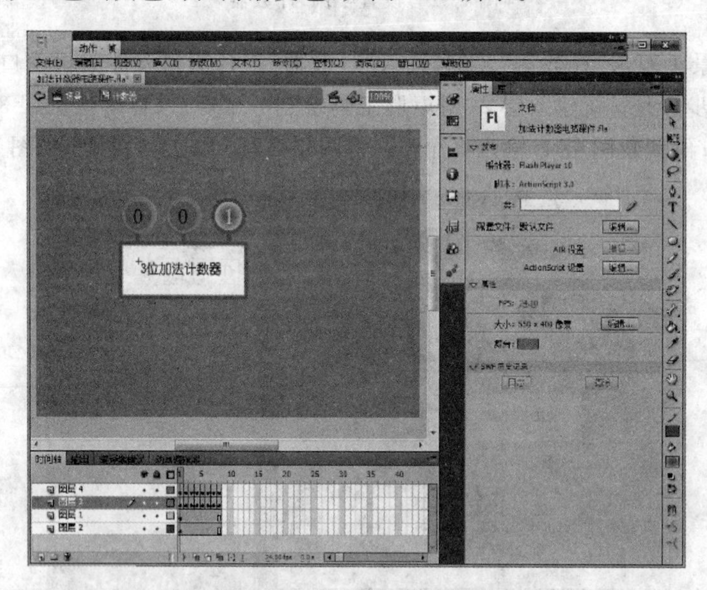

图 7-95 设置第 1 帧的状态

(6) 用同样方法,设置计数时第 2～7 帧的不同状态,如图 7-96～图 7-101 所示。

(7) 回到场景 1,新建图层 2,制作数值显示窗口元件。具体步骤是:用矩形工具绘制一个矩形,将其转换为“数值”影片剪辑元件,并在“属性”面板中输入实例名称为“数值”,

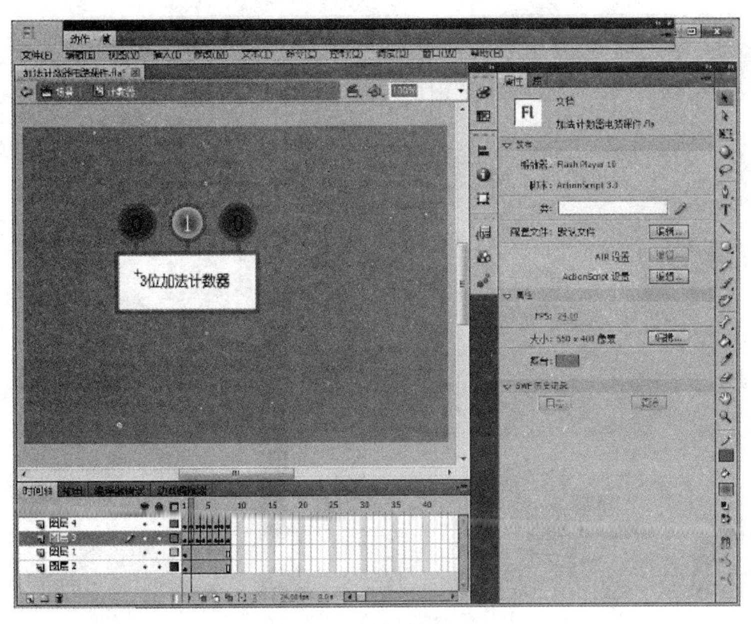

图 7-96　设置第 2 帧的状态

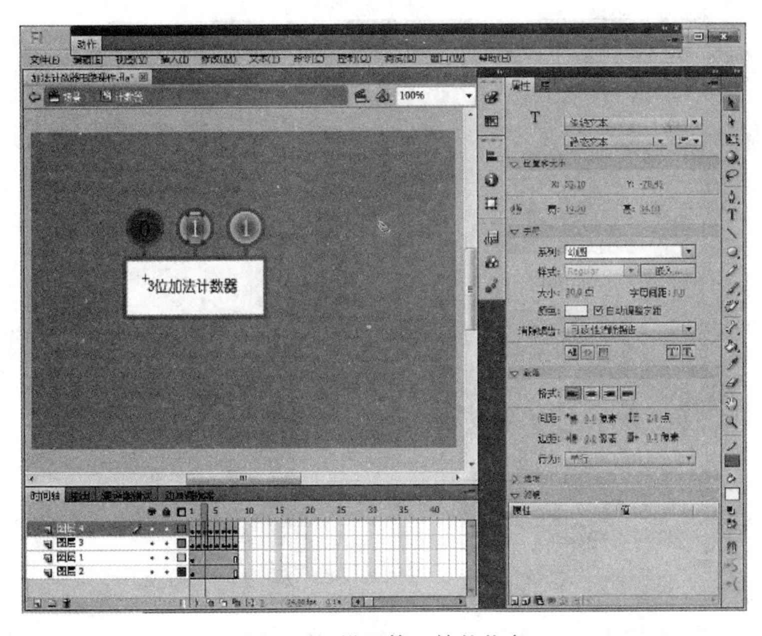

图 7-97　设置第 3 帧的状态

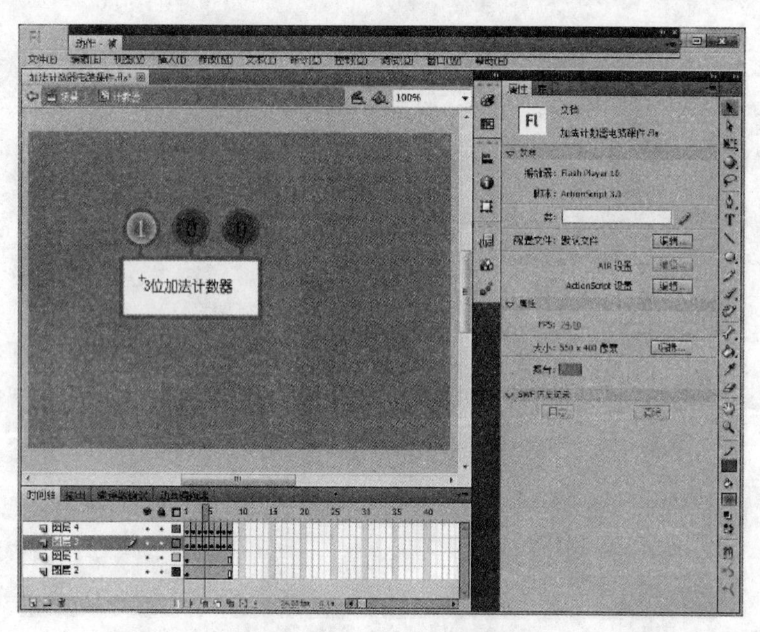

图 7-98　设置第 4 帧的状态

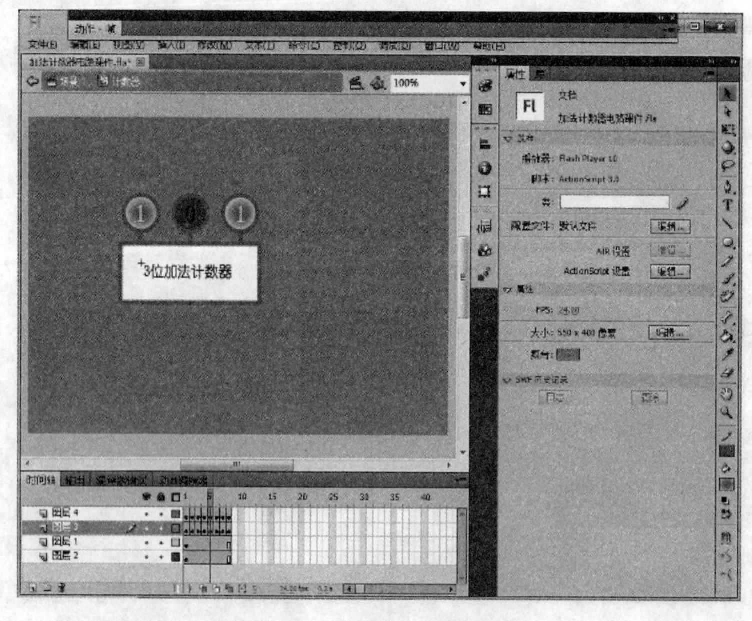

图 7-99　设置第 5 帧的状态

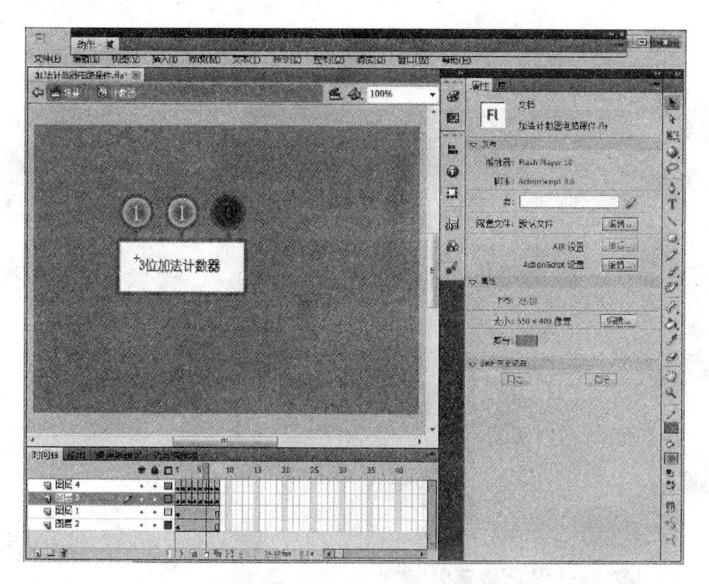

图 7-100　设置第 6 帧的状态

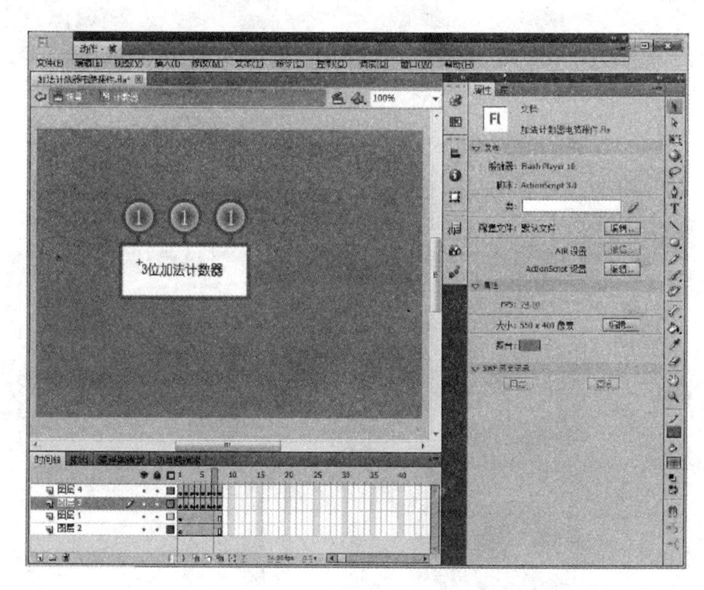

图 7-101　设置第 7 帧的状态

如图 7-102 所示。

(8) 双击“数值”实例，进入“数值”影片剪辑元件编辑窗口，绘制数值显示效果。具体步骤是：用直线工具绘制一条红色短线，复制并组成“日”字形，如图 7-103 所示。

(9) 在第 2～9 帧插入关键帧，设置 1～8 及 0 的显示效果，如图 7-104 所示。

(10) 回到场景 1，新建图层 3，创建“计数”“清零”“全屏”3 个按钮元件，分别命名实例名称为“计数”“清零”“全屏”，如图 7-105 所示。

(11) 新建图层 4，添加计数器代码，如图 7-106 所示。

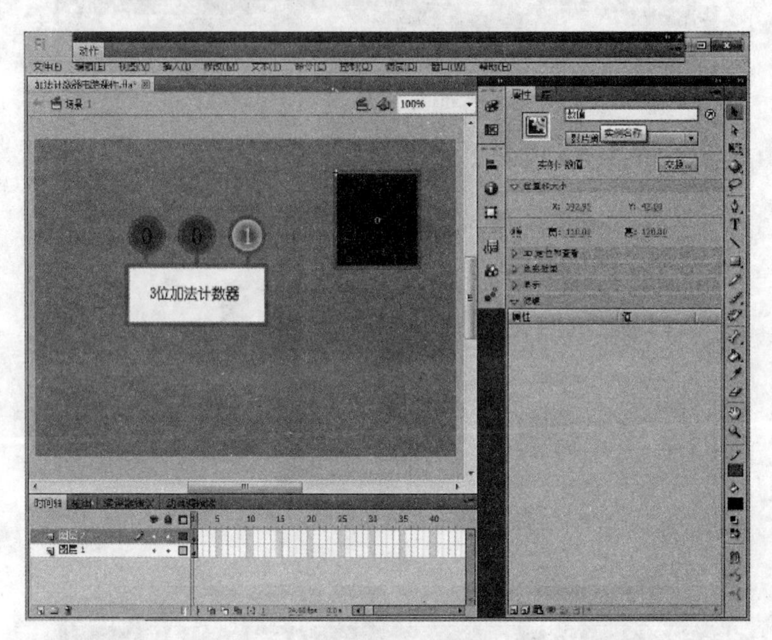

图 7-102 设置"数值"元件

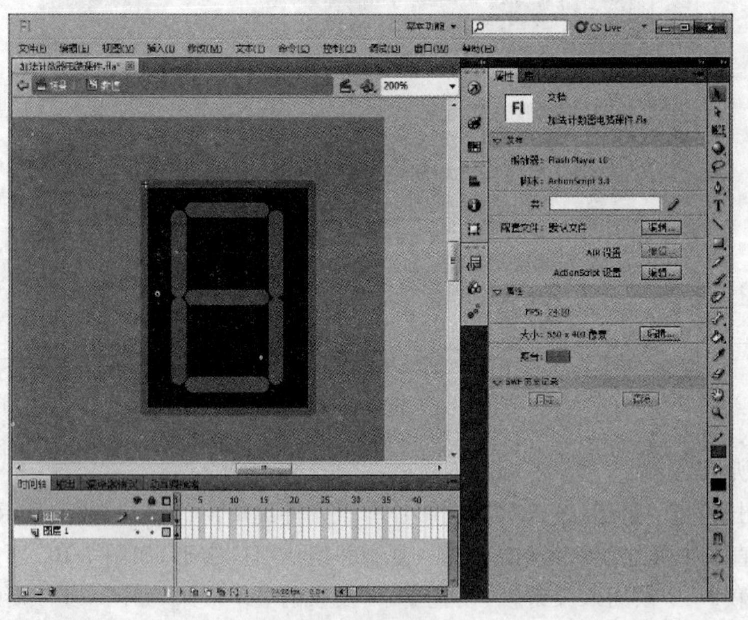
图 7-103 绘制数值显示效果

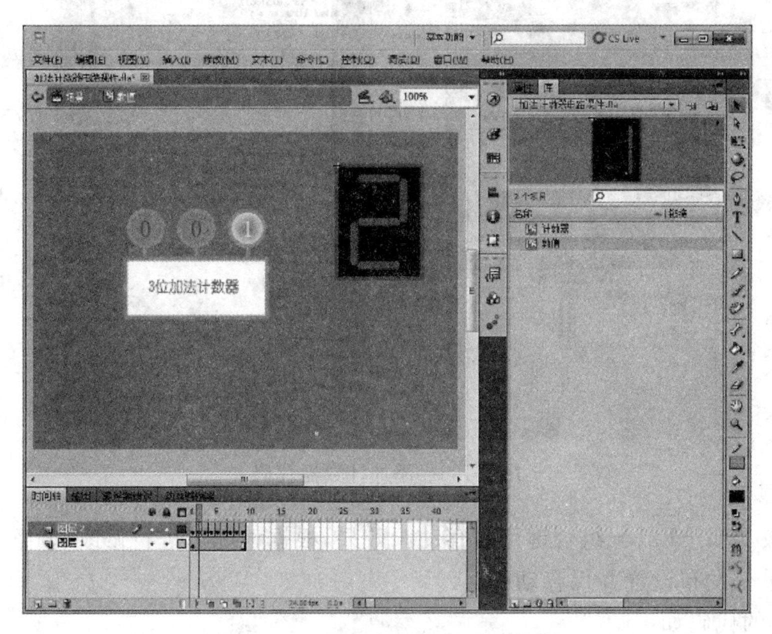

图 7-104　设置各数字的现实效果

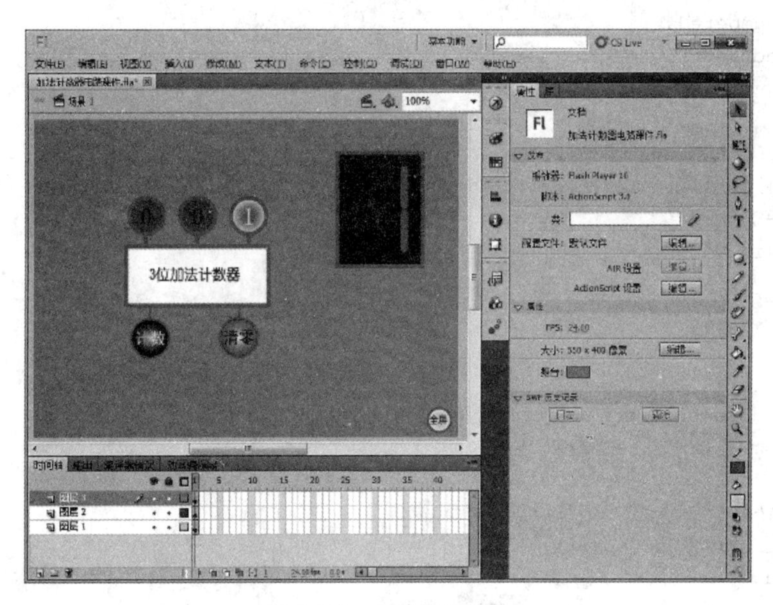

图 7-105　创建按钮元件

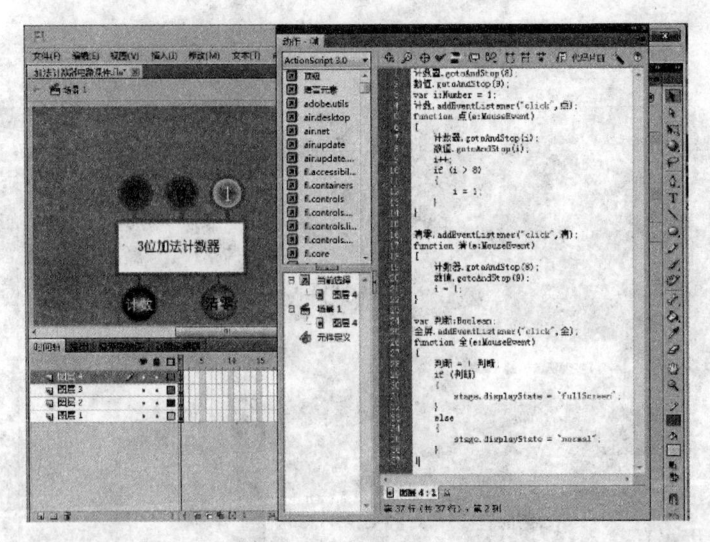

图 7-106 添加计数器代码

(12) 按 Ctrl+Enter 组合键可观察动画效果,根据情况可进行修改、调整。

(13) 进行发布设置并保存动画。

计数器的代码如下。

```
计数器.gotoAndStop(8);
数值.gotoAndStop(9);
var i:Number=1;
计数.addEventListener("click",点);
function 点(e:MouseEvent)
{
    计数器.gotoAndStop(i);
    数值.gotoAndStop(i);
    i++;
    if(i>8)
    {
        i=1;
    }
}
清零.addEventListener("click",清);
function 清(e:MouseEvent)
{
    计数器.gotoAndStop(8);
    数值.gotoAndStop(9);
    i=1;
}
var 判断:Boolean;
全屏.addEventListener("click",全);
function 全(e:MouseEvent)
{
    判断=!判断;
```

```
    if(判断)
    {
        stage.displayState="fullScreen";
    }
    else
    {
        stage.displayState="normal";
    }
}
```

7.8　单元小结

动作脚本是针对 Adobe Flash Player 运行时环境的编程语言，它在 Flash 内容和应用程序中实现了交互性、数据处理以及其他许多功能。

为了充分理解动作脚本的理念和技巧，应熟悉一般的编程概念，如数据类型、变量、循环和函数。还应了解面向对象编程的基本概念，如类和继承。

ActionScript 3.0 的脚本编写功能超越了 ActionScript 的早期版本。它更方便创建拥有大型数据集和面向对象的可重用代码库的高度复杂应用程序。在 Flash 8 或更早版本中创作的 SWF 文件无法加载 ActionScript 3.0 SWF 文件。

7.9　习题与思考

一、判断题

1. 使用 ActionScript 3.0 的 FLA 文件不能包含 ActionScript 的早期版本。（　　）

2. 点语法的结构中点的右侧是动画中的对象、实例或时间轴。点的左侧是与左侧元素相关的属性、目标路径、变量或动作。（　　）

3. 在 ActionScript 中，关键字、类名、变量等都区分大小写。统一大小写的规则，有助于代码中函数和变量名等的识别。（　　）

二、上机操作题

本实例是“激光扫描文字”，能否改成“激光扫描图形”的动画效果，请试一下。

第 8 单元

综合实训：互动教学课件制作

8.1 高中物理课程“什么是力”单元的综合性课件制作

一个综合性的课件要求充分利用文字、图形、图像、声音和视频等素材来表现教材内容，并以动画、人机交互的方式呈现出来，提供给学习者学习。

完整的课件应该包括片头动画、片头标题、课件目录和课件主题内容等几个部分。首先要根据课件的基本结构和要求，将教学内容构建成一个基本框架，准备好素材，然后分页面进行制作。

在本综合实训中，综合应用前面学过的添加各种素材的方法，包括图形元件、影片剪辑元件、按钮元件的制作和应用，创建动作渐变动画和形状渐变动画的方法与技巧等。

8.1.1 制作课件片头

片头的界面设计要美观，布局要合理。标题要体现课程的内容，动画设计要传递相关信息，最好和标题相呼应。

(1) 选择“文件”→“新建”命令，新建一个 Flash 文档，命名为“课件片头制作”。选择“修改”→“文档”命令，设置文档属性为 640 像素×480 像素，背景色为黑色，如图 8-1 所示。

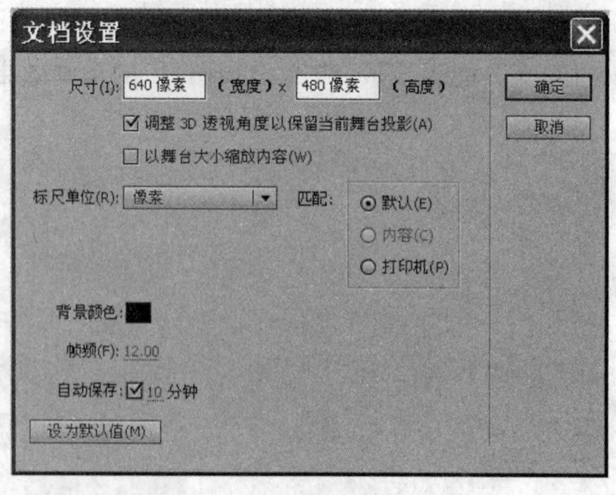

图 8-1 新建文档

(2) 导入准备好的图像、音效等素材到库中，如图 8-2 所示。

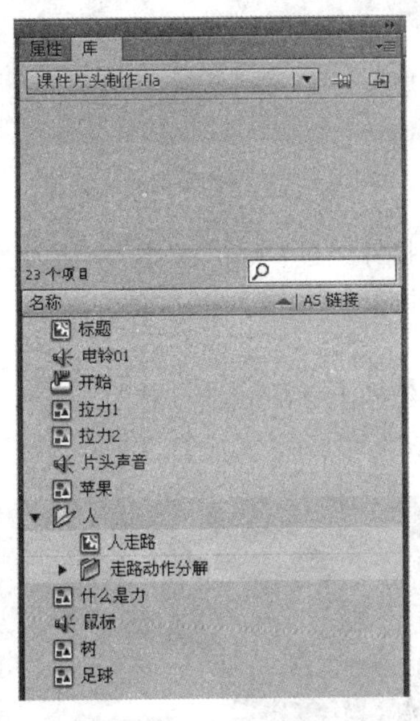

图 8-2　库中导入的素材

(3) 新建图形元件“什么是力”，绘制渐变色彩文字，如图 8-3 所示。

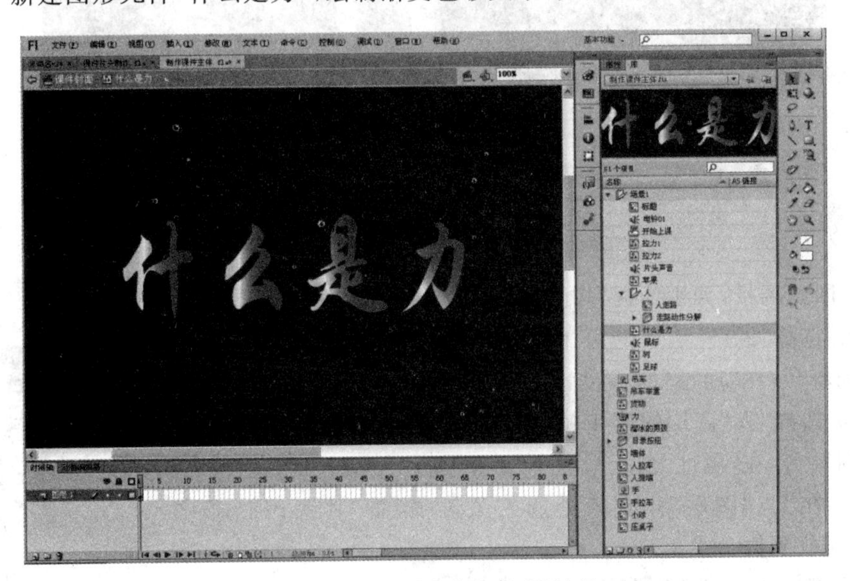

图 8-3　图形元件“什么是力”效果

(4) 新建影片剪辑元件“标题”，制作标题“什么是力”的文字反复 3 次由小变大的特效，并在最后一帧添加“stop();”动作脚本，如图 8-4 所示。

(5) 新建按钮元件“上课”，在按钮元件的“弹起”帧，放入“拉力 1”元件，输入文字“上课”，设置文字字体、大小和颜色。

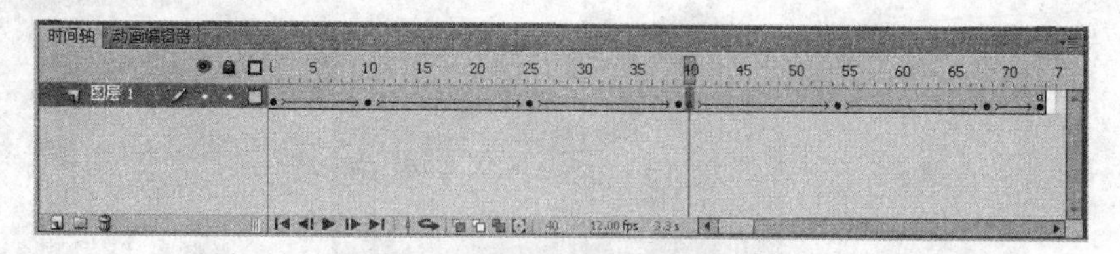

图 8-4 “标题”元件的关键帧

(6) 分别在按钮元件的“指针经过”帧和“按下”帧插入关键帧，选择“指针经过”帧的“拉力 1”元件，单击“属性”面板上的“交换”按钮，交换为“拉力 2”元件，并改变“上课”文字的颜色。

(7) 选择“指针经过”帧，给帧上添加“电铃 01”声音元件。

(8) “上课”按钮元件如图 8-5 所示。

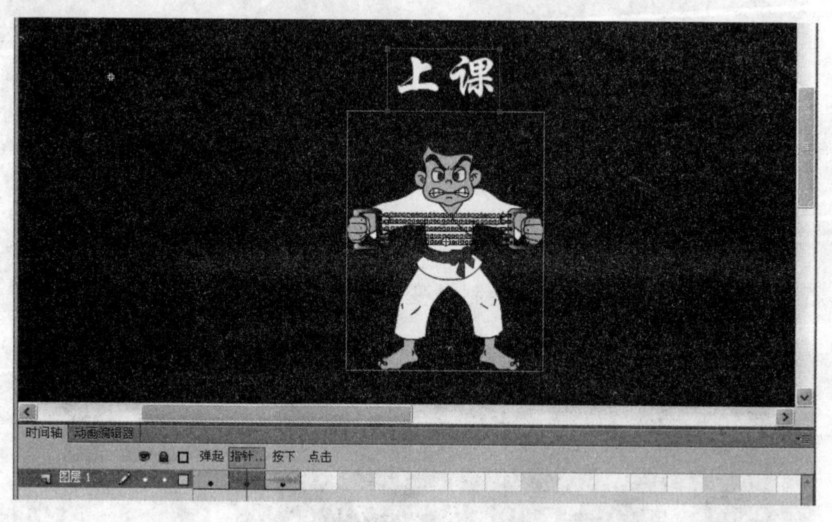

图 8-5 “上课”按钮元件

(9) 回到场景，分别新建“树”“课题”“人”“足球”“按钮”图层，如图 8-6 所示。

(10) 选择“课题”图层的第 1 帧，将“标题”影片剪辑元件拖放到舞台，在“属性”面板设置 X 为 320，Y 为 95。

图 8-6 “课件片头制作”图层

(11) 选择“人”图层的第 1 帧，将“人走路”影片剪辑元件拖放到舞台，在“属性”面板设置 X 为 270，Y 为 375。

(12) 在“人”图层第 50 帧处插入关键帧，将“片头声音”元件拖放到舞台中。

(13) 选择“树”图层，在第 20 帧处插入关键帧，将“人走路”影片剪辑元件拖放到舞台右侧的工作区。在第 95 帧处插入关键帧，将“人走路”影片剪辑元件拖放到舞台左侧的工作区，添加动作补间，效果如图 8-7 所示。

(14) 选择“足球”图层，在第 105 帧处插入关键帧，将“足球”元件拖放到舞台右侧的工作区。在第 115 帧处插入关键帧，移动“足球”元件到“人”的脚边位置，添加补间，做足球从远处滚落的动画效果。

图 8-7 “树”元件的舞台动画效果

(15) 在第 117 帧处插入关键帧，让“足球”稍作停留。在第 130 帧处插入关键帧，移动“足球”元件到舞台外的工作区，添加补间，做足球被踢远的动画效果。

(16) 在第 117 帧处将“片头声音”元件拖放到舞台中。

(17) 选择“按钮”图层，在第 130 帧处插入关键帧，将“开始”按钮元件拖放到舞台右侧的工作区。在第 150 帧处插入关键帧，移动“开始”按钮元件到舞台右侧位置，添加补间。

(18) 在最后一帧添加“stop();”动作脚本，如图 8-8 所示。

图 8-8 完成效果

8.1.2 制作课件主体

同样先将准备好的素材导入库中。

1. 制作课件背景

(1) 选择“窗口”→“其他面板”→“场景”命令,调出“场景”面板。将“场景 1”重命名为“课件封面”,添加“场景 2”,重命名为“课件内容”,如图 8-9 所示。

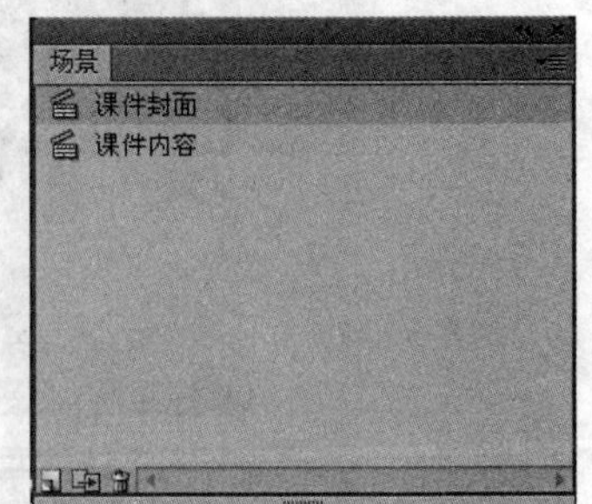

图 8-9 “场景”面板

(2) 选择“矩形工具”,在编辑窗口绘制一个高、宽为 480 像素×240 像素的矩形,选择颜料桶工具,颜色设置为“渐变”,渐变条上设置填充渐变颜色从左到右分别为:#28818C、#33CCFF、#5FDEFE、#0C8D8C,自上向下填充。

(3) 选择“矩形工具”,填充颜色设置为纯色 #FFFFCC,在编辑窗口右侧绘制一个高、宽为 480 像素×400 像素无边框的矩形,利用选择工具将左边拉成一个弧度。将此层重命名为“背景”,如图 8-10 所示。

图 8-10 背景

2. 制作按钮元件

(1) 新建按钮元件,命名为“目标反馈”。

(2) 在“混色器”面板选择“线性”渐变,设置 3 个颜色指针,颜色分别为灰、白、灰。

(3) 使用矩形工具在按钮的弹起帧处绘制一个高 35 像素、宽 136 像素的矩形。

(4) 选择矩形工具,设置边框颜色为深灰色,无填充色,在按钮上绘制矩形线条框。

(5) 使用文本工具在按钮上输入文字“目标反馈”，文字格式为字体为隶书，颜色为黄色，字号为 30。

(6) 将“指针经过”“按下”帧上的文字颜色改为蓝色和绿色。

(7) 打开“库”面板，直接复制“目标反馈”元件，在弹出的对话框中输入“课程小结”，单击“确定”按钮。在“课程小结”按钮中将各帧上的文字改为“课程小结”。

(8) 重复步骤(7)，分别制作“导入课题”“学习目标”“力是什么”“作用效果”“相互作用”5 个按钮元件。

(9) 将制作完成的按钮放入“目录按钮”文件夹，如图 8-11 所示。

3. 制作课件目录

(1) 新建影片剪辑元件“小球”，选择椭圆工具，设置“红色”放射颜色绘制一个无边框的 20 像素正圆。这个元件用作提示课件正在播放的目录。

(2) 新建“一级目录”图层，单击第 1 帧，将目录的按钮元件布置在场景中的左边区域，如图 8-12 所示。

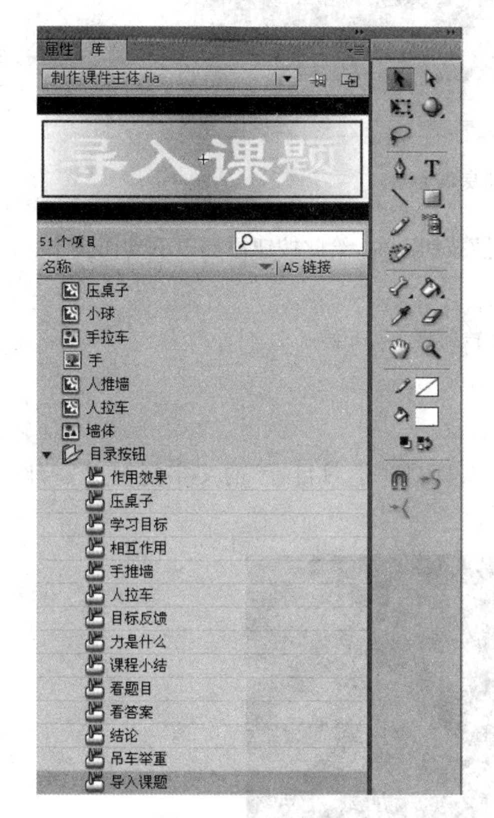

图 8-11　目录按钮

图 8-12　按钮元件的布置

4. 制作“导入课题”内容

(1) 导入视频“力”到库，新建“内容”图层，再将视频“力”从库中拖入场景第 1 帧，调整好位置大小，第 2 帧插入关键帧，并在第 1 帧添加“stop();”动作脚本。

(2) 选择“内容”图层的第 2 帧，将“小球”元件放在“导入课题”按钮元件的右侧。在第 760 帧插入关键帧，并在这一帧添加“stop();”动作脚本，使视频播放到最后能停止在此界面，如图 8-13 所示。

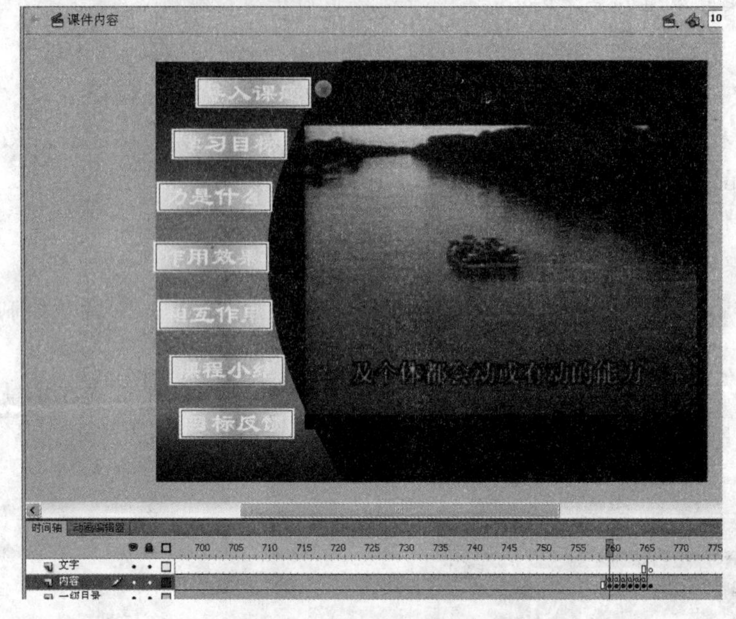

图 8-13 “内容”图层的布置

(3) 选择“按钮”图层的第 1 帧，单击“导入课题”按钮元件，给此按钮添加以下动作脚本。

```
on(release){                          //当鼠标释放时
    gotoAndPlay(2);                   //跳转到第 2 帧开始播放
}
```

5. 制作“学习目标”“课程小结”“目标反馈”内容

(1) 在第 761 帧插入空白关键帧，选择文本工具，将“学习目标”的文字复制进去，设置字体颜色、行距等参数，如图 8-14 所示。

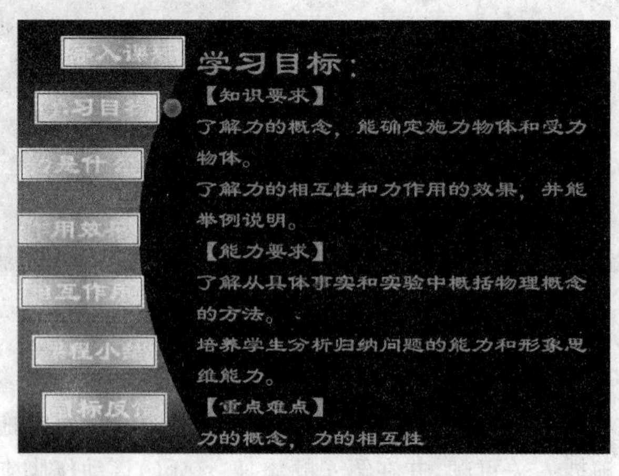

图 8-14 “学习目标”界面

(2) 将“小球”元件放在“学习目标”按钮元件右侧，并在这一帧添加“stop();”动作脚本。

(3) 在第 762 帧插入空白关键帧，将文字素材中的“课程小结”复制到第 762 帧，给这帧添加“stop();”动作脚本。将“小球”元件放在“课程小结”按钮元件右侧，效果如图 8-15 所示。

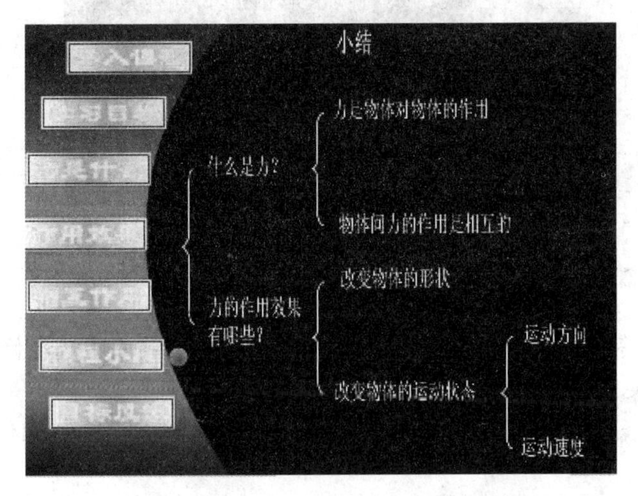

图 8-15 “课程小结”界面

(4) 在第 763、764 帧插入空白关键帧，将文字素材中的“习题”复制到第 763 帧，给这帧添加“stop();”动作脚本。将“小球”元件放在“目标反馈”按钮元件右侧，效果如图 8-16 所示。

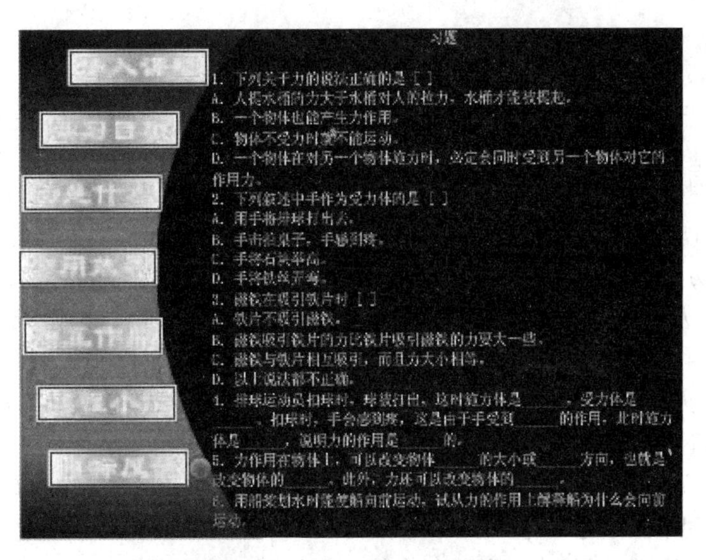

图 8-16 “目标反馈-习题”界面

(5) 在第 764 帧插入空白关键帧，将文字素材中的“答案”复制到第 764 帧，给这帧添加“stop();”动作脚本。将“小球”元件放在“目标反馈”按钮元件右侧，效果如图 8-17

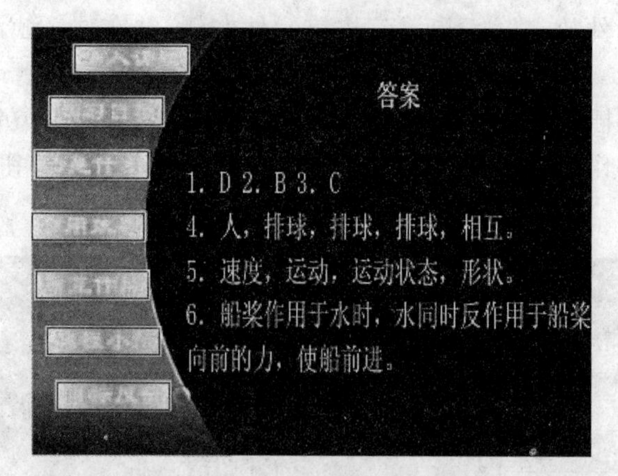

图 8-17 “目标反馈-答案”界面

所示。

(6) 新建“看答案”和“看题目”按钮元件，制作(或从公共库中选择修改)完成后，放入“目录按钮”文件夹。

(7) 将“看答案”按钮元件放在第 763 帧。选择“看答案”按钮元件，添加以下动作脚本。

```
on(release){当鼠标释放时
    gotoAndPlay(764);跳转到第 764 帧
}
```

(8) 将“看题目”按钮元件放在第 764 帧。选择“看题目”按钮元件，添加以下动作脚本。

```
on(release){当鼠标释放时
    gotoAndPlay(763);跳转到第 763 帧
}
```

(9) 选择“按钮”图层的第 1 帧，分别单击“学习目标”“课程小结”“目标反馈”按钮元件，给按钮添加动作脚本使其跳转到与按钮内容相对应的第 761、762、763 帧。

6. 制作“力是什么”内容

(1) 制作“人拉小车”按钮元件，复制“人拉小车”按钮元件修改成“吊车举重”和“结论”按钮元件，并放入“目录按钮”文件夹。

(2) 创建“人拉车”影片剪辑元件，利用导入图片在第 1～20 帧做动作渐变动画，让小车在力的作用下从左到右运动，如图 8-18 所示。

(3) 创建“吊车举重”影片剪辑元件，利用导入图片在第 1～20 帧做动作渐变动画，让货物在力的作用下上下运动，如图 8-19 所示。

(4) 回到场景 2，选择“内容”图层，在第 765 帧插入空白关键帧，将“人拉小车”“吊车举重”和“结论”按钮元件布置到场景中。

(5) 选择“内容”图层的第 765 帧，分别单击“人拉小车”“吊车举重”和“结论”按钮元件，给按钮添加动作脚本使其跳转到与按钮内容相对应的第 766、807、808 帧。

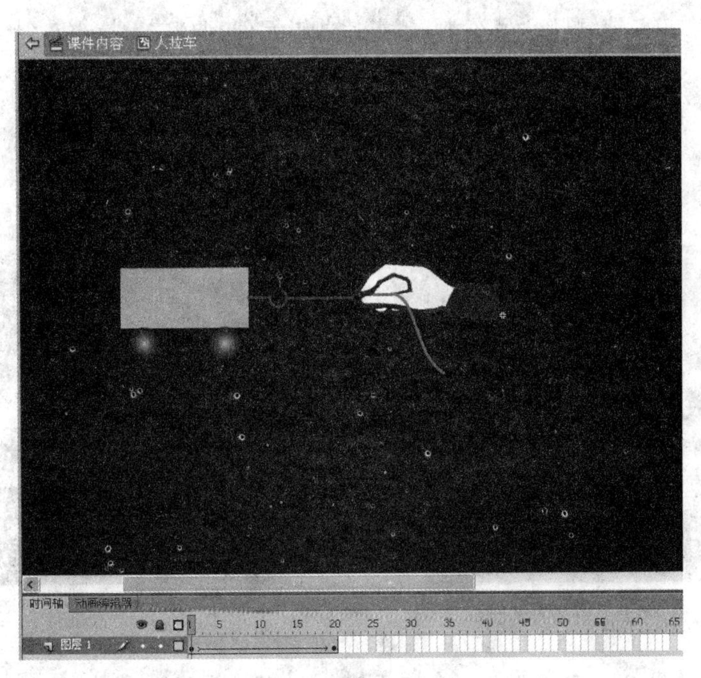

图 8-18　“人拉小车”影片剪辑元件

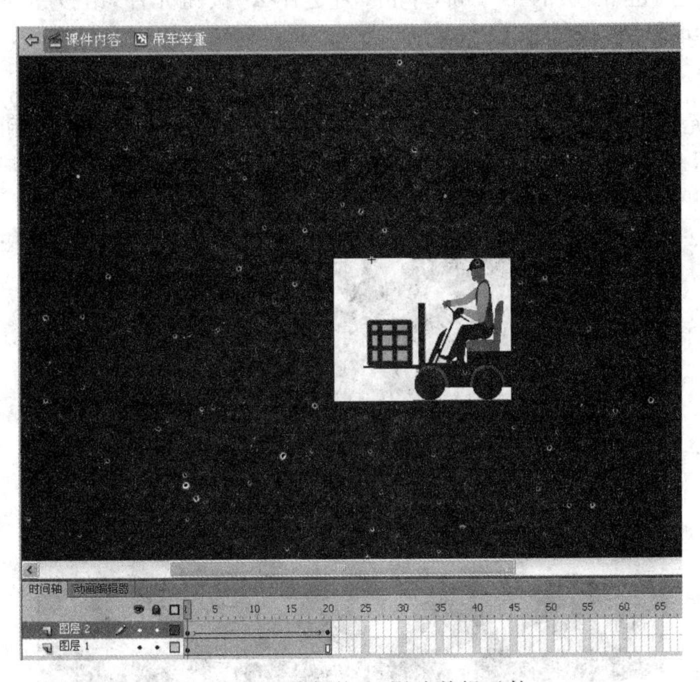

图 8-19　“吊车举重”影片剪辑元件

(6) 将“人拉小车”和“吊车举重”影片剪辑元件布置到场景中。

(7) 将“小球”元件放在“力是什么”按钮元件右侧，如图 8-20 所示。

(8) 分别在第 766、786、787、807、808 帧插入关键帧。

(9) 修改第 766 帧，删除“吊车举重”影片剪辑元件，调整“人拉小车”影片剪辑元件的位置和大小。

(10) 修改第 787 帧，删除“人拉小车”影片剪辑元件，调整“吊车举重”影片剪辑元件的位置和大小。

(11) 在第 808 帧中添加文字“结论”的内容，布置好大小和位置，如图 8-21 所示。

图 8-20　“力是什么”界面

图 8-21　“力是什么”结论

(12) 分别给第 765、786、807、808 帧添加“stop();”动作脚本。

(13) 选择“按钮”图层的第 1 帧，单击“力是什么”按钮元件，给按钮添加动作脚本使其跳转到与按钮内容相对应的第 765 帧。

7. 制作“作用效果”内容

(1) 复制元件素材中的“压桌子”和“砝码”元件到库中。做砝码下移和桌面向下弯曲动画效果，并在第 15 帧添加“stop();”动作脚本，如图 8-22 所示。

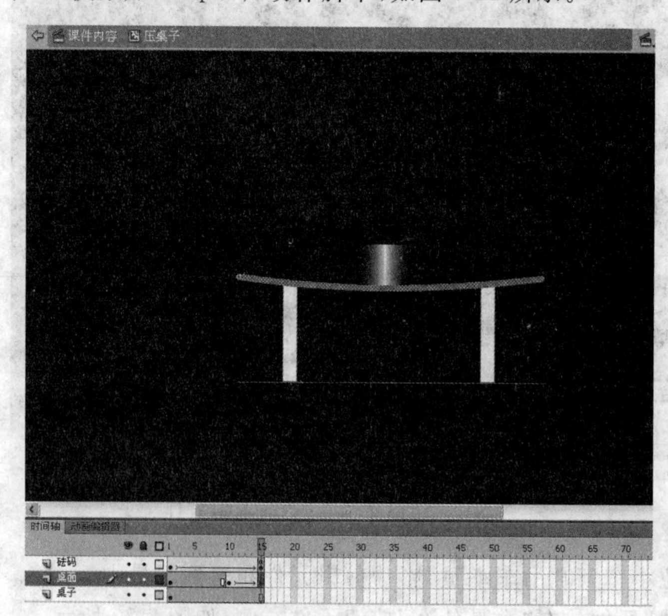

图 8-22　“压桌子”元件

(2) 回到场景 2，选择“内容”图层，在第 809 帧插入空白关键帧，将“压桌子”元件布置到场景中。将“小球”元件放在“作用效果”按钮元件右侧。

(3) 新建“文字”图层，在第 824 帧处插入空白关键帧，输入文字“力使物体形变”，并每隔 2 帧插入关键帧。单击第 824 帧，删除后 5 个字。单击下一个关键帧删除后 4 个字，以此类推，并在第 839 帧添加“stop();”动作脚本，如图 8-23 所示。

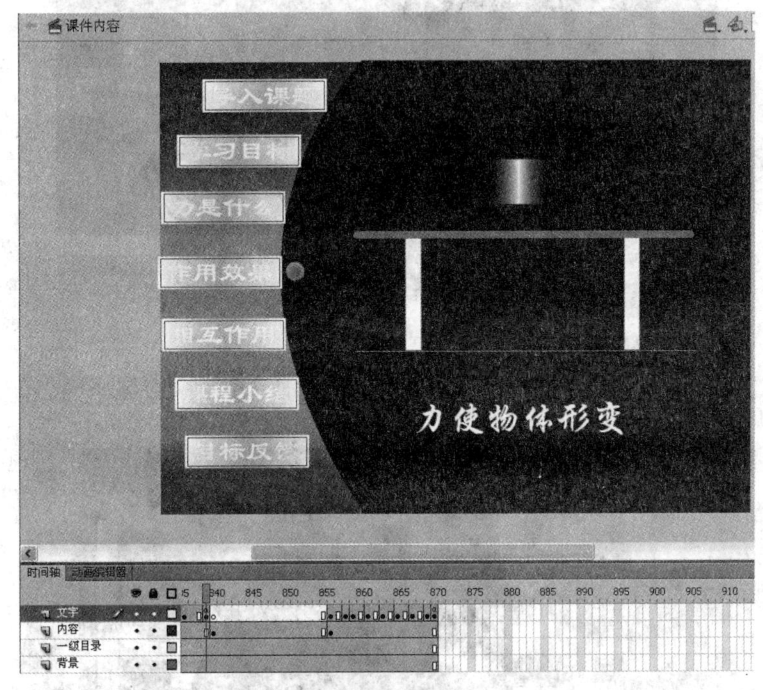

图 8-23　“力是什么”结论之一

(4) 选择“一级目录”图层的第 1 帧，单击“作用效果”按钮元件，给按钮添加动作脚本使其跳转到与按钮内容相对应的第 809 帧。

8. 制作“相互作用”内容

(1) 复制元件素材中的“墙体”和“溜冰的男孩”元件到库中。新建“人推墙”影片剪辑元件，将“墙体”元件放在第 1 层，“溜冰的男孩”元件放在第 2 层。

(2) 在元件第 2 层的第 15 帧插入关键帧，将第 15 帧的“溜冰的男孩”元件移动到“墙体”元件左边，并添加动作补间，做人推“墙”后从右到左往后运动的动画效果，并在第 15 帧添加“stop();”动作脚本，如图 8-24 所示。

(3) 回到场景 2，选择“内容”图层，在第 840 帧插入空白关键帧，将“人推墙”元件布置到场景中。将“小球”元件放在“作用效果”按钮元件右侧。

(4) 选择“文字”图层，在第 856 帧处插入空白关键帧，输入文字“力的作用是相互的”，文字效果依照“作用效果”内容中步骤，如图 8-25 所示。

(5) 选择“一级目录”图层的第 1 帧，单击“相互作用”按钮元件，给按钮添加动作脚本使其跳转到与按钮内容相对应的第 840 帧。

(6) 测试影片并保存，完成课件的制作。

图 8-24 “人推墙”元件

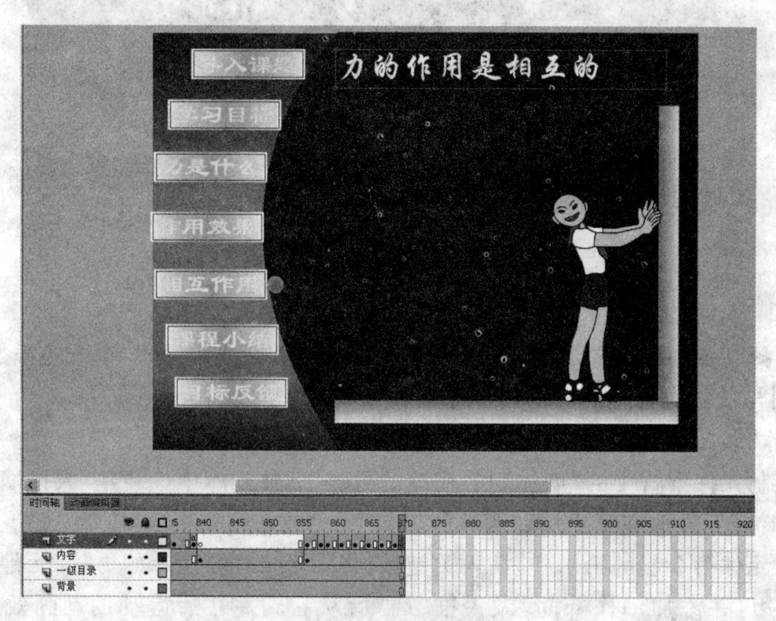

图 8-25 “力是什么”结论之二

8.2 多媒体课件的几种常见形式

1. 展示型课件

展示型课件好像幻灯片,结构比较简单,是使用最为广泛的一种课件类型。

2. 工具型课件

在工具型课件中,往往为学生提供一个或几个操作工具,如绘图板、文本编辑等,使他们拥有进行自我实现的物质条件。工具型课件往往能够通过计算机模拟现实中无法完成或者没有条件完成的操作。

3. 学习型课件

学习型课件一般是由学习者操纵的。学习者可以通过课件，不需要教师就了解到需要掌握的知识。由于没有教师指导，学习型课件需提示信息较丰富。

4. 资源型课件

书本能够提供的知识是有限的，在课堂教学中，学生提到的问题经常会涉及许多方面。可以将课件制作成资源库形式，在学生需要的时候进行查阅。资源型课件应具备分类检索、搜索、网络扩展等功能。

5. 网络课件

网络课件是针对单机课件来说的，两者在本质上没有区别，只是使用平台的不同。宽带的普及、远程教育的兴盛，促使网络课件迅速发展。

8.3　单元小结

制作多媒体课件需根据自己的创意，先从总体上对信息进行分类组织，然后将文字、图形、图像、声音、动画、视频等多种多媒体素材在时间和空间两方面进行集成，再加入适当的交互性，就完成了多媒体课件的制作。

一个优秀的课件需要具备教学内容准确无误、表现力足够丰富、交互性良好的特点。

8.4　习题与思考

一、填空题

1. 在实时显示测验题课件的反馈信息时，要用到________对象。

2. 在制作包含声音的多媒体课件时，________是课件的关键。

3. ________是 Flash 制作交互课件的灵魂，通过________定义，再加上控制关键帧的停止动作，就可以制作出简单的交互课件。

4. 为了避免课件循环播放，一般需要在整个动画的最后一帧加上“停止”动作，用于定义它的脚本是________。

二、思考题

1. 多媒体课件的类型有哪几种？各自有什么特点？

2. 简述多媒体课件的开发流程。

三、上机操作题

1. 试着给课件的“导入课题”项目的视频播放增加一个“重新播放”的功能。

2. 自行选题制作一个教学课件，注意页面之间的链接。

第 9 单元

综合实训：动画短片设计与制作

9.1 公益广告片的设计与制作

本综合实训完成一个主题为倡议捐款的公益广告片的设计和制作。每个动画作品都有一个主题，要表现一个内容，这就好比一个命题作文，我们可以像写故事一样，将动画剧本写下来，然后考虑如何实现动画剧本。

本动画以马路边募捐箱旁的拟人化的一朵小花的视野，来描述一个发生在马路上的掉钱、捡钱、捐钱的小故事，倡议人们在能力范围内献出一份微薄的力量。

9.2 动画短片设计与制作步骤

9.2.1 剧本的创意与构思

某日，繁华商业街车来车往，路旁店铺门口有一个募捐箱，募捐箱下面有一个开着一朵花的花盆。路人 1 在掏香烟时掉落一元硬币，硬币滚落到路边花朵旁。路人 2 见到高兴地上前想捡起这一元钱，这时一小女孩抢先在前捡起硬币，路人 2 发火，小女孩说："有人比你更需要这一元钱"，小女孩走向募捐箱，将捡起的一元钱投进去，公益主题词从募捐箱中逐渐变大，定格结束。

9.2.2 设计分镜头

分镜头是将整个故事细分成一个一个的画面来描述，将剧本视觉化。根据剧本的内容，绘制背景和道具，然后将任务添加进去，可以在纸上或文档中画出初期的分镜，以确定动画的整个框架。有了剧本以后，就可以根据剧本确定的动作次序，将影片划分成一个一个分镜头，并比较详细地记录各个分镜头中的内容。根据故事的梗概，可以将整部片子划分成 11 个分镜头，如表 9-1 所示。

表 9-1　公益短片《一元》的分镜头

序号	音　效	镜 头 内 容	背　景	前　　景
1 片头	片头音效，字和硬币落下音效	太阳照射下，片题"一""元"和"硬币"落下，形成片头	蓝天	太阳、一、元、硬币
2 街景	汽车声、睡觉声	车水马龙的街景，镜头拉近至街旁捐款箱和旁边的小花，小花在睡觉	街全景	车流、花
3 掉钱	硬币滚动声音、花惊喜	路人 1 掏口袋掉出一枚硬币，硬币滚落到街边，小花朵的反应	街景	路人 1、硬币、花
4 路人 2	走路声、发光声	路人 2 走来，看见硬币的反应	人行道	路人 2、硬币
5 捡硬币	惊喜、女孩捡钱声	路人 2 想捡起硬币，被一小女孩抢先	人行道	路人 2 的手、硬币、小女孩的手
6 发火	发火	路人 2 发火	人行道	路人 2
7 女孩的话		小女孩说话	人行道	小女孩
8 女孩捐钱	鼓掌	小女孩走向募捐箱，将一元钱投进了募捐箱	人行道	小女孩
9 花的反应	鼓掌延续	小花朵看见后笑了	颜色背景	花微笑了
10 钱落入募捐箱	钱币滚落声音	钱落入募捐箱	募捐箱	硬币
11 主题文字	鼓掌延续	由小变大出现主题文字	募捐箱	主题字

9.2.3　前期素材准备

在制作影片之前，要根据影片的分镜头设计，收集一些影片需要的素材，比如各种音效文件、图片等。这里下载背景音乐和各种音效。

9.2.4　构建基本框架

完成前期准备工作之后，就可以进入制作工作了。首先要布置界面，根据策划好的内容，将时间轴配置好。

(1) 在 Flash CS6 的开始页面中，选择 ActionScript 2.0 选项，创建一个新文档，文档属性为默认，重命名"场景 1"为"片头"，如图 9-1 所示。

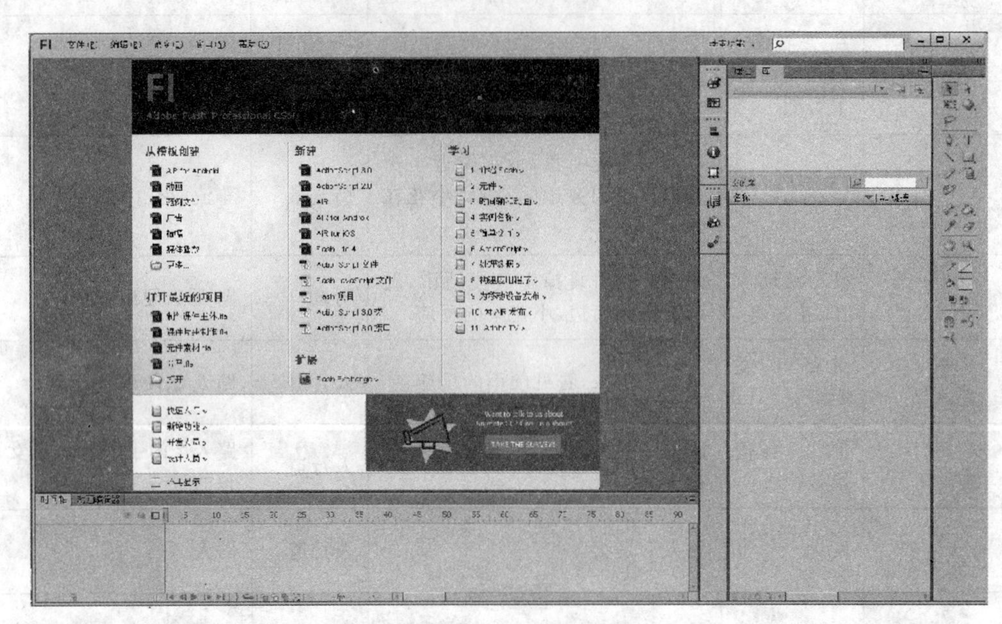

图 9-1　创建新文档

（2）将文件保存，名称设置为“公益广告：一元. fla”，如图 9-2 所示。

图 9-2　保存文档

（3）将有效文件导入库中，如图 9-3 所示。

图 9-3　库中的音效文件

9.2.5　设计人物造型和背景

影片的制作我们按照分镜头的顺序来进行，首先要将剧本中出现的元素设计成元件，然后再布置场景。

(1) 新建元件“硬币”，图层 1 绘制一元硬币表面，新建图层 2 绘制硬币阴影，如图 9-4 所示。

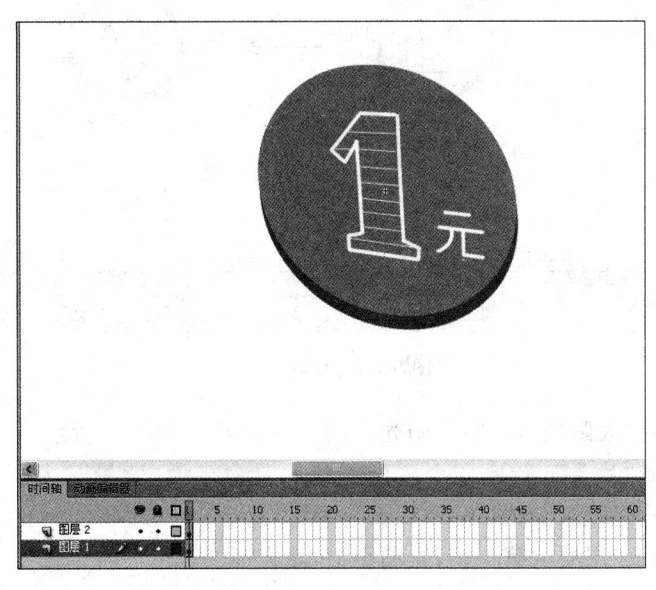

图 9-4　一元钱的元件设计

(2) 分别新建元件“一”和元件“元”，绘制文字“一”和“元”，如图 9-5 所示。

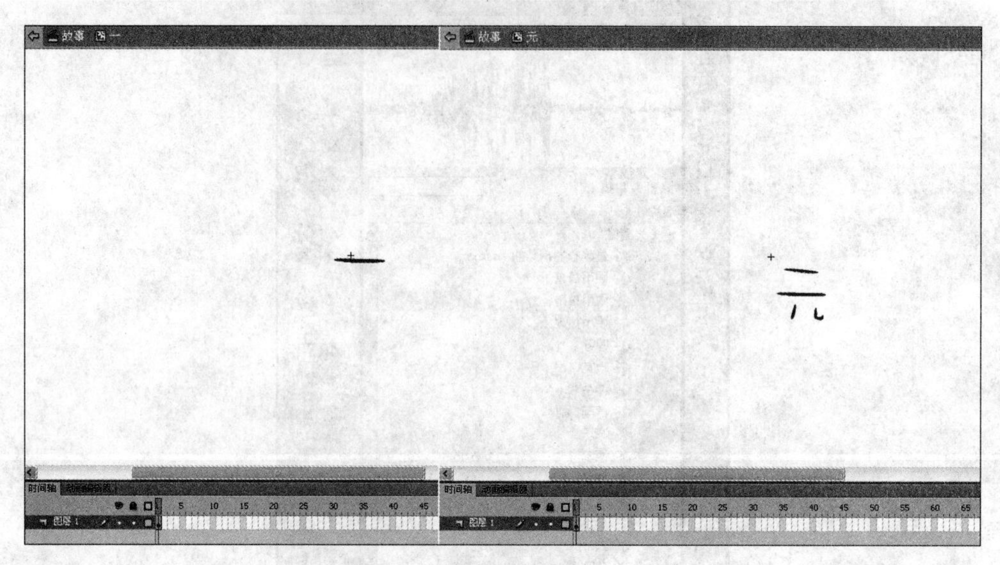

图 9-5 片头题目

(3) 新建影片剪辑元件“太阳”，绘制太阳旋转和笑脸变化的动画效果，如图 9-6 所示。

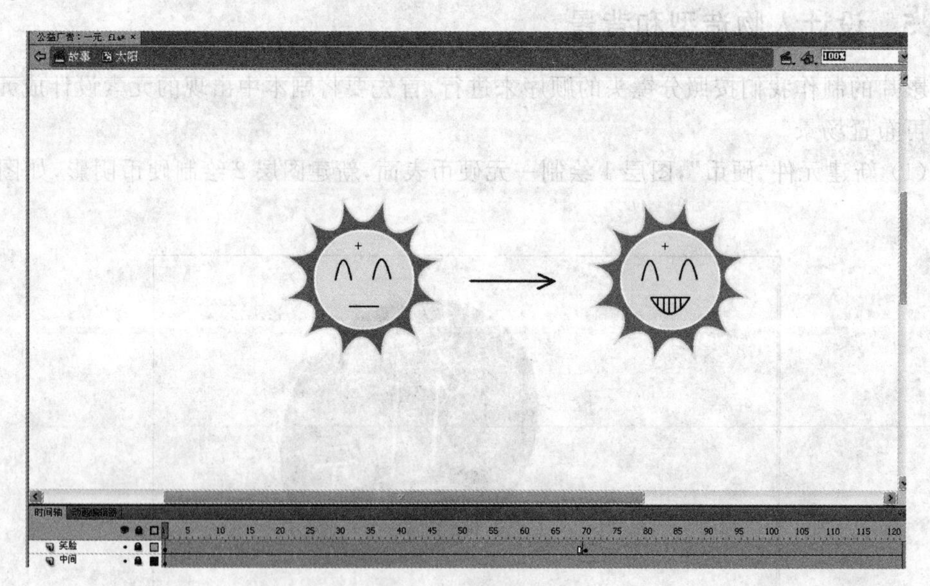

图 9-6 “太阳”元件

(4) 新建元件“太阳光”，绘制太阳光芒的动画效果，如图 9-7 所示。

(5) 回到场景“片头”，新建 8 个图层并依次重命名为“背景”“太阳圈”“太阳”“一”“元”“硬币”“外框”“声音”，如图 9-8 所示。

(6) 单击“背景”图层的第 1 帧，绘制矩形，填充渐变蓝色的舞台背景，如图 9-9 所示。

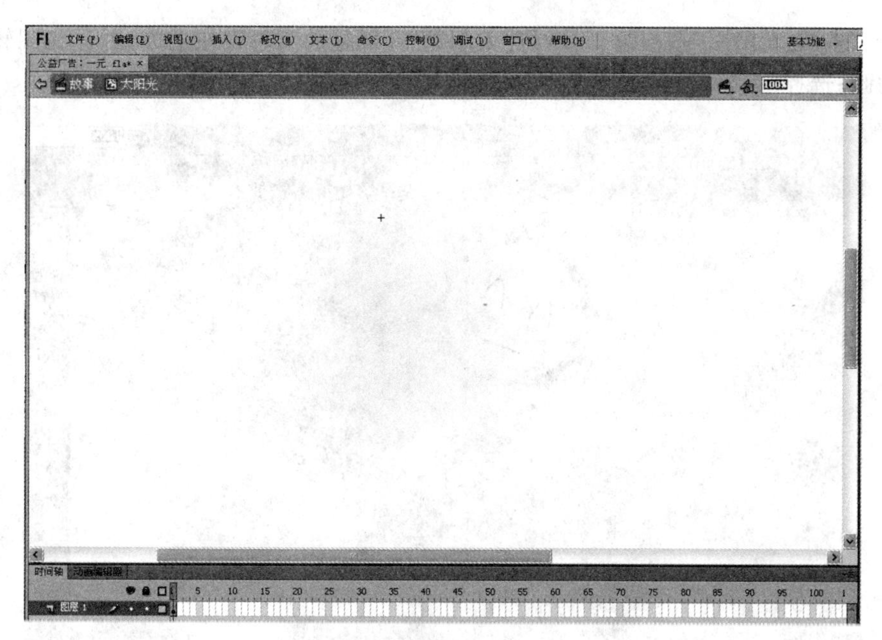

图 9-7　“太阳光”元件

图 9-8　片头配置的各个图层

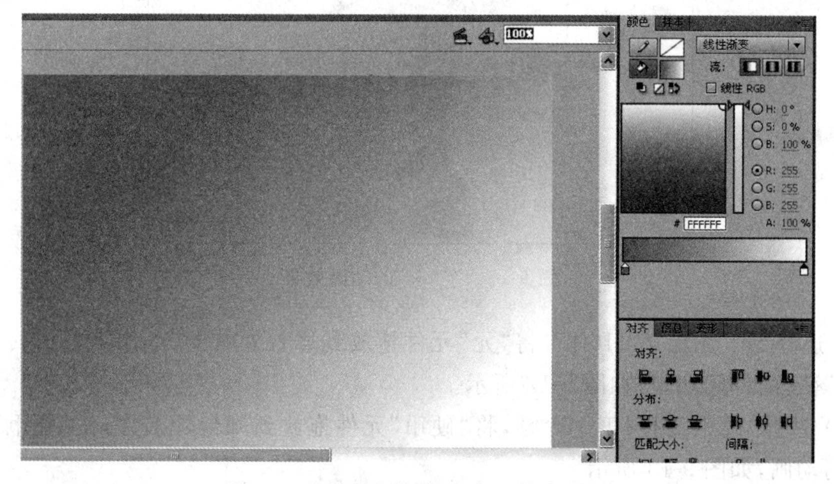

图 9-9　“背景”图层的配色和填充效果

(7) 选择“太阳圈”图层第 1 帧，将“太阳光”元件拖放到舞台左上方，并作光圈转动的补间动画；选择“太阳”图层，将“太阳”元件拖放到舞台左上方，如图 9-10 所示。

图 9-10 “太阳圈”和“太阳”图层的布置

(8) 选择“一”图层第 1 帧，将“一”元件拖放到舞台外上方，作字“一”转动下落、弹起、再落下的补间动画，如图 9-11 所示。

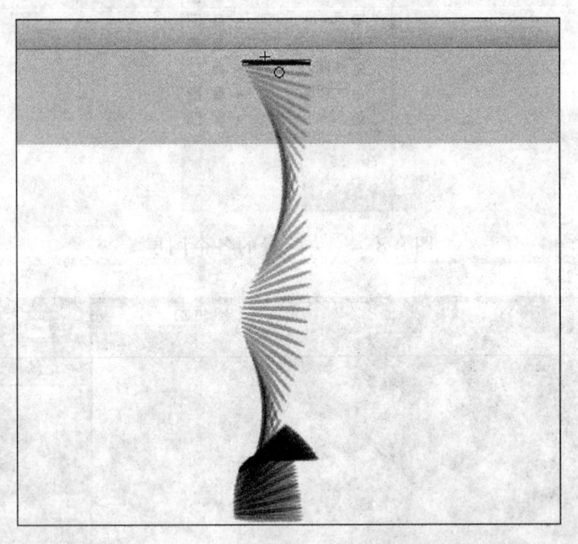

图 9-11 字“一”的动画效果

(9) 选择“元”图层第 110 帧，将“元”元件拖放到舞台外右上方，作字“元”转动下落、弹起、再落下的补间动画，如图 9-12 所示。

(10) 选择“硬币”图层第 165 帧，将“硬币”元件拖放到舞台外上方，作“硬币”转动下落的补间动画，如图 9-13 所示。

图 9-12　字“元”的动画效果

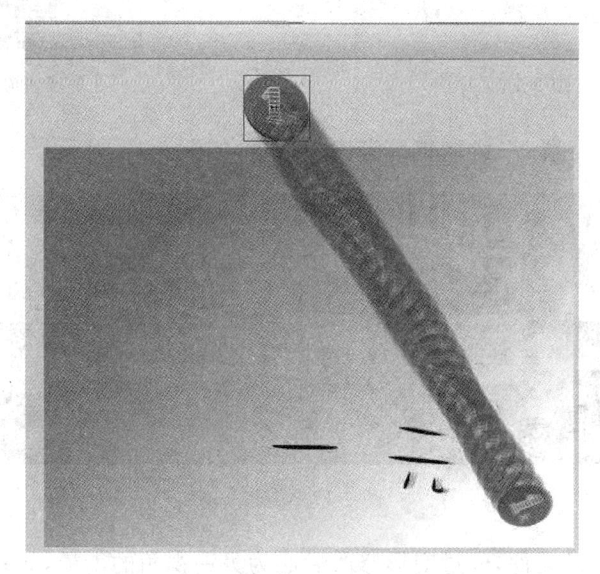

图 9-13　“硬币”元件的动画效果

(11) 给影片添加音效。单击“声音”图层的第 1 帧，打开库中“音效”文件夹，添加“片头”声音文件。单击第 52 帧插入空白关键帧，添加“弹起”声音文件。单击第 129 帧插入空白关键帧，添加“弹起”声音文件。单击第 166 帧插入空白关键帧，添加“落下”声音文件。单击第 195 帧插入空白关键帧，再次添加“弹起”声音文件。效果如图 9-14 所示。

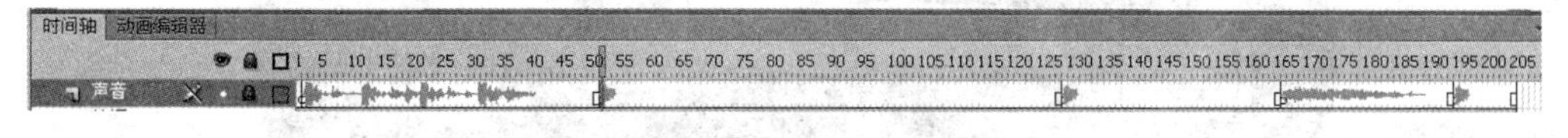

图 9-14　“声音”图层

(12) 最后给舞台加上遮罩框，锁定各图层，在库中新建文件夹“片头”元件，将片头用到的元件放入文件夹中，即完成了“片头”的制作，如图 9-15 所示。

场景“片头”制作完成，场景“故事”的制作过程和场景“片头”是一样的，先将要出现的元素制作成元件，然后再布置场景，注意镜头的切换方法和时间轴的关系。

(1) 打开“场景”面板，新建场景命名为“故事”，如图 9-16 所示。

图 9-15 片头

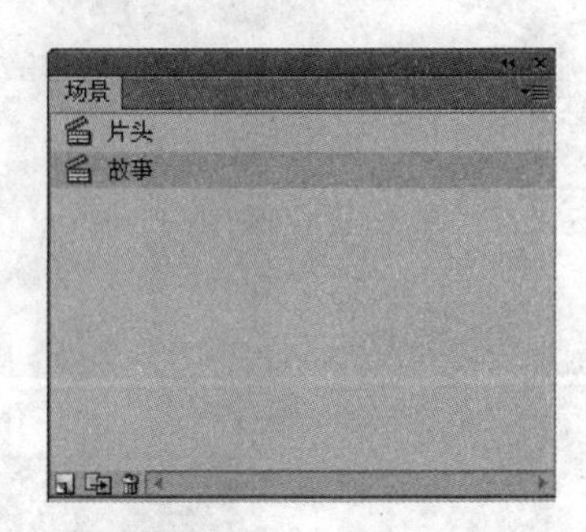

图 9-16 新建场景“故事”

(2) 新建元件“街景 1”，绘制街道旁房子背景，如图 9-17 所示。

图 9-17 街景 1

(3) 复制“街景 2”元件，经过变形修改后成为另一视角的街景，如图 9-18 所示。

图 9-18 街景 2

(4) 新建元件“人行道”，绘制人行道近景背景，如图 9-19 所示。

图 9-19　人行道

(5) 新建元件“店门口近景”，绘制店门口近景，效果如图 9-20 所示。

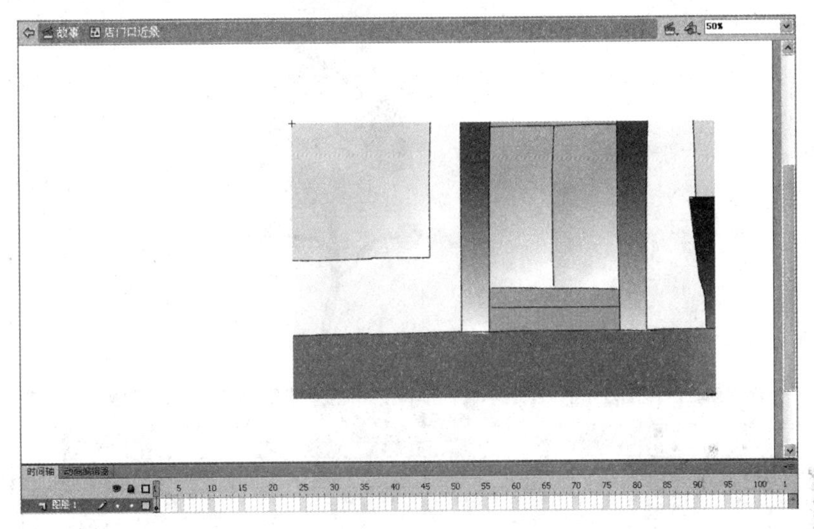

图 9-20　店门口近景

(6) 复制元件“店门口近景”，重命名为元件“店门口”，在店门口处绘制募捐箱，如图 9-21 所示。

图 9-21　店门口

(7) 新建元件“车流”,绘制街道上开过的汽车,如图 9-22 所示。

图 9-22　车流

(8) 新建元件“花睡觉”,分层绘制花的各个部分,给花的眼睛、嘴添加一点动画效果,如图 9-23 所示。

图 9-23　花睡觉

(9) 复制元件“花睡觉”,分别将花的眼睛、嘴的动画效果修改成不同表情。建成“花”元件文件夹,如图 9-24 所示。

图 9-24　各种表情的“花”元件

（10）新建元件“路人 1”文件夹，分层绘制“路人”“烟盒”“手”“手臂”“口袋”，在第 30 帧插入关键帧，修改“烟盒”“手”“手臂”的动作。路人的设计是在街边走过，故只需绘制人的右半身即可，如图 9-25 所示。

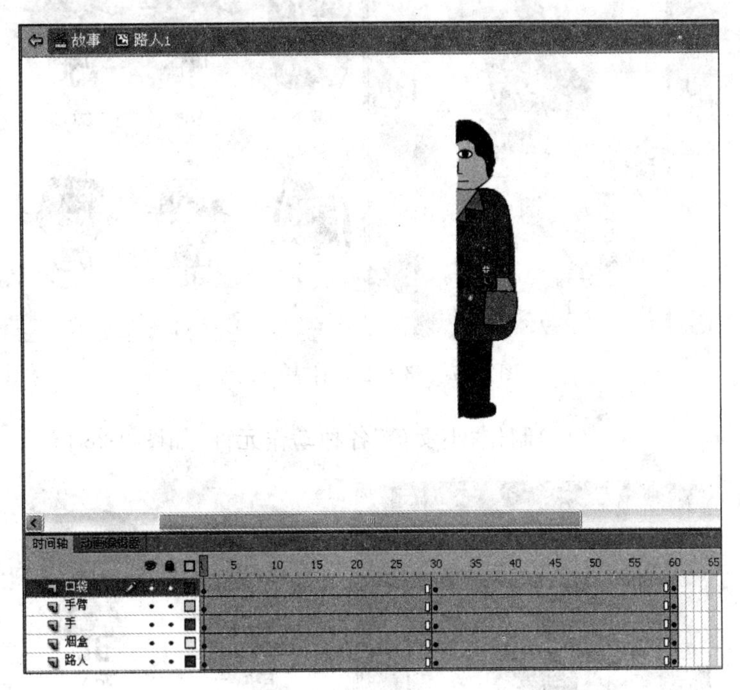

图 9-25　路人 1 设计

（11）新建元件“路人 2”文件夹，制作“走路”元件，如图 9-26 所示。

图 9-26　路人 2“走路”元件

(12) 复制“走路”元件，分别修改成路人 2 的各种表情元件，如图 9-27 所示。

图 9-27　路人 2 各种表情元件

(13) 效仿步骤(11)、(12)制作“小女孩”各种动作元件，如图 9-28 所示。

图 9-28　小女孩各种动作元件

(14) 新建元件“募捐箱”，绘制募捐箱。复制此元件，修改募捐箱箱体填充颜色的 Alpha 值为 50%，作为最后突出箱内所捐钱币用，如图 9-29 所示。

图 9-29　募捐箱

(15) 新建元件“片尾字体”，绘制片尾文字“涓滴之水成海洋，颗颗爱心变希望”，如图 9-30 所示。

(16) 回到场景“故事”，制作分镜头 2。

① 新建 3 个图层，分别命名为“街景 1”“车流”“标签”。选择“标签”图层第 1 帧，在“属性”面板中输入帧标签为“2. 街景”，标签类型为“注释”。

② 选择“街景 1”图层第 1 帧，拖放“街景 1”元件。

图 9-30　“片尾字体”元件

单击“车流”图层第 1 帧，拖放“车流”元件。在第 110 帧插入关键帧，做“街景 1”往右移动、“车流”往左移动的补间动画。

③ 选择第 180 帧插入关键帧，做“街景 1”“车流”放大的推镜头效果。继续做“街景 1”的推镜头效果到第 510 帧。分镜头 2 的制作过程如图 9-31 所示。

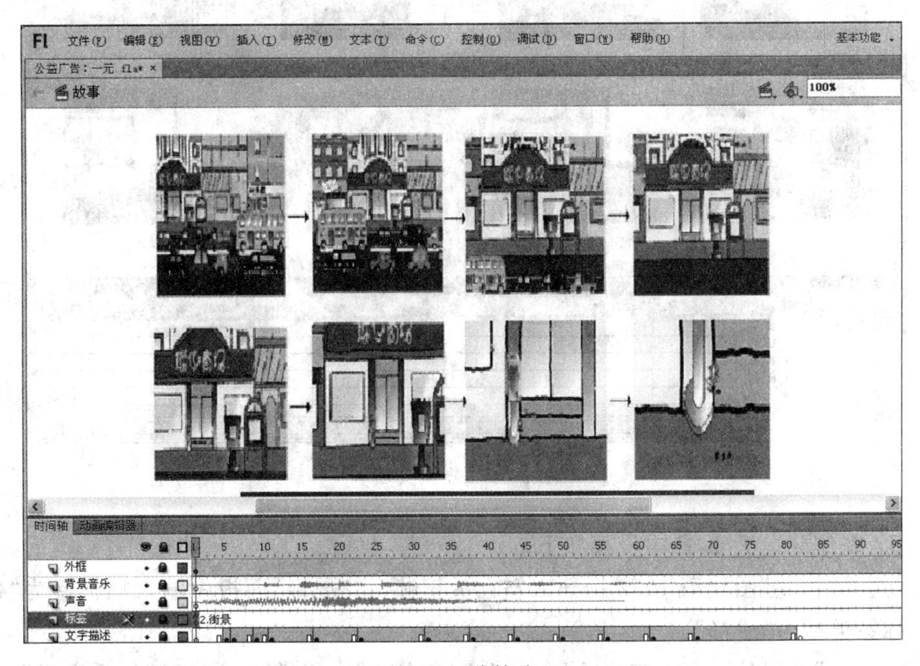

图 9-31　分镜头 2

(17) 制作分镜头 3。具体步骤如下。

① 选择“标签”图层第 622 帧插入空白关键帧，在“属性”面板中输入帧标签为“3. 掉

钱”，标签类型为“注释”。

② 在“车流”图层的上面新建 4 个图层，分别命名为“街景 2”“路人 1”“硬币”“花”。单击“街景 2”图层第 622 帧插入空白关键帧，拖放“街景 2”元件。单击“路人 1”图层第 622 帧插入空白关键帧，拖放“路人 1”元件至舞台左侧。在第 622～697 帧做“路人 1”移动到舞台外的补间动画。

③ 选择“硬币”图层第 697 帧插入空白关键帧，拖放“硬币”元件至舞台外左侧“路人 1”口袋处，在第 697～960 帧做“硬币”滚动落到舞台外右侧的补间动画。

④ 选择“街景 2”图层，在第 697～960 帧做“街景 2”拉到近景的补间动画。

⑤ 选择“花”图层，在第 962 帧插入空白关键帧，将“花激动”元件拖放到舞台，调整大小和位置，在第 1027 帧插入关键帧。在第 1028 帧插入空白关键帧，将“花惊讶”元件拖放到舞台，调整大小和位置。

⑥ 分别给“街景 2”图层“硬币”图层“花”图层的第 1071 帧插入普通帧。分镜头 3 的制作过程如图 9-32 所示。

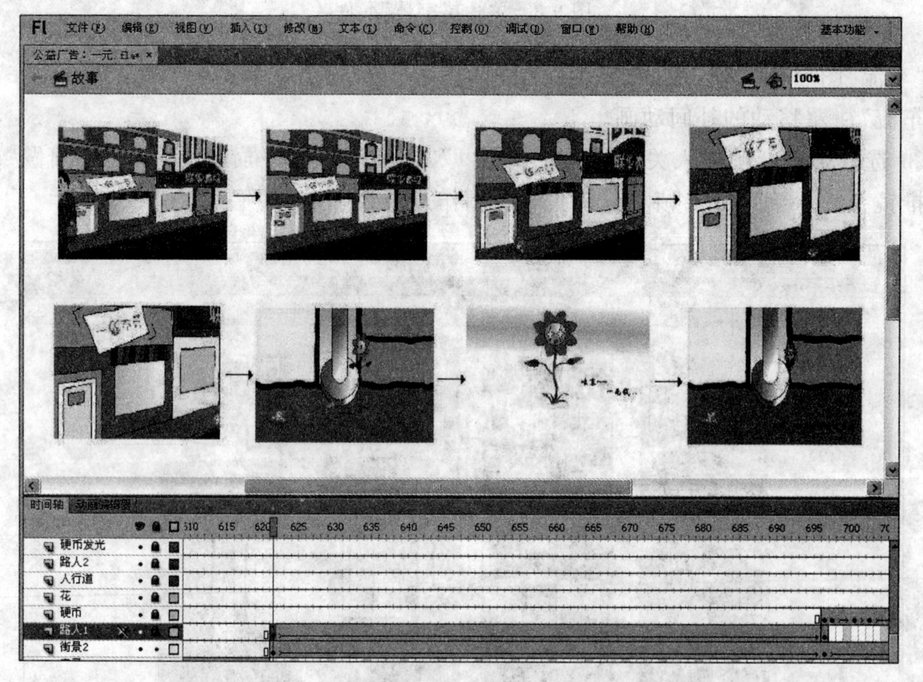

图 9-32 分镜头 3

(18) 制作分镜头 4，具体步骤如下。

① 选择“标签”图层第 1072 帧插入空白关键帧，在“属性”面板中输入帧标签为“4. 路人 2”，标签类型为“注释”。

② 在“花”图层的上面新建 3 个图层，分别命名为“人行道”“路人 2”“硬币发光”，并分别给这 3 个图层第 1072 帧插入空白关键帧，拖放“人行道”元件“路人 2”元件文件夹中的“走路”“硬币”元件，调整位置和大小。

③ 选择“路人 2”图层，在第 1072～1420 帧做“路人 2”走近“硬币”的补间动画。

④ 选择“路人 2”图层，在第 1073 帧插入空白关键帧，拖放“路人 2”元件文件夹中的“流口水”元件至舞台，并调整大小和位置。

⑤ 选择“路人 2”图层，在第 1498 帧插入空白关键帧，拖放“路人 2”元件文件夹中的“转眼”元件至舞台，并调整大小和位置，做第 1498～1605 帧“路人 2”走近硬币的补间动画。

⑥ 选择“硬币发光”图层，在第 1294 帧至第 1353 帧绘制硬币发光的效果。分镜头 4 的制作过程如图 9-33 所示。

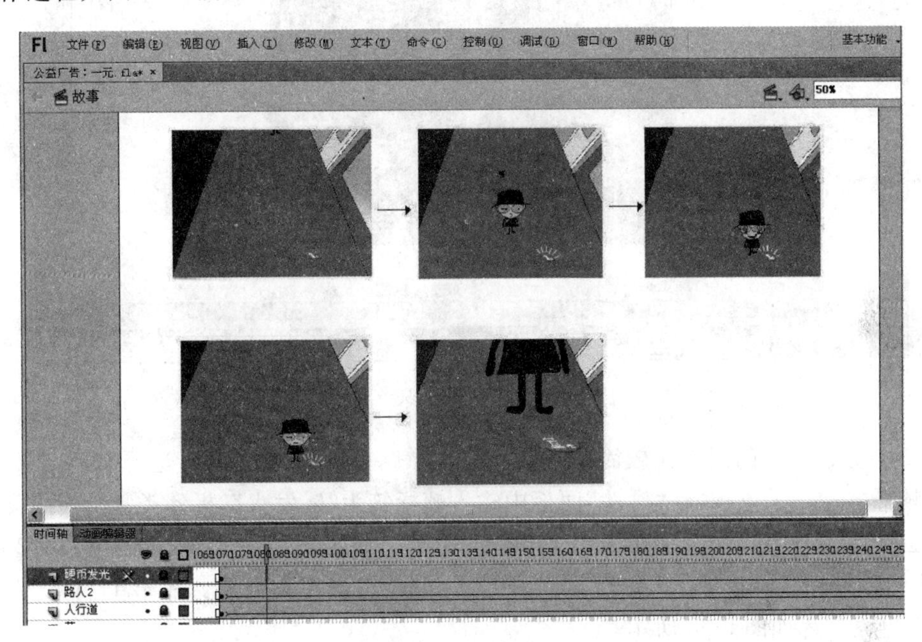

图 9-33　分镜头 4

(19) 制作分镜头 5。具体步骤如下。

① 选择“标签”图层第 1606 帧插入空白关键帧，在“属性”面板中输入帧标签为“5. 捡硬币”，标签类型为“注释”。

② 在“硬币发光”图层的上面新建 2 个图层，分别命名为“路人 2 手”“女孩”。选择“硬币发光”“人行道”图层第 1606 帧插入关键帧。

③ 选择“路人 2”图层第 1606 帧插入空白关键帧，拖放“路人 2”元件文件夹中的“弯腰”元件至舞台，并调整大小和位置。

④ 选择“路人 2 手”图层第 1606 帧插入空白关键帧，拖放“路人 2 手”元件至舞台上方和“路人 2”的位置重叠，在第 1625 帧插入关键帧，做手伸向硬币的补间动画。

⑤ 分别选择“路人 2 手”“硬币发光”图层第 1607 帧插入关键帧，调整“硬币发光”和“路人 2 手”的位置，改变画面成近景。选择“路人 2 手”第 1655 帧插入关键帧，调整“路人 2 手”的位置，做手伸向硬币的补间动画。

⑥ 选择“女孩”图层第 1656 帧插入空白关键帧，拖放“女孩手”元件，并调整位置和大小。

⑦ 分别给“路人 2 手”“女孩”“硬币发光”“人行道”图层的第 1671 帧插入普通帧。

⑧ 分镜头 5 的制作过程如图 9-34 所示。

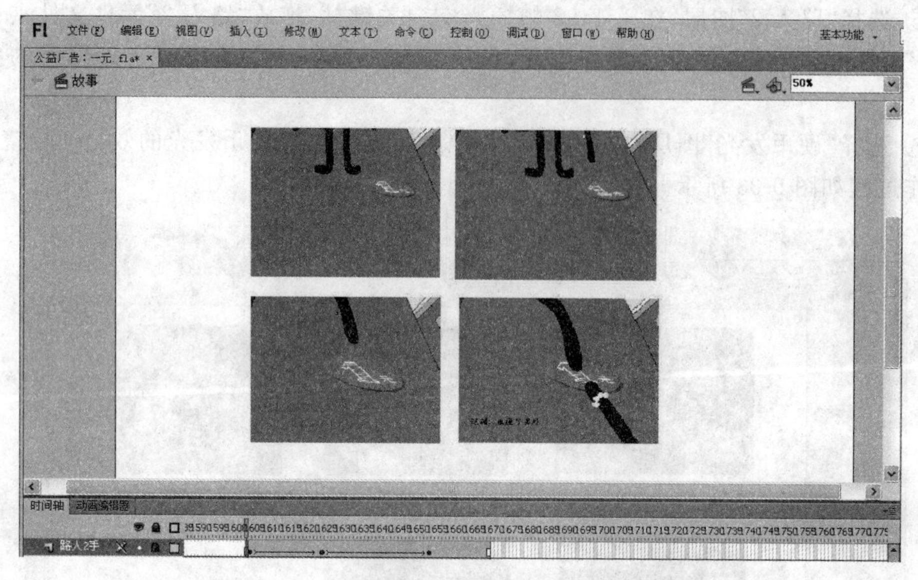

图 9-34 分镜头 5

(20) 分镜头 6 的制作比较简单,可以直接在“路人 2”图层完成。选择“标签”图层第 1672 帧插入空白关键帧,在“属性”面板中输入帧标签为“6. 发火”,标签类型为“注释”。

选择“路人 2”图层,分别在第 1626 帧和第 1672 帧插入空白关键帧,在第 1672 帧拖放“路人 2”元件文件夹中的“发火”元件至舞台,并调整大小和位置。在第 1709 帧插入关键帧即可。效果如图 9-35 所示。

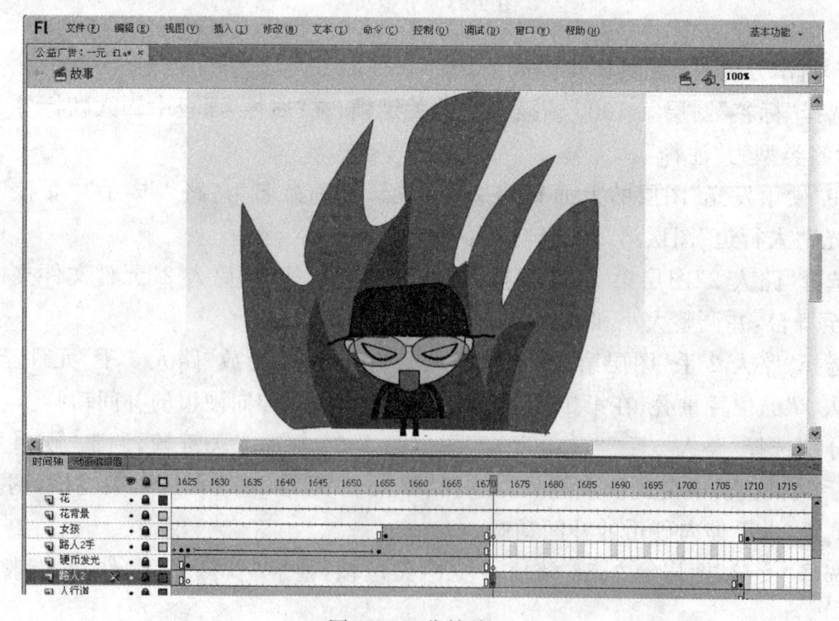

图 9-35 分镜头 6

(21) 分镜头 7 的制作同样修改“女孩”图层和“人行道”图层即可。选择“标签”图层第 1710 帧插入空白关键帧，在“属性”面板中输入帧标签为“7. 女孩的话”，标签类型为“注释”。

① 选择“人行道”图层第 1710 帧插入关键帧，将“人行道”元件水平翻转，调整大小和位置。在第 1765 帧插入关键帧，放大“人行道”元件。

② 选择“女孩”图层第 1710 帧插入关键帧，拖放“小女孩”元件文件夹中的“小女孩站立”元件至舞台，并调整大小和位置。在第 1765 帧插入关键帧，放大“小女孩站立”元件。

这是运用了推镜头效果，如图 9-36 所示。

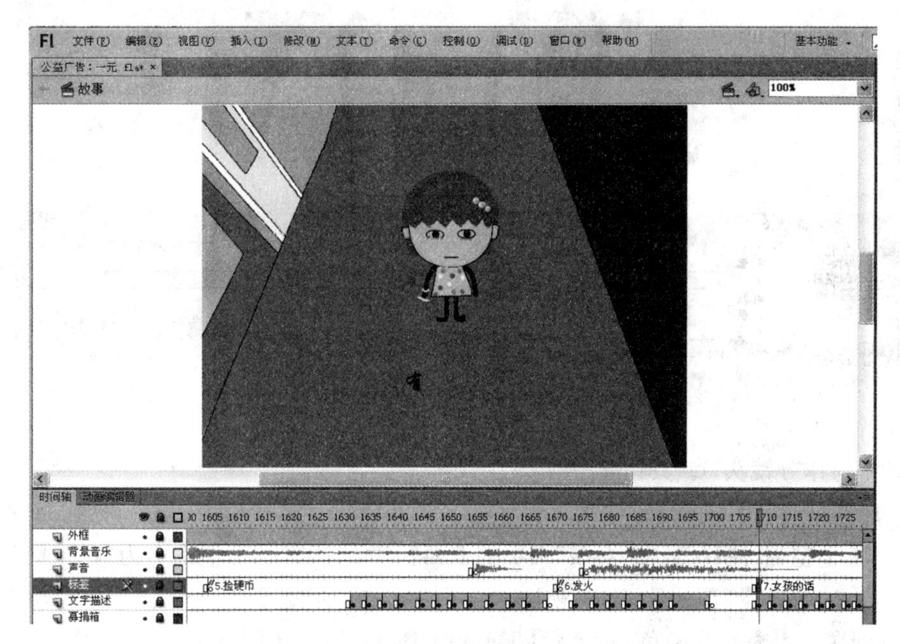

图 9-36 分镜头 7

(22) 分镜头 8 的制作同样修改“女孩”图层和“人行道”图层即可。选择“标签”图层第 1766 帧插入空白关键帧，在“属性”面板中输入帧标签为“8. 女孩捐钱”，标签类型为“注释”。

① 选择“人行道”图层第 1766 帧插入空白关键帧，从库中将“人行道”元件拖放到舞台，调整大小和位置。在第 1851 帧和第 1933 帧插入关键帧，选择第 1933 帧“人行道”元件放大，添加补间动画。

② 选择“女孩”图层第 1766 帧插入关键帧，选择“小女孩站立”元件，在“属性”面板单击“交换”按钮，交换元件为“小女孩背面”，并调整大小和位置。

③ 在第 1822 帧和第 1850 帧插入关键帧，放大第 1850 帧“小女孩背面”元件，添加补间动画。

④ 选择“女孩”图层第 1951 帧插入关键帧，选择“小女孩背面”元件，在“属性”面板单击“交换”按钮，交换元件为“小女孩扔钱”，并调整大小和位置。选择第 1933 帧插入关键帧，放大“小女孩扔钱”元件，添加补间动画。

分镜头 8 同样运用了推镜头效果，如图 9-37 所示。

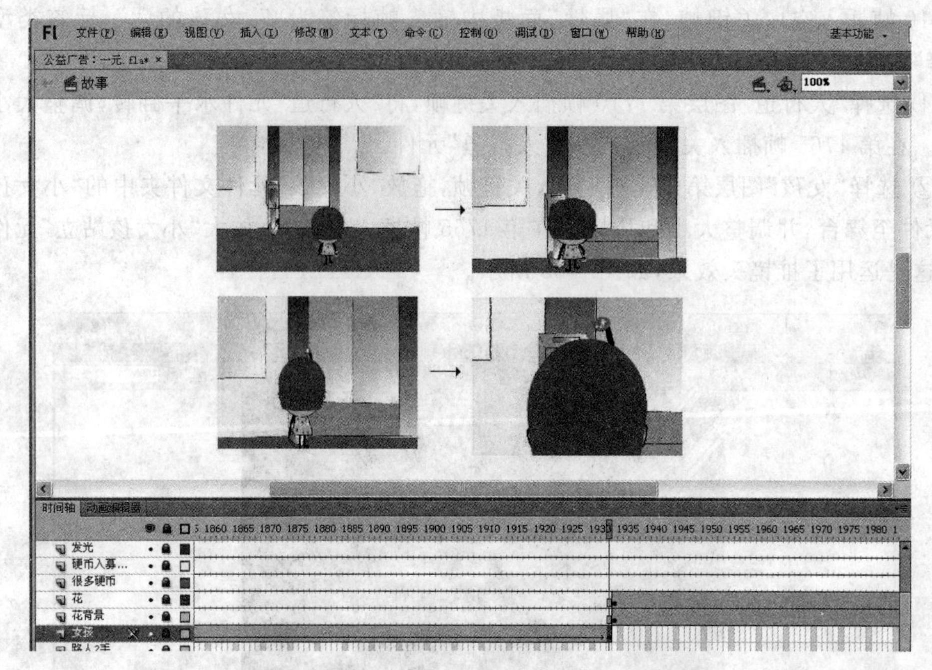

图 9-37 分镜头 8

(23) 制作分镜头 9。具体步骤如下。

① 选择“标签”图层第 1934 帧插入空白关键帧，在“属性”面板中输入帧标签为“9. 花的反应”，标签类型为“注释”。在“女孩”图层的上面新建 2 个图层，分别命名为“花背景”“花”。

② 选择“花背景”图层第 1934 帧插入空白关键帧，用矩形工具绘制一个和舞台相同大小的矩形框，填充渐变颜色，左色标：FAAACB，右色标：FFFF99。

③ 选择“花”图层第 1934 帧插入空白关键帧，将“花”元件文件夹中的“花微笑”元件拖放至舞台中央。分别给“花背景”“花”图层的第 2001 帧插入普通帧。效果如图 9-38 所示。

(24) 制作分镜头 10。具体步骤如下。

① 选择“标签”图层第 2002 帧插入空白关键帧，在“属性”面板中输入帧标签为“10. 钱落入募捐箱”，标签类型为“注释”。在“花”图层的上面新建 4 个图层，分别命名为“很多硬币”“硬币入募捐箱”“发光”“募捐箱”。

② 选择“人行道”图层的第 2002 帧插入空白关键帧，将“店门口近景”元件拖放至舞台，调整合适大小、位置。

③ 选择“募捐箱”图层的第 2002 帧插入空白关键帧，将“募捐箱透明”元件拖放至舞台，调整合适大小、位置。

④ 选择“很多硬币”图层的第 2002 帧插入空白关键帧，多次将“硬币”元件拖放至舞台“募捐箱”内底部，调整每个“硬币”的位置和方向，硬币不能超出“募捐箱”的范围。

⑤ 选择“硬币入募捐箱”图层的第 2002 帧插入空白关键帧，将“硬币”元件拖放至“募捐箱”入口处，调整合适大小位置，隔 10 帧插入关键帧，再次调整“硬币”的位置和方向，做

图 9-38　分镜头 9

“硬币”落入“募捐箱”底部的补间动画效果。

⑥ 选择“发光”图层的第 2121 帧插入空白关键帧，做和“分镜头 4”中“硬币发光”的第 1294～1353 帧相同的发光效果。

⑦ 分别选择“很多硬币”“硬币入募捐箱”“发光”“募捐箱”“人行道”图层第 2155 帧，插入普通帧，如图 9-39 所示。

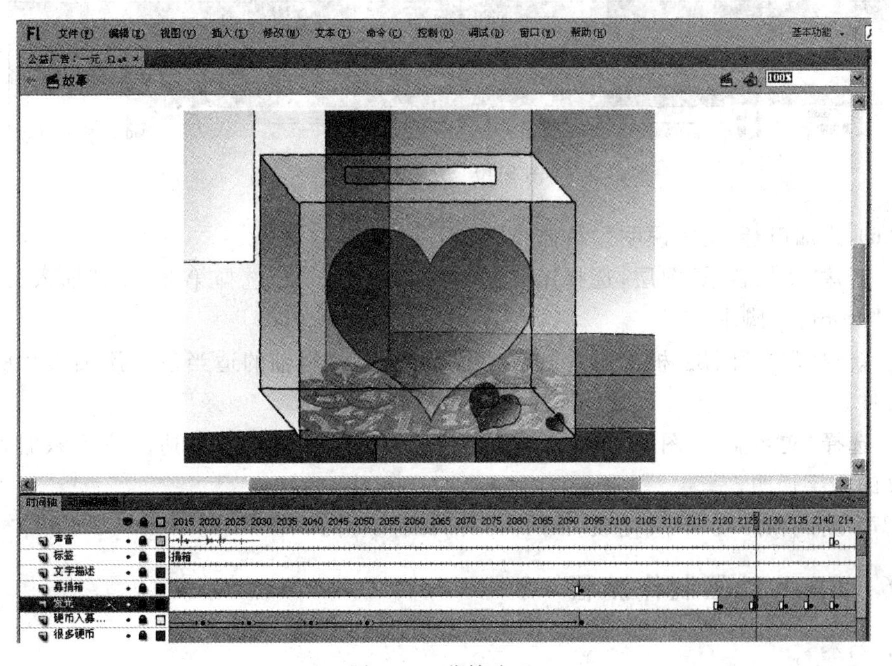

图 9-39　分镜头 10

(25) 制作分镜头 11。具体步骤如下。

① 选择“标签”图层第 2156 帧插入空白关键帧,在“属性”面板中输入帧标签为“11. 主题文字”,标签类型为“注释”。在“募捐箱”图层的上面新建 1 个图层,命名为“文字描述”。

② 选择“文字描述”图层第 2156 帧插入空白关键帧,将“片尾字体”元件拖放至舞台“募捐箱”的中间位置,在第 2198 帧、第 2106 帧插入关键帧,并给“片尾字体”元件添加一点滤镜效果,使字体由模糊逐渐清晰显现,在第 2248 帧插入关键帧,并添加“stop();”脚本,使影片播放到最后停止。

③ 分别选择“很多硬币”“硬币入募捐箱”“发光”“募捐箱”“人行道”图层第2248 帧,插入普通帧,如图 9-40 所示。

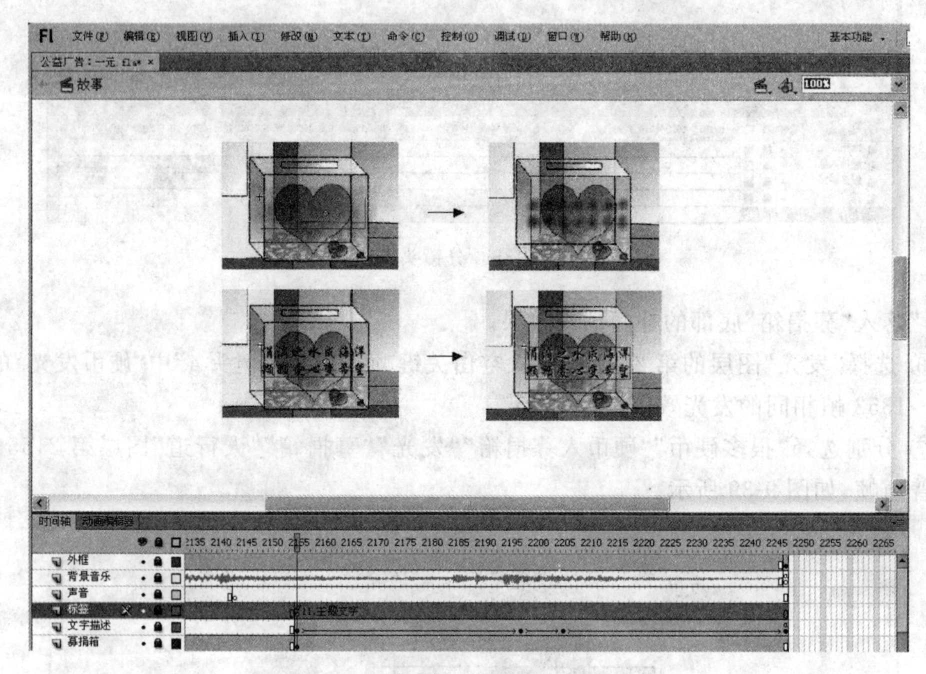

图 9-40　分镜头 11

(26) 添加声音、文字说明。具体步骤如下。

① 新建“背景音乐”图层,选择第 1 帧添加“背景音乐”,选择第 2248 帧插入关键帧,并添加“stop();”脚本。

② 新建“声音”图层,根据影片的分镜头设计,在时间轴的适当位置添加影片所需的音效文件。

③ 选择“文字描述”图层,根据影片的分镜头设计,在时间轴的适当位置添加表达影片含义的文字说明。

(27) 测试和修改影片,完成后导出影片,保存文件。

9.2.6 Flash 动画制作流程

1. 剧本

有的时候剧本只是把故事说了出来,不能让我们产生直观的印象,这个镜头里需要出现什么，那么这就需要我们把小说式剧本变成运镜式剧本，使用视觉特征强烈的文字来作为表达方式，把各种时间、空间氛围用直观的视觉感受量词表现出来。运镜式剧本其实就是使用能够明确表达视觉印象的语言来写作，用文字形式来划分镜头。

举例说明：如果要表达一个季节氛围，他们的剧本会写“秋天来了，天气开始凉了”。但是我们如何来实现动画场景呢？我们仍然要思考如何把季节和气候概念转化为一个明确的视觉感受。剧本可以写“树上的枫叶呈现出一片红色，人们穿上了长袖衣衫”，这是一个明确表达的视觉观感。也可以写“菊花正在盛开，旁边的室内温度计指向摄氏10度”，同样是一个明确表达“秋天来了，天气凉了”的视觉印象。

用镜头语言进行写作，可以清晰地呈现出每个镜头的面貌。如果要表达一个人走向他的车子的情景，可以这么写：“平视镜头，××牌轿车位于画面中间稍微靠右，角色A从左边步行入镜，缓步走到车旁，站停，打开车门，弯腰钻入车内。”这就是一个明确的镜头语言表达。

2. 分析剧本

当我们确定下来运镜式剧本之后，那就是定下来都要做什么了，我们开始分析剧本，确定好3幕，它们分别主要讲哪些事情。

第一幕开端：建置故事的前提与情景，故事的背景。

第二幕中端：故事的主体部分，故事的对抗部分。

第三幕结束：故事的结尾。

把每一幕划分成N个段落，把每一幕中都含有哪些段落确定，每一个段落主要是讲哪些事情确定。

把每一个段落划分成N个场景。把每一个段落中都含有哪些场景确定，其中每一个场景都是具有清晰的叙事目的，由在同一时间发生的相互关联的镜头组成，并且想好每个场景间的转场。

把每一个场景划分成N个镜头。用多个不同景别、角度、运动、焦距、速度、画面造型、声音，把一个场景中要说的事情说明白。如果在同一个场景内有多个镜头的大角度变化，就画出摄像机运动图。

3. 镜头

确定好剧本之后，总结出整个故事中共有多少个场景，每个场景需要哪几个视角的图，共有多少个角色，每个角色共需要哪几个视角的图，每个角色都有什么循环动作。复杂的动画要给角色、场景、动作编号，将所有的场景视角图、人物视角图、人物循环动作动画编号，并注明镜头动作、时间、对话内容动作，还有本镜头所用的场景视角图编号、人物视角图编号、人物循环动作动画编号。

4. 角色设计

(1) 新建立角色设计文件的时候做初步设计，画出角色的正视图(铅笔稿或是电子版)，画出几个人物在一起的集体图。

(2) 画出每个角色所需的正视角、侧视角、背视角、3/4视角的图，确定角色的色彩搭配。

(3) 根据剧本对每个角色的动作进行设计，绘制动作草图。

(4) 制作原件,把角色人物在 Flash 上画出来。

5. 场景设计

(1) 初步设计,画出本镜头场景的正视图(铅笔稿或是电子版),画出本场景所需要的多个角度。

(2) 确定场景的色彩搭配、场景库。

6. 镜头特效

Flash 动画的画面和影视镜头是一样的效果,常见的影视镜头特效有摇镜头、推/拉镜头、升降与旋转镜头、跟踪镜头、镜头变焦等特效,设计制作者可根据剧本来确定动画镜头特效。

7. 声音合成

声音分成整体音乐和动作特效。整体音乐要根据整个片子的感觉来配,在后期合成阶段为成片配上。单个动作音效根据动作来配音效,可以直接在 Flash 的图层上添加,不过要在图层名字上标上"音乐"图层。可以在 Flash 上编辑特效和一些音乐。

8. 后期合成

如果一个作品是几个人分工完成的,那么最后还需要把所有镜头合成到一起,建立合集文件。建议有多少的镜头文件,就在 Flash 文件中建立多少个场景。

9.3 单元小结

动画是一门综合性的艺术,它集合了电影、绘画、音乐等很多的艺术形式,它既有文学上的写作,也包含了特殊的绘画技法和电影中的镜头技巧等,动画制作是一个非常专业、烦琐的过程。要制作一个完整的 Flash 动画,掌握 Flash 动画制作流程和 Flash CS6 的操作技能是非常重要的。

9.4 习题与思考

上机操作题

设计并制作一首音乐 MV。

要求如下。

(1) 运用已学知识,至少做两个场景,每个场景完成一个题材。

(2) 每个场景必须具有两层以上的图层,并用适当的名字为图层命名。要求时间轴和图层运用合理。

(3) 至少具有图形元件、影片剪辑元件或按钮元件中的两种。

(4) 必须具有动作渐变动画及形状渐变动画。

(5) 必须具有遮罩层、运动导向层、声音效果、简单的 Action 编程。

参 考 文 献

[1] 杜方锦. Flash 8 职业应用视频教程[M]. 北京：电子工业出版社，2007.

[2] 蔡朝晖. Flash CS3 商业应用实战[M]. 北京：清华大学出版社，2008.

[3] 智丰电脑工作室. 中文版 Flash 绘画宝典[M]. 北京：清华大学出版社，2007.

[4] 章精设，胡登涛. Flash ActionScript 3.0 从入门到精通[M]. 北京：清华大学出版社，2008.

[5] 卓越科技. Flash CS3 动画制作百练成精[M]. 北京：电子工业出版社，2008.

[6] 胡明，丁翠红，王文. Flash CS3 多媒体专项设计实例精粹[M]. 北京：电子工业出版社，2008.